QINGZANG DIQU

青藏地区
生态文化建设研究

SHENGTAI

苏雪芹◎著

QINGZANG DIQU

SHENGTAI WENHUA

JIANSHE YANJIU

中国社会科学出版社

图书在版编目(CIP)数据

青藏地区生态文化建设研究／苏雪芹著．—北京：中国社会科学出版社，2014.7

ISBN 978 – 7 – 5161 – 4973 – 7

Ⅰ.①青…　Ⅱ.①苏…　Ⅲ.①生态环境建设 – 研究 – 青海省②生态环境建设 – 研究 – 西藏　Ⅳ.①X321.27

中国版本图书馆 CIP 数据核字(2014)第 241811 号

出 版 人	赵剑英
责任编辑	任　明
特约编辑	乔继堂
责任校对	张依婧
责任印制	李　建

出　　版	中国社会科学出版社
社　　址	北京鼓楼西大街甲 158 号（邮编 100720）
网　　址	http：//www.csspw.cn
	中文域名：中国社科网　　010 – 64070619
发 行 部	010 – 84083685
门 市 部	010 – 84029450
经　　销	新华书店及其他书店

印刷装订	北京市兴怀印刷厂
版　　次	2014 年 7 月第 1 版
印　　次	2014 年 7 月第 1 次印刷

开　　本	710×1000　1/16
印　　张	16
插　　页	2
字　　数	270 千字
定　　价	55.00 元

目　录

第一章

绪 论

党的十八大报告把生态文明建设纳入"五位一体"的中国特色社会主义事业总体布局，提出要把生态文明建设放在突出地位，融入经济建设、政治建设、文化建设、社会建设各方面和全过程，努力建设美丽中国，实现中华民族永续发展。在建设生态文明的过程中，青藏地区占据十分重要的地位。可以毫不夸张地说，没有青藏地区的生态文明，就没有全国的生态文明，就没有全国的可持续发展。充分发挥文化的功能，加强青藏地区生态文化建设，对于落实科学发展观、实现青藏地区的生态文明，构建和谐社会非常关键。生态文化是一个民族对生活在其中的自然环境的适应性体系，它包括民族文化体系中所有与自然环境发生互动关系的内容，诸如这个民族的宇宙观、生产方式、生活方式、社会组织、宗教信仰、风俗习惯等。生活在青藏地区的几乎所有少数民族，都创造了各具特色、丰富多彩的生态文化，形成人与自然共生互利、和谐相处的良性互动关系，为青藏地区的生态环境保护和可持续发展，提供了可资利用的宝贵资源。加强生态文化建设必须结合民族传统生态文化与青藏地区的实际，必须研究青藏地区的实际，必须研究青藏地区生态文化建设的现状、优势和劣势、机遇和挑战，在此基础上，根据生态文化的内涵和文化建设的规律，制定行之有效的对策和具体措施。这正是我们以青藏地区生态文化建设作为研究课题的背景和缘由。

一 本课题研究意义

素有"世界屋脊"之称的青藏高原被称为地球的"第三极"，它是欧亚大陆上孕育大江大河最多的地域，孕育了我国的母亲河黄河、长江和流经六国的澜沧江—湄公河、恒河、印度河等国内外著名的河流。这些大江大河是中国和亚洲几十亿人民的生命之源，曾孕育了人类光辉灿烂的古代文明，也是现代文明得以维续和可持续发展的根本保障。青藏高原独特的地理环境和特殊气候条件，也孕育了独特的生物系统，被誉为高寒生物自然种质资源库。所以青藏地区生态资源的保护不仅关系到西部的发展，而且影响到全国的生态环境的平衡和经济的可持续发展。

随着近年来人类社会活动的日趋频繁，特别是草原过度放牧、乱采滥挖等不合理的资源开发利用活动，青藏地区生态环境恶化的趋势不断加剧，人口、资源、环境与发展之间的矛盾日益突出，保护生态环境与自然资源的形势日益严峻。相关资料表明，整个青藏地区 90% 的草场出现了不同程度的退化，部分生物及其种群数量呈锐减状态，物种多样性面临严峻形势。目前青藏高原受到威胁的生物物种占总数的 15%—20%，高于世界 10%—15% 的平均水平。其次是生态难民逐年增加。由于冰川退缩、湖泊萎缩，使得地下水位下降、湿地退化，引起水资源危机；另一方面草场退化，可放牧草原资源减少，牛羊个体质量下降，牧民为了维持生活，只得增加牧压，超载放牧，引起草原退化加剧。草原退化、畜产品数量减少的恶性循环，最终迫使牧民搬离草原。再次，自然灾害加剧。由于青藏高原特殊的地理区域和整个生态环境的恶化，雪灾、干旱、洪涝、沙尘暴等自然灾害一直是危害牧民生产、生活的重要原因。牧民一旦遇到重大自然灾害，就会一夜之间返贫，失去组织再生产的能力。虽然长期以来党和政府加大防灾、抗灾能力的建设，但机构不健全、意识不到位、产业结构单一、破坏活动日益严重、保护措施与生产生活方式冲突等问题依然存在。此外，交通、通信等基础设施方面还很欠缺，整体防灾、抗灾体系还未建成。

以上生态环境及生态文化建设中存在的诸多问题，近年来开始得到各方面的关注。但是，目前该区域的关注视角是从区域外生态问题和价值观来表现的，青藏地区生态建设中忽视少数民族文化的独特性，欠缺的是一种高原当地人的视角、需求和参与。而自古以来世世代代生活在高原上的各民族，对高原生态环境的脆弱与自然资源的珍贵有着深切的感受，并创造了与高原自然环境相适应的生态文化，这种生态文化固然与现代生态文明有很大差异，但因为它很好地适应了高原自然生态环境，在许多方面有可以借鉴的合理价值。

　　上述问题的存在决定了加强青藏地区生态文化建设的极端重要性和迫切性。历史上形成的青藏地区传统文化、自然禁忌、宗教信仰等生态文化组成部分都有一套系统的生态保护内容；在生态文化体系的影响下，人们的生活方式、生产方式、宗教活动等社会实践都体现着生态保护的思想，这是青藏地区生态文化建设的前提和基础。我们应该关注、发掘和引导农牧民已有的并在实际的社会生活中发挥作用的生态治理经验，在保护生态环境的前提下，建设具有高原特色的现代物质文明、精神文明与生态文明，实现青藏高原生态环境、经济社会与文化的和谐发展。本课题研究将各民族传统文化、生态知识和青藏地区生态环境保护联系起来，从民族文化的传统价值入手，构建出一种全新的符合各族群众传统文化的生态伦理思想和文化，为政府制定相应政策提供依据。

二　基本内容、基本思路和方法

1. 基本内容

　　生态文化是时代的产物，它是在自然资源面临枯竭、环境污染日益严重、生态危机影响到人类生存发展基础的时代背景条件下提出来的，因而生态文化的一个主要特征就是注重自然因素、自然规律、生态环境对人类社会的价值和影响。藏族传统文化是藏区实现现代化和可持续发展的现实基础，因此本课题研究从文化价值观念、宗教信仰、自然禁忌、风俗习惯、生活方式、生产方式、经济形态等方面全面研究青藏地区民族生态文化。

　　自然禁忌中的生态观。自然禁忌产生于对自然的崇敬、感激、畏惧和顺从之情，其对象是当地群众所崇敬的自然神，如神山、神湖、神鹰、神牦牛等。自然禁忌的核心是不能触动自然，保持自然的完整，进而保护其生命力，维护自然生态环境的和谐平稳发展。

　　宗教信仰中的生态观。藏传佛教强调，人类作为六道生命中的一种特殊生灵，对一切众生应怀有感恩戴德之情，而绝不应该有亲疏之别，更不能以自己的价值需要去判断其存在意义；一切众生居住在宇宙生存范围内，在求得最起码的生存权这一点上都是平等的；无论是庞然大物还是脆弱的微生物，它们的生命是没有大小区别的，都是宇宙生命力的有机组成部分，不得任意被暴殄，而应以菩提心来加以保护。

生活方式中的生态实践。青藏地区各少数民族几乎全民信仰宗教，主体民族藏族最大的禁忌是杀生。有藏族居住的村落就有经幡飘动，就有寺庙，就有神山。特别禁止进入神山圣水砍伐、打猎、采集和渔猎。其他少数民族大都禁食驴、马、骡、狗、猫以及所有食肉类的猛禽和异兽，除牛羊肉可食外，饮食相对单一。这种习俗在客观上起到了调节生态平衡的作用。

生产方式中的生态实践。从历史的角度研究生态环境恶化和外部因素主观化干预或干扰的关系，进而探讨源于游牧文化对高原生态环境具有的自我调适功能。事实上，各少数民族在历史上所形成的极为丰富的生态观念及其治理实践曾长期维系了高原地区生态平衡和社会经济的可持续发展。因此不宜简单地将民族的生态文化视为原始的和落后的东西而加以鄙弃或所谓"现代化改造"，相反，其中合理的生活消费习惯和经济生产方式正是我们今天弥足珍贵的环保非制度形式资源。

我们有必要通过卓有成效的调查研究，认知民族传统生态文化，进而发掘其广泛意义乃至普遍价值，使其成为大范围的文化重构或制度创新的潜在资源。少数民族能够在特定环境尤其是在生态系统极为脆弱的环境中长期生存、繁衍和发展之事实，就说明其必有一种符合生态可持续的制度，特别是非正式制度维系使然。由此可以说，研究并阐明特有少数民族的生态文化和生存经验意义重大。

2. 本课题研究的基本思路

首先，从青藏地区的自然生态环境特点、不可替代的生态地位、生态环境现状与生态文化建设的关系入手，论述了实现生态文明客观上要求加强生态文化建设，生态文化建设离不开科学发展观的指导。其次，通过青藏地区自然生态和社会经济背景，分析了青藏地区加强生态文化的必要性和重要性。再次，较为全面地分析了青藏地区生态文化建设的现状，明确了青藏地区生态文化建设的优劣条件、机遇和挑战。最后，以此为基础，提出了青藏地区生态文化建设的指导思想、目标任务和基本原则，着重探索了一些比较可行的具体对策和措施。具体内容为：

第一部分是绪论部分，主要介绍此项研究的背景、意义、内容以及研究方法等。本部分还对国内外生态文化研究现状尤其是针对青藏地区的生态文化研究做了综述，为本书的研究提供了理论基础和参考借鉴。

　　第二部分分析和谐社会视野中生态文化建设的内涵及现状。通过分析生态文明与生态文化建设的内在关系，主要阐明了生态文化建设是构建生态和谐、促进生态文明的最大力量。

　　第三部分通过介绍青藏地区的自然地理资源、青藏地区的生态地位、现状，重点分析青藏地区生态文化建设的特殊性和重要意义。

　　第四部分挖掘、整理青藏地区民族传统生态观及其价值，重点分析了藏族、蒙古族、土族、回族、撒拉族等民族的生态文化及其在当代的价值；分析了民族传统生态文化日趋削弱的原因；青藏地区发展生态文化建设的特殊性决定了民族传统生态文化继承和创新的必要性。

　　第五部分运用 SWOT 方法，比较全面地分析了青藏地区生态文化建设面临的优势和劣势、机遇和挑战，为提出符合青藏实际的对策措施做好铺垫。

　　第六部分主要从精神生态文化、物质生态文化和制度生态文化三个方面分别提出了比较全面系统的加强生态文化建设的措施。

　　3. 研究方法

　　在研究过程中力求遵循求实、求深、求新的原则，坚持理论联系实际，重视材料的占有，注意吸收哲学、社会学、经济学、法学等其他学科的研究成果，运用历史与逻辑相统一的方法、文献研究法和实地调查等方法对该问题进行研究。

　　文献研究法，即根据特定的目的，通过搜集和分析文献资料而进行的研究。本书通过梳理学术界对生态文化建设特别是青藏地区生态文化建设研究的相关文献，明确了当前青藏地区生态文化现状和生态文化的建设概况，减少了研究的盲目性，少走了弯路。

　　历史与逻辑相统一的本质是主观思维与客观实际相一致，基本要求是要把对事物历史过程的考察和对事物内部逻辑的分析有机结合起来。逻辑的分析应该以历史的考察为基础，历史的考察应该以逻辑的分析为依据，以达到客观全面地揭示事物的本质及其规律的目的。本书对该方法的运用主要体现在对青藏地区生态及生态文化现状的历史考察上。

　　实地调查法是有目的、有计划、有系统地搜集有关研究对象现实状况或历史状况的材料的方法。本书通过实地考察和访谈等形式，对青藏地区的生态文化现状包括青藏地区广大群众生态文化素质的真实情况有一定的了解。调查访谈法在本书研究的主要作用表现为一是结合实地情况，了解青藏地区自然生态系统现状；二是通过访谈方式深入当地居民中，了解民俗民情，掌握民族地区在不同宗教、民族、风俗、体制和文化教育背景下的生态意识；三是通过调查问卷和抽样调查的方法及时反馈和掌握生态和谐构建的最新进展和实效。

三　重点难点、主要观点

本课题的研究重点在于，如何将生活于特定自然环境和文化背景下的藏族及其他少数民族在长期的历史实践活动中形成的生态文化观念和保护生态环境的实践结合起来；如何将本土性制度资源和生态治理结合起来；如何将传统生产方式、价值观念和科学方法结合起来，实现青藏地区经济的可持续增长、资源的永续利用、体制的公平合理、社会的和谐共生、传统文化的延续及自然活力的维系。青藏高原是长江、黄河、澜沧江的发源地，故有"江河源头"、"中华水塔"之称。由于其特殊的地理位置，所处的特殊的生态功能区，从而成为国家生态环境建设的战略要地。长期由于草场退化和土地荒漠化，农牧业生产低而不稳，各族群众贫困面不断扩大。改变贫困面貌的根本途径在于对生态环境进行综合治理，改善生产生存条件，从而实现民族地区经济文化的现代化。

青藏地区自然条件严酷、生态脆弱，如何在发展经济的同时，保护自然生态，保护生存环境，是一项必须认真对待，妥善解决的历史性问题。在各民族传统文化中蕴含着对今天有重要意义的人与自然和谐相处的宝贵智慧，但这种智慧至今尚未被人们所发现、认识。因此，我们应该着力从民族传统文化中汲取合理的核心为民族的发展、社会和谐稳定提供文化支撑。

本书的主要观点：

1. 继承弘扬民族传统文化。利用传统文化资源，开展牧民生态环境教育，引导牧民爱护和保护生态环境，保护国家稀有濒危动植物，开展环境治理和环境危害教育，树立生态建设促发展的观念，引导牧民逐步转变生活方式和生产方式。提出在青藏地区不同的少数民族地区共建绿色社区，让当地社区群众参与制定关系到自己生产生活的各种政策，并发挥社区利用和保护自然资源的主体作用，创建各具特色的发展模式。通过这个过程让决策者和主流社会理解公众参与和少数民族生态文化在环境保护中的作用，从而促进公众参与环境保护、生态可持续发展的立法和政策保障。进一步研究与探讨如何在传统生产生活方式与市场经济这两种不同的生产方式之间寻求一个交点，实现青藏地区人和自然和谐的发展。

2. 加强生态科学知识的教育和普及，提高管理者和公众的生态意识。在各级学校加强生态环境教育，培养生态文化的观念和意识，努力造就具有生态环境保护知识和保护意识的一代新人。重视党政干部的生态教育：在各级党校设立生态建设或环境保护课程，或者开设环境保护专题讲座。根据青藏地区生态建设的重点和任务，创建生态环境教育公园：利用青藏地区的生态旅游线路以及自然保护区等设施，建设具有集生态教育和生态科普、生态旅游、生态保护等功能于一体的生态景区。搜集整理青藏地区游牧生态文化方面的故事、传说及习俗，尤其从民间盛传的故事和《格萨尔》中提炼出生态文化方面的资料，提高社区公众对本土文化的进一步了解，尤其对三江源独特而深厚的生态文化进行一次系统的再习俗化，从而使社区生物多样性得到更有效的保护。

3. 建立健全法律保障机制。建立科学决策机制，完善并坚持推行生态环境影响评价制度，建立并积极推行重大决策的生态环境听证制度。在一项缜密的、富有实效的环境治理决策出台之前，应充分尊重社会居民已有的并形成习惯的生态治理经验。

4. 发展经济激励机制。在考核社会发展经济绩效和审批新建项目时，将资源、环境成本逐步纳入经济核算当中，体现资源与环境容量使用的代际公平原则；建立与完善环境与经济发展综合决策机制；推行科学的行政管理和决策方法，严格执行生态环境影响评价制度，重大决策行动实行听证会制度，通过媒介向公众实事求是地通报情况，征求意见。

5. 倡导绿色消费文化观。提倡使用清洁能源、太阳能、生物能以及风能等新型能源；提倡使用节能技术和新产品；提倡节约用水和水资源的二次使用。

四　国内外研究综述

1. 国外研究综述

现代生态文化的兴起始发于国外，特别是欧美一些发达国家，因为它们最先感受了由现代工业文明和科技滥用带来的种种生态危机。这些国家的一些有识之士，面对生态危机开始了对人和自然关系的再思考、再探索，并以不同的方式表达了自己的思考成果。在这种背景下，发达国家对生态文化及其建设的研究走在了世界前列。

1962 年美国海洋生物学家蕾切尔·卡逊出版的《寂静的春天》无疑是掀起现代环境保护运动的开山之作，这部著作一般被看作是现代生态文化的发端。其后，具有全球性影响的著作或研究报告不断涌现：1966 年美国学者鲍尔丁发表了《来自地球宇宙飞船的经济学》；1968 年新马尔萨斯主义者保罗·艾里奇发表了《人口爆炸》；1972 年由丹尼斯·米都斯指导的科学小组完成了《增长的极限》这一重要报告；1981 年霍华德的著作《熵：一种新的世界观》问世；1983 年联合国成立了世界环境与发展委员会，由挪威首相布伦特兰夫人领导，这个组织 1987 年完成了报告《我们共同的未来》；1997 年 5 月世界权威的科学杂志《自然》上发表了康斯坦热（R. Costanza）等人的论文《世界生态服务的价值与自然资本》，产生了广泛而重大的影响，作者们强调了公平性的环境伦理观；威廉·莱易斯 1972 年出版了《自然的控制》；美国学者詹姆斯·奥康纳在《自然的理由——生态马克思主义研究》这部著作中，阐述了自己的生态社会主义观点，揭示了政治、商业规则以及政府与环境和社会变迁之间是怎样相互影响的[①]……这一系列研究不仅反映了科学家个人、科学机构和国际组织分别从个体的、科学的和政治的等不同角度，对地方的或全球的环境生态现实以及对人类未来环境生态的关切，而且还反映了人与环境、人与自然的关系问题受世人关注的广度和深度。通过这些报告和论著，我们可以对生态文化有一个宏观的理解。

近代社会以来，生态和谐的构建愈发成为一股席卷全球的潮流，在西方形形色色的生态理论中，生态学马克思主义和生态社会主义成为新兴的流派，共同点是或多或少地把生态学同马克思主义结合在一起，以马克思主义理论解释当代环境危机，从而为克服人类生存困难寻找一条既能消除生态危机，又能实现社会主义的路。

（1）生态学马克思主义早期是由西方马克思主义者从理论上概括的。

---

① ［美］詹姆斯·奥康纳：《自然的理由——生态马克思主义研究》，臧佩洪、唐正东译，南京大学出版社 2003 年版，第 1—5 页。

它的基本观点是用生态理论去"补充"马克思主义，企图为发达资本主义国家的人民找到一条既消除生态危机又走向社会主义的道路。生态学马克思主义争议最大的问题是生态学与马克思主义之间的关系界定以及马克思主义理论能否作为一种科学的世界观和方法论来回答和解决当代日益复杂的生态问题和社会问题。在这种情况下，主要存在着三派观点：

一派是马克思主义"正统"的观点，主张保卫马克思主义理论的中心成分，拒绝承认生态学对马克思主义的挑战。持这种观点的人有马尔库塞、威廉·莱易斯、本·阿格尔、约翰·贝拉米·福斯特。如德国人马尔库塞主张应按照马克思提出的"对自然的人道的占有"，即按照人的本质占有自然的思想，确定"自然革命"的内容①。福斯特在其标志性的著作《马克思的生态学：唯物主义与自然》中，重新解读了马克思主义经典著作，以马克思所处的历史背景和马克思的思想发展为基础，致力于马克思的生态思想的重建，为马克思主义生态观作了迄今为止最为系统的、最为全面的辩护，深刻揭示了马克思主义的生态思想的现代意义。

另一派是马克思主义"异端"的观点，主张抛弃马克思理论的中心成分，声称在马克思主义现有理论框架中无法解决生态学提出的新问题。美国激进政治经济学的代表人物之一的詹姆斯·奥康纳是美国当代生态学马克思主义的领军人物，他近年发表了《自然的理由——生态学马克思主义研究》。在该书中，奥康纳以其独特的理论视角，阐述了马克思主义存在着的所谓"理论空场"。② 他指出，马克思的观点中的确不包含把自然界指认为生产力以及指认为终极目的的所谓的生态社会思想。

第三派的观点处于两派之间，承认生态学事实上已对马克思主义提出了严重的挑战，同时也相信马克思的思想中存在着既有的答案。20 世纪90 年代，英国的尼尔·格伦德曼《马克思主义的生态学挑战》的文章中赞同第三派的观点，提出要避免马克思主义"异端"、马克思主义"正统"在方法上的缺陷和疏漏，重建一种结合生态方面的历史唯物主义。他断言马克思主义历史唯物主义的完整文本在很大程度上是与生态学的观点相一致的。

---

① ［德］马尔库塞：《单向度的人》，重庆出版社 1972 年版，第 45—56 页。

② ［美］詹姆斯·奥康纳：《自然的理由——生态学马克思主义研究》，人民出版社 2002 年版，第 135—140 页。

（2）生态社会主义是由联邦德国绿党为代表的欧洲绿色运动直接提出的政治目标，是欧洲绿党的行动纲领，因欧洲绿党或绿色组织派别繁多，故对为之奋斗的社会主义有各种称谓。其基本内容都是建立一个维护生态平衡为基础，并能充分保障人权和民主权利的社会经济制度，基本目标为维护生态平衡、社会主义、基层民族、非暴力。20 世纪 70 年代，国外学者对于生态社会主义的研究，主要代表是英国的默里·布克金，其代表作是《走向生态社会》、《社会生态学对"深生态学"的挑战》，德国的鲁道夫·巴罗，其代表作《从红到绿》。80 年代主要代表人物是奥地利的安德列·高兹，其代表作是《资本主义、社会主义、生态学》、《作为政治学的生态学》，加拿大的威廉·莱易斯，其主要代表作是《自然的统治》、《满足的极限》。90 年代以来，主要代表人物是德国的瑞尼尔·格仑德曼，其主要代表作是《马克思主义和生态学》，英国的大卫·佩铂，其代表作是《现代环境主义的根源》、沙克尔的《生态社会主义还是生态资本主义?》，等等。国外学者对生态社会主义的探讨研究大体经历了从 70 年代到今天 30 多年的探索，在理论体系的建构和探索上，逐步成熟和完善。目前，生态社会主义通过环保运动转化为政治实践，为实行可持续发展战略起到了积极的支持、促进作用。生态社会主义的环保运动影响了西方各国政府的公共政策，促使各国政府在生态环境问题上采取积极措施，发挥主导作用，努力制定和推行有利于社会经济同生态环境协调发展的政策、法律。生态社会主义为全球的可持续发展做出了非常大的贡献，其影响越来越巨大。

可见，两种概念各自的侧重点不同，同时，在研究的过程中又存在着密切的联系。生态学马克思主义和生态社会主义的研究一方面有利于马克思主义的价值体现，丰富和完善生态和谐的理论探索和社会实践；另一方面，由于西方学者研究的对象是资本主义国家，很少涉及在现实社会主义国家如何解决生态环境与社会主义建设的矛盾，甚至因为社会主义国家严重的生态问题而否定这些国家的社会主义性质。这种做法既损害了这一理论的科学性与实际意义，也阻碍了这一理论在社会主义国家的普及与发展。

2. 国内研究概况

在我国，马克思主义理论的主导地位决定了我们的社会科学研究必须以马克思主义为指导思想。因此，学者们把马克思主义生态思想和生态和谐的构建联系起来。

生态社会主义是 20 世纪 70 年代产生于西方社会的绿色运动，并且在 80 年代末 90 年代初趋于成熟的一种社会主义思潮。它的发展可分为三个阶段。第一阶段：生态社会主义理论的产生阶段，20 世纪 70 年代是生态社会主义产生的时期。代表人物是德国的马尔库塞，马尔库塞始终站在资本主义社会实践斗争的前列，把对哲学、文化、意识形态理论的批判与对资产阶级社会的现实状况的批判结合起来。首次系统地提出了生态危机与资本主义制度的内在联系。

马尔库塞指出，造成生态危机的根源就是资本主义制度自身。马尔库塞认为：生态危机不是一个单纯自然的、科学的问题，它实质是资本主义社会的政治危机、经济危机和人的本能结构危机的集中体现。资产阶级为了在竞争中维持高生产、高消费，肆意"破坏自然"、"盘剥自然"，使自然界成为商品化的自然界，被污染的自然界，军事化了的自然界。当然，自然界对人的这种破坏与侵略也不是"无动于衷"的，它反过来对人类进行"报复"，于是就形成了人与自然界之间的尖锐冲突。其严重后果不仅在于破坏了生态平衡，而且将切断人与自然统一起来的纽带，直接危害人的生存。

马尔库塞提供了解决生态危机的途径。在生态危机的解决上马尔库塞借鉴了马克思把自然的解放当作人的解放的手段的思想，他认为，既然人对人的统治是依赖对自然的统治来实现的，那么人的解放同样也要依赖自然的解放来实现，而自然的解放就是恢复那些自然中所产生的向上的力量，恢复那些与生活相异的、表示着自由新特性的感性美的特征。马尔库塞主张应按照马克思提出的"对自然的人道的占有"，即按照人的本质占有自然的思想，确定"自然革命"的内容。那就是从改变人、改变现存社会造就的人们的生活方式、思维模式、心理类型和生理机制入手，进行一场人的本能结构革命和自然观革命。这种革命的目的，不是要改变贫困，追求更高的物质享受，而是为了实现人的自我本质，克服各种形式的异化，使自然得到解放，使人类人道地占有自然。恢复前资本主义的"田园牧歌"式的宁静生活。

马尔库塞的上述思想，在西方思想界影响很大，虽然未能在革命措施和步骤方面提出具有实践意义的东西。但他把生态危机与资本主义社会制度联系在一起，对资本主义的生产制度和技术制度激烈地批判，给后人提供了一种超越以往技术决定论的思维方法。

20 世纪后半期，国外对青藏地区生态文化的研究有了一定的成就。国外的藏学专家主要对西藏传统生态文化中生态环境的保护、民俗民风的历史、宗教禁忌的形成、部落文化的传承等方面都进行了较为广泛的研究。1958 年日本藏学家川喜田二郎等人对以查加村为中心的藏族村落进行了传统生态文化的调查，在调查报告中将该村的生产、社会、家庭、宗教、物质文化等作了详尽的论述。1986—1988 年，世界著名的文化人类学者梅·戈尔斯坦和白翱在西藏北部羌塘偏僻的村庄作实地调查，继而出版了包括照片在内的民族志报告（Goldstein、Beall，1990）。1991 年萍福德所著的《藏族》以及 1992 年阿桑夫所著《藏族·喜马拉雅》等专著也从各个方面详尽地阐述了西藏传统生态文化的观点和内容。[1]

国外学者对青藏地区生态文化的研究，主要的研究方向是如何挖掘、整理、保护青藏地区的传统生态文化，这仅仅是本书生态文化建设内涵的一个基本组成。但是他们对生态文化的研究，尤其是对青藏地区生态文化的研究，为我们进一步认识青藏地区传统生态文化、建设适合高原的现代生态文化提供了新的视角和有益的借鉴。

3. 国内研究综述

国内的研究，总体上则处于学习、介绍、综述的起步阶段，也取得了一些初步的研究成果。我国研究生态和谐的主要代表是中国社科院的余文烈、山东大学的郇庆治、中国人民大学教授高放等。如余文烈的《当代国外社会主义流派》一书介绍了生态社会主义对资本主义的批判及其对未来的具体构想。郇庆治著的《绿色乌托邦》、《欧洲绿党研究》，详细地阐述了西方学者关于绿色的基本思想，绿党的含义、基本观点、发展阶段，生态政治学及生态社会主义。高放的《当代世界社会主义新论》中也专设一章对绿色运动、生态学马克思主义、生态社会主义进行了介绍和分析。段忠桥的《当代国外社会思潮》一书介绍了生态社会主义的产生背景、发展阶段、基本主张及其对生态社会主义的评价。曾文婷所著的《生态学马克思主义研究》对生态学马克思主义的起源、内涵及当代中国生态问题展开论述。

构建社会主义生态和谐还在最近几年党中央、政府及国家领导人的会

---

① 《国外藏学在实地调查研究方面的进展》，中国民族古籍网，http：//www.zgmzgj.com/ShowArticle.asp。

议和讲话上有着积极的反映。党的十六届三中全会明确强调用五个统筹来推动改革和发展，全面、完整地提出了科学发展观，初步提出了社会主义生态和谐思想。即坚持可持续发展战略，统筹人与自然的和谐发展。2005年2月胡锦涛在省部级主要领导干部提高构建社会主义和谐社会能力专题研讨班上的讲话中指出："我们所要建设的社会主义和谐社会，是民主法制、公平正义、诚信友爱、充满活力、安定有序、人和自然和谐相处的社会。"这一思想强调大力发展社会主义物质文明、政治文明、精神文明和生态文明，生态和谐成为社会主义和谐社会的基本内涵之一，标志着社会主义生态和谐思想基本形成。2006年中共十六届六中全会审议并通过了《中共中央关于构建社会主义和谐社会若干问题的决定》。至此，社会主义生态和谐思想正式形成。从90年代中期至今，从强调环境到统筹人与自然和谐发展直至社会主义生态和谐思想的形成，表明党和政府关于生态和谐思想逐渐上升到比较完整的理论高度。

伴随着我国快速的工业化进程，生态环境的恶化令人触目惊心。建设生态文化，实现生态文明，走可持续发展道路，是历史的必然选择。国内学术界在努力引进国外研究成果的同时，立足中国国情，作了一些很有价值的探索，从不同的角度就生态文明、生态文化的构建与实践提出了各自的观点，发表了一系列专著和大量的学术论文，这些专著和论文对生态文化兴起的必然性和发展脉络、内涵、建设的途径在宏观上进行了比较集中的探讨。与国外的研究相比，国内的生态文化问题研究更多地强调继承中国的传统文化特征、注重整体性，理论更加系统。

值得注意的是，在生态文化建设研究中，区域生态文化建设越来越成为学者们关注的对象。中国幅员辽阔，如果泛泛地谈论生态文化建设，提出的对策措施往往较为笼统，针对性不强，可操作性差。在我国区域生态文化建设研究方面，理论方面的主要成果有：刘庆和王珍提出生态文化是生态城市建设的重要组成部分，发展生态文化就是倡导"顺应自然，保护自然，以大自然为友"的理念，应结合本地实际情况，发展具有地方特色的生态文化。[①] 杨莉和戴明忠在《区域生态文化建设规划研究》中以江苏省涟水县为例，研究了区域生态文化的建设规划问题。刘艳玲等在

---

① 刘庆、王珍：《发展具有地方特色的生态文化探析》，《现代农业科技》2008年第24期，第313页。

《海南生态文化建设的战略》中从体制文化、企业文化、认知文化和心态文化四个方面对海南生态文化建设战略作了探讨。丁丽燕在《温州生态文化建设途径探析》中提出，温州生态文化建设可从加强政府官员的生态道德教育，建立与发展民间环保团体，倡行健康、环保的"绿色民俗"，营造良好的物态文化氛围等多方面进行。王君在《扬州生态文化建设的内涵与战略构想》中从体制文化、认知文化、物态文化、心态文化四个方面构建了扬州生态文化建设的目标、框架、指标体系，将自然生态观与现代科学相结合，从决策管理、素质教育、生产方式、消费模式、伦理道德等方面探索了扬州生态文化建设的战略措施。赵世林和田蕾认为，傣族文化是在特殊的生态环境中产生的，其所赖以生存的生态环境的区域性差别，促生了傣族文化的地区差异，同时这种区域性也促生了傣族文化的多样性，在其生态文化中尤其如此。[①] 袁国友强调，当今社会历史条件下，中国少数民族生态文化必须实现由传统向现代的创新、转换和发展，才能实现中国少数民族和少数民族地区的可持续发展。[②] 从物质生态文化和制度生态文化的层次来看，目前我国海南、山东、贵州、云南、青海等省都提出了生态立省的战略，着手建设生态省，也有许多城市提出了建设生态市、生态县的口号，各地结合各自省、市、县情，制定了一些政策，采取了一系列措施，发展生态文化。因此，生态物质文化和制度文化也取得了一定的成绩，积累了一定经验。这为我们进行青藏地区生态文化建设研究提供了许多有益的借鉴。

　　近年来，青藏高原生态环境与社会发展问题日益受到学术界的关注，因此青藏地区的生态文化建设，也日益受到学者的重视。国内不少学者针对西藏传统生态文化在新时期的作用也有诸多论述，如降边嘉措在文章中写道，"藏民族的传统生态文化的观点就是'天人合一'，主张人与大自然和谐相处，与大自然融为一体"，从藏传佛教的禁忌、民间风俗习惯等方面研究了传统生态文化在西藏的地位和对藏民族的影响，正是因为有了这种优秀的传统生态文化，西藏的民俗民风、生态环境才得到了真正意义

---

　　① 赵世林、田蕾：《论傣族文化生态与生态文化的区域性》，《学术探索》2007 年第 5 期，第 117 页。

　　② 袁国友：《中国少族民族生态文化的创新转换与发展》，《云南社会科学》2001 年第 1 期，第 65 页。

上的保护①。桑杰端智则从藏传佛教中戒律的方面阐述了宗教对农牧民在自然生态环境中的约束②。南文渊教授在《中国藏区生态环境保护与可持续发展研究》中分析了造成高原环境退化的人为原因，提出必须以保护自然生态环境和人文生态为前提，建设具有藏区特色的物质文明、精神文明与生态文明，实现高原藏区自然、人文、经济与社会的和谐发展，使高原藏区成为生态文明区。③ 范宗华先生分析了青海省生态文化建设的现实基础和存在的问题，并提出了一些对策。④ 青海社科院副院长蒲文成所著的《青藏高原经济可持续发展研究》表述了青藏地区生态和谐建设的基本途径是保护生态环境和走可持续发展道路。⑤ 傅千吉指出，传统经济文化模式制约着当地经济的健康发展，导致放牧超载、乱挖乱伐、无序开采等不可持续行为的发生，直接威胁到青藏高原脆弱的生态环境以及长江、黄河流域人民群众的生命财产安全。要改变这种现状，必须科学地处理和协调好生态文化与生态环境、生态文化与建设小康社会、生态文化与可持续发展之间的辩证关系。⑥ 苏永生和简基松指出，青藏地区近几十年来生态环境在逐年恶化，因而，必须制定出符合实际的生态环保法，对这一地区的生态环境予以保护。⑦

与此同时，关于青藏地区生态构建的国家级、部属级、地方级的课题陆续开展，专家、学者论坛，相关的硕博论文及期刊论文从不同角度和程度对青藏地区生态和谐的构建建言献策，这都奠定了我们继续研究的基础。如黄建英的《民族地区经济发展存在的主要问题和矛盾》、苏永生的《青藏高原地区生态保护立法模式的确立——以藏族生态文化为视角》、

① 降边嘉措：《藏族传统文化与青藏高原的生态环境保护》，《西北民族研究》2002 年第 3 期，第 176 页。

② 桑杰端智：《藏传佛教生态保护思想与实践》，《青海社会科学》2001 年第 1 期，第 102 页。

③ 南文渊：《中国藏区生态环境保护与可持续发展研究》，甘肃民族出版社 2002 年版，第 168—169 页。

④ 范宗华：《关于青海生态文化建设的思考》，《攀登》2009 年第 2 期，第 121 页。

⑤ 蒲文成：《青藏高原经济可持续发展研究》，青海人民出版社 2004 年版，第 98—102 页。

⑥ 傅千吉：《甘青川藏区生态文化及其建设小康社会研究》，《西北民族大学学报》（哲学社会科学版）2005 年第 3 期，第 136 页。

⑦ 苏永生、简基松：《论青藏高原生态环保立法与高原藏族生态文化观》，《青海民族研究》2006 年第 4 期，第 13 页。

胡芳的《青藏高原多元民族文化与西部大开发》、翟岁显的《论青藏高原生态特殊性对地区开发的影响》、孙忠等的《西部大开发与民族地区可持续发展》，这些论文主要是在立足马克思主义理论科学指导作用和青藏地区生态环境的特殊性下对生态和谐建设展开分析与研究。

　　综观国内学者对青藏地区生态文化建设的研究，我们不难发现，大多数研究者虽然都同意把生态文化分为精神生态文化、物质生态文化和制度生态文化，也提出了一些建设生态文化的方法或途径、对策或措施，但这些对策和措施的关联性、系统性和完整性都比较差，具体措施可操作性不强，还没有形成层次分明、重点突出的生态文化建设体系。从青藏地区的生态地位和生态文化建设现状来看，对青藏地区生态文化建设进行系统研究不但有必要，而且具有重要的理论意义和实践意义。

第二章

生态问题的文化解读

长期以来，我国的环境生态保护工作效果不尽人意，在很大程度上是由于从文化因素方面考虑不足，没有充分认识到文化对改善和保护环境生态的重大作用，从而没有找到治本之策。贯彻落实科学发展观，改善和保护环境与生态，实现生态文明，必须重视文化的功能，必须大力发展生态文化。生态文化的内涵极其广泛，加强生态文化建设是由其先进性和我国生态文化相对落后的发展现状决定的。

一　生态文化的含义

1. 生态的内涵

对生态的正确理解是正确认识生态文化的前提。就广义而言，生态或环境是指一切有生命的物体的生存与发展的条件。它既可以指自然环境，也可以指社会环境，如政治环境、经济环境、人文环境等。就狭义而言，生态是指影响人类生存和发展的各种天然和经人工改造的自然因素，包括地理位置、地势、气候、土壤、江河、矿藏以及动植物资源等，"生态就是自然或自然环境，也可以叫作生态环境或自然生态环境"。本书主要采用狭义的生态含义，即作为人类存在和发展前提的自然生态环境。

2. 文化的内涵

广义的文化是由人类创造的并可以通过学习获得的一切物质成果和精神成果。根据满足人类社会存在和发展的功能的不同，广义文化可分为物质文化、制度文化和精神文化三个层次。物质文化包括人类创造出来的一切物质成果，其中以生产工具最为重要；精神文化包括哲学、科学、宗教、艺术以及各种思想观念，其中以价值观念最为重要；制度文化又称文化惯例，是多数人所遵循的规范，包括习俗、道德、政治制度、法律制度等。狭义文化是指精神文化，即人类的精神生产过程及与精神生产有关的现象和成果，包括制度文化、科学教育、思想道德、精神文化等社会生活精神方面的一切内容和方式。从这个角度，可以把文化理解为人类创造的精神财富的总和。其特性表现在：“文化是一种内在于人的一切活动之中，影响人、制约人、左右人的行为方式的深层的、机理性的东西。”①

按照狭义文化的视角，文化结构包括风俗习惯、行为模式、道德风尚、审美情趣等文化形式，以理论系统形态存在的社会意识形态等精神文化现象和深层次的思维方式和价值观念，其中价值观念是文化的核心。

3. 生态文化的内涵

生态文化也有狭义和广义之分。广义的生态文化是人类在处理人与自然的关系中所形成的一种文化，是自然环境影响下的特色文化，体现为人们对自然生态的思想观念、物质生产方式、生活方式、各种制度以及建设文化等生态文化。狭义的生态文化是一种社会文化观念，是人类对于自然以及人与自然的相互关系的各种思想观念，如哲学自然观、生态伦理观、生态文学等。本书采用狭义的生态文化。

生态文化是物质文明与精神文明在自然与社会关系上的具体表现，是生态建设的原动力。生态文化是反映人与自然、社会与自然、人与社会之间和睦相处、和谐发展的一种社会文化。和谐的生态文化是生产力发展、社会进步的产物，是物质文明与精神文明在自然与社会生态关系上的具体表现，是生态文明、社会繁荣的标志。

生态文化是人与自然协同发展的文化。在人类对地球环境的生态适应过程中，人类创造了文化来适应自己的生存环境，发展文化以促进文化的进步来适应变化的环境。随着人口、资源、环境问题的尖锐化，为了使环境的变化朝着有利于人类文明进化的方向发展，人类必须调整自己的文化来修复由于旧文化的不适应而造成的环境退化，创造新的文化与环境协同发展、和谐共进，这就是生态文化。生态文化还包括可持续农业、牧业、林业和一切不以牺牲环境为代价的生态产业、生态工程，也包括有绿色象征意义的生态意识、生态哲学、环境美学、生态艺术、生态旅游，以及绿色生态运动、生态伦理学、生态教育等诸多方面。生态文化包括了广义的

---

① 李鹏程：《文化研究》，吉林人民出版社 2003 年版，第 86 页。

生态文化，即物质文明的生态文化和精神文明的生态文化；狭义的生态文化主要指的是精神文明的生态文化。

生态和谐是指生态对象特别是生态系统的平衡与稳定、协调与统一、有机与有序、自由与自然。① 在自然世界的长期发展过程中，各种习性不同的动物、品种繁多的植物在经历了重重的竞争和淘汰之后依然保持着长久的和谐，整个自然界基本上维持着生态的稳定和生物的多样性。历史的发展进入人类社会以来，人类对自然界的认识以及人与自然关系的认识不断加深，在宗教、哲学、艺术、法律、文化、社会生活等不同的领域都展现了人与自然和谐的思想与观念。

二　生态文化建设的内涵及其现状

从文化的功能来看，我们必须承认："在影响生态的一切因素中，最大的力量是文化，它包含了指导我们进行生态环境创造的一切思想、方法、组织和规划等意识和行为，也包括一切文化设施。"② 这种文化就是生态文化。

（一）生态文化建设是构建生态和谐、促进生态文明的最大力量

研究可持续发展问题的名著《我们共同的未来》一书指出："一些社区的所谓土著或部落人民……他们保持着一种与自然环境亲密和谐的传统生活方式。他们的生存本身一直取决于他们对生态的意识和适应性。……这些社区是使人类同它的远古祖先相联系的传统知识和经验的丰富宝库。它们的消亡对更广大的社会是一种损失，否则，社会可以从它们那里学到大量的对十分复杂的生态系统进行可持续管理的传统技能。"③ 1992 年 6 月在巴西里约热内卢召开的联合国环境与发展大会通过的《环境与发展宣言》中特别指出："由于土著居民及其社区的知识和传统习惯在环境管理和发展方面具有重大作用。各国应承认和适当支持他们的观点、文化和

---

① 袁鼎升：《生态和谐论》，《广西社会科学》2007 年第 2 期。

② 杨立新：《论生态文明建设》，《环渤海经济瞭望》2008 年第 1 期，第 39 页。

③ 世界环境与发展委员会：《我们共同的未来》，王之佳等译，吉林人民出版社 1997 年版，第 143 页。

利益，并使其能有效参与可持续发展。"① 少数民族和土著居民具有适应自然、保护环境的生态文化，这是世界上的一种普遍现象和共同规律，也是促进全球可持续发展的宝贵财富和重要资源。在我国和谐社会的构建过程中，我们应该十分珍惜这笔宝贵的财富，采取切实措施保护和利用好这一重要的资源，将少数民族地区率先建设成为可持续发展的示范区。

从文化的功能来看，我们必须承认："在影响生态的一切因素中，最大的力量是文化，它包含了指导我们进行生态环境创造的一切思想、方法、组织和规划等意识和行为，也包括一切文化设施。"② 这种文化就是生态文化。目前学术界对生态文化的理解并不完全一致，但一般都认为：狭义的生态文化是一种文化现象，即以生态价值观为指导的社会意识形态；广义的生态文化是一种生态价值观，或者说是一种生态文明观，它反映了人类新的生存方式，即人与自然和谐共生的生存方式。这种定义下的生态文化，大致包括三个层次，即精神层次、物质层次和制度层次。精神生态文化、物质生态文化、制度生态文化相互交织、相互关联并相互作用，共同组成了生态文化的主体。

现在，越来越多的人已经认识到：自工业革命以来，全球出现的一系列人口、环境、生态和资源问题，实质上是人类行为的失范问题，而人类行为失范的根源则是由于支配人行为的文化观念出了问题。在 20 世纪 80年代，就有学者指出："人类好像在一夜之间突然发现自己正面临着史无前例的大量危机：人口危机、环境危机、粮食危机、能源危机……这场全球性危机程度之深、克服之难，对迄今为止指引人类社会进步的若干基本观念提出了挑战。"③ 要想从根本上遏制生态环境的进一步恶化，走上可持续发展之路，就必须重新审视人与自然长期交往中形成的自觉或不自觉的支配人类行为的文化观念。所以，改善和保护生态环境，不能只从行政的、经济的、法律的等这些层次入手，而必须借助文化的力量。

如果不注意培养全社会深厚的生态文化底蕴，那么任何其他举措都是舍本求末。我国近些年的环境保护工作，之所以未能从根本上扭转环境生

---

① 转引自甘师俊主编《可持续发展：跨世纪的抉择》，广东科技出版社 1997 年版，第 31—32 页。

② 杨立新：《论生态文明建设》，《环渤海经济瞭望》2008 年第 1 期，第 39 页。

③ ［美］梅萨罗维克等：《人类处在转折点》上，刘长毅译，中国和平出版社 1987 年版，第 36 页。

态恶化的趋势，一个重要的原因就是从文化因素方面重视不够，没有从文化因素方面分析，因而未能找到解决问题的根本途径。"人类的行为（包括经济行为、消费行为、社会行为）基本上都是由人的需要和利益驱使的，因而调适人的需要和利益，内在的机制只能依靠'文化的促进'，当然同时也不能脱离外在的法律、法规和制度来约束、规范，然而几乎所有法律、法规和制度既是一定文化的外在的、具体的表现形式，又是那个文化的一个重要组成部分。"① 从这个角度看，加强生态文化建设，也是贯彻落实科学发展观、促进生态文明最为根本的手段。

（二）生态文化的先进性是加强生态文化建设的内在依据

马克思、恩格斯的生态观认为，作为自然存在物的人是通过劳动和人周围的自然发生关系的，人类是通过人手以及用手制造出来的工具的使用，不断地改造和支配自然界，从而创造了一个"人化的自然界"，与此同时，人的自身也得到了改造，劳动也是人自身的自然力的外化。"动物也进行生产，但是它们的生产对周围自然界的作用在自然界面前只等于零，只有人才给自然界打上自己的印记。"人同动物的根本区别就在于人能通过生产劳动自觉地利用和支配自然。作为自然存在物的人必须和自然界和谐相处。人类不要站在自然之外去统治和主宰自然。"不要过分陶醉于我们对自然界的胜利。对于每一次这样的胜利，自然界都报复了我们。每一次胜利，在每一步都确实取得了我们预期的结果，但是在第二步和第三步都有了完全不同的、出乎预料的影响，常常把第一个结果又取消了。"人是自然界的一部分，人在作用于身外的自然时必须尊重自然的客观规律，否则，将破坏自然生态平衡，遭到自然界的报复。人类急功近利，对于自然环境的破坏，无所不用其极，大自然对于人类的报复，也越来越激烈，越来越严重。人类与自然的关系，处在尖锐的对立之中。

在人与自然关系对立或紧张的背后，其实隐藏着人与人关系的紧张或对立。这是因为人与自然的关系和人与人的关系是互动共生的，人类史与自然史是相互制约的。但是人与自然和人与人这两对矛盾中，人与人的矛盾始终占据主导地位。在资本主义社会中，由其社会基本矛盾导致的周期性经济危机，使生产力造成巨大破坏，物质财富巨大浪费，使本来已有限

---

① 张家勤：《六安市生态市建设研究》，硕士学位论文，华东师范大学，2008 年。

的自然资源更趋紧张。而自然资源的日趋紧张、短缺，又进一步加剧了人与人之间的对立与纷争，甚至爆发为争夺资源而发生的战争。要实现两种和谐（人与自然的和谐、人与人的和谐），首先应从调整、改善人与人的关系着手。只有如此，人类才能同心协力地调整、改善人与自然之间的关系，实现人与自然的和谐。

马克思、恩格斯在一百多年前提出了一个重要命题："人类同自然的和解及人类本身的和解。"这是独具慧眼的忠言，也是振聋发聩的警示。马克思、恩格斯的生态观把实现"人类同自然的和解及人类本身的和解"确立为人类社会发展过程中正确处理人与自然、社会三者关系的最高价值目标。这种生态观的重大价值和现实意义就在于向人们提供了一条清晰的认识问题和解决问题的基本线索，这就是在有限的资源下，建立一个科学、民主、公正、和平且能永续发展的和谐社会。

对先进文化的评判必须坚持三个尺度，即坚持历史的、科学的和价值的评判尺度。一切先进文化，都必然是站在时代的前列，合乎历史的潮流，符合客观的真理，有利于生产力的发展，代表最广大人民群众利益的文化。生态文化完全符合先进文化的这一评判标准。因为：第一，生态文化是人类对以往文化形态反思的结果，是人类对文化的自觉选择，是站在时代前列、合乎历史潮流的新文化。第二，生态文化是符合客观真理的文化。它既关注自然，也关注人本身，它昭示了一种科学的实践理性：人类要理性地对待自然，有限度地生存。即人类本身要持续长久地延续和发展，就不能不考虑自然界中其他主体的利益和价值，也不能不考虑后代人生存和发展的权利。所以，生态文化反映了自然界和人类社会的发展规律和发展趋势，反映了人类对客观世界的真理性认识。第三，生态文化是代表最广大人民群众利益的文化。现代生态文化蓬勃兴起的重要原因在于：环境生态问题严重危害社会的协调可持续发展，危害广大群众的身体健康、生产发展等切身利益。而生态文化强调的恰恰是一种互利共生型思维方式和价值观，其关注自然环境和生态的本质是为了人类更好地生存。一句话，生态文化是当代先进文化，我们有理由和责任去建设、发展和繁荣它。

（三）生态文化建设的内涵和我国生态文化建设现状

1. 生态文化建设的内涵

生态文化建设就是培育和创造现代生态文化、宣传和实践生态文化。

生态文化建设的总体目标，就是要繁荣生态文化，普及生态知识，培养生态意识，使生态观念熔铸于人们的思维和日常行为中，使人与自然和谐发展的观念成为整个社会的共识，促使全社会的价值取向、生产方式和消费行为实现生态化；改革不合理的经济体制和社会发展管理模式，使科学的生态文化贯穿于各种决策中，渗透和体现在各项政策和制度中，从而使全社会既尊重自然的价值，又满足人的需要，实现"人—社会—经济—自然"系统的可持续发展，促进生态文明的实现和生态文明层次的提升。

按照生态文化的内涵，生态文化建设大致包括三个层次，即精神生态文化建设、物质生态文化建设和制度生态文化建设。具体来说，所谓精神生态文化建设就是要培育和创造生态认知文化，并通过各种途径使之内化为人的基本素质，成为生态观念文化，提高人们的生态环境意识与可持续发展意识。精神生态文化建设是整个生态文化建设的灵魂，它制约着物质生态文化建设和制度生态文化建设。物质生态文化和制度生态文化都离不开精神生态文化的指导。精神生态文化建设，包括相互关联又递进的两个层次：第一个层次是理论建设，即遵循生态规律对生态文化进行理论建设，包括生态哲学、生态文学、生态伦理、生态美学和生态科技等内容。通过这个层次的建设，生态文化趋向饱满和丰富多样；第二个层次是观念建设，即遵循文化传播发展规律把丰富多样的生态文化推广开来，让广大群众自觉接受，进而实现观念上的一场生态化革命。

物质生态文化建设就是生态精神文化的物化过程，它更多地体现着人类实践精神生态文化的程度和力度。其前提是遵循科学的精神生态文化，不断加强生态文化基础设施建设，加强文化资源和自然资源的有效保护，其核心是促进生产方式和生活方式的生态化转变，其成果是精神生态文化的外在表现和物质基础。

制度生态文化建设就是要把现代生态文化理念贯穿于法律、制度、各项决策、政策和社会各系统的运行体制中，为精神生态文化和物质生态文化建设提供政策、法律和制度保障。在地方政府单纯追求 GDP、公众环境意识不强、企业急功近利的思想还普遍存在的情况下，加强生态立法，建立和完善政府主导、执法监督、公众参与、科学决策等生态机制，是生态文化建设的重要内容，也是有效推进生态文化建设的有力保障。

生态文化建设的长期目标或最高理想，是实现生态文明，促进科学发展。生态文化建设，不是为文化而文化，不是单纯为了文化的多样性而建设。也可以说，生态文化建设旨在实现人类文明的生态化，它的根本功能是改变人类文化的走向、优化人类处理人与自然关系时的行为选择。

2. 我国生态文化建设现状

党的十七大提出建设生态文明的战略任务后，生态文化及其建设研究迅速成为我国学者研究的热门课题。目前，从我国社会整体来看，生态经济学、生态文艺学、生态美学、生态伦理学、生态法学、生态人类学等边缘交叉学科正逐步兴起；"生态化"已经成为政治、经济、教育、媒介等诸多领域的共同话题；"生态立省"已经成为不少省（区）的战略性口号并开始付诸实践。这一切都显示出生态文化已登上了历史舞台，并有了良好的发展态势。但是，生态文化毕竟是与"神本文化"、"人本文化"截然不同的文化形态，在我国还是一种新生事物，还受诸多因素的影响和制约。同国外相比，我国虽然具有丰富的传统生态文化思想，但对生态文化的研究却远远落后于西方发达国家，生态文化发展现状仍不容乐观。"我国的生态文化远未成为主流文化，还没有化为全民的共识与实践，无论是生态文化的精神形态层次，还是制度形态层次和物质形态层次，我国的生态文化建设都面临一系列问题。"① 因此，我国生态文化距离繁荣尚远，建设任务相当繁重。

首先，从精神生态文化来看，当代中国，不管是认知生态文化还是观念生态文化，都有巨大的发展空间。综观文化市场，充斥的是武侠、青春、奇幻小说，是时尚杂志等快餐文化和流行文化，生态文化作品少之又少，往往还"偏居一隅"；从人的价值追求看，主流仍是传统文化模式下实现经济持续增长的发展观，是扩展主义支配下的消费文化，现代生态文化观念还远远没有成为全社会普遍的价值取向。美国等发达国家危及全球生态的生存方式仍然为我国众多的公民所向往、所追求。"现代多数人贪婪地追求物质财富，并非人性使然，而是文化使然。是物质主义、经济主义、消费主义的文化培养了多数人的生活信念和生活习性，使他们认为，人生的意义就在于多多地赚钱，洒脱地消费。"② 因此，大力发展生态文化，丰富生态文化作品，进而实现生态文化的内化和主流化，任务还很艰巨。

---

① 李秀艳：《对中国生态文化发展现状的反思》，《特区经济》2008 年第 6 期。

② 严耕、杨志华：《生态文明的理论与系统构建》，中央编译出版社 2009 年版，第 7 页。

其次，从物质生态文化层面来看，近些年来，虽然我国自然资源和文化资源的保护工作取得了很大的成绩。但是，由于认识、资金、体制和管理等原因，我国对自然资源和文化资源的保护还存在很多问题，有的是保护不力，有的是就保护而保护；从生态文化建设的角度看，有些地方对这些资源的利用水平相当低，既不挖掘其中蕴含的生态文化，也不赋予其生态文化，根本谈不上文化产出和任何经济效益。我国生产方式和生活方式的生态化转变在各地也取得了不同程度的进展。但是，由于我国的生态科学能够提供的生态技术，尤其是成熟的生态技术，还远远不够，因而，从总体上看，我国还没有转变"高投入、高消耗、高排放、难循环、低效率"的增长方式，再生资源的回收利用率很低。在资源方面，我国的过度消耗还十分惊人。在产业方面，生态产业的规模还很小，生态经济在整个社会还处于萌芽阶段。在生活方式上，以一次性筷子为代表的一次性产品大行其道、白色污染不断升级、各种浪费现象随处可见，这一切表明，我国的生态物质文化还很贫乏。

最后，从制度层面上讲，自 1978 年中央提出制定环境保护法以来，我国在几乎所有的规划中都把生态环境问题放在了非常突出的位置。2003年我国政府提出的以人为本，全面协调、可持续发展的科学发展观，更是体现了我们对环境问题的关切和可持续发展的追求。但在我国传统的制度文化中，依然存在着制约生态文化发展的因素。生态文化赖以生存和发展的制度体制环境还难以满足生态文化发展的目标和要求。我国传统的以经济增长为唯一追求的政绩观和由此建立起来的官员考核、任免体制，依然根深蒂固。生态制度文化对全社会的约束制约作用尚弱。"虽然，我国在生态文化建设的立法体系中取得了一定的成绩，但与西方发达国家相比还存在着这样那样的缺陷和不足。主要体现在制定的法律法规原则性强，可操作性差；片面性强，关联性差；制度性强，而参与性差等问题。"[①] 今后我们不仅要建立适应生态文化发展的政策和制度，也要健全机制，保证这些政策制度的落实。

马克思主义把人的全面发展作为自己的最高理想和最终目标。马克思和恩格斯在《共产党宣言》中写道："代替那存在着阶级和阶级对立的资产阶级旧社会的，将是这样一个联合体，在那里，每个人的自由发展是一

---

① 丁宁宁、彭坤：《生态文化建设的思考》，《科技与管理》2007 年第 6 期，第 12 页。

切人的自由发展的条件。"① 人的全面发展离不开文化的熏陶和支撑。一个人选择什么样的生活态度和生活方式，从根本上讲是由世界观、人生观、价值观等文化观念来引导和调节的。在相同条件下，不同的文化观念会形成截然不同的生活方式，有的高尚，有的庸俗，有的文明，有的腐朽。实现"人与自然关系的和谐"更离不开文化的作用。生态文明这条道路如何走？人与自然怎样才算和谐，如何达到和谐？对这些问题从文化的视角审视、思考、回应，本身就是生态文化的重要内容。生态文化所倡导的"生态经济"、"绿色消费"等观念，无疑对实现人与自然的和谐具有举足轻重的作用。所以，只有生态文化这种新的文化形态，才能唤醒人们的生态意识，才能把关于人与自然关系的观念提升到先进、文明和科学的水平，才能引导人们把人与自然的关系调节到和谐、可持续发展的良好状态，最终建立起理性的精神家园和丰裕的物质世界。

现代生态文化代表着 21 世纪人类的精神，承载着人类新的价值追求。这种先进文化不仅具有传统工业文化所不具有的"生态"诉求——追求人与自然的和谐共生，还具有一切传统文化所具有的一般的"文化"价值。然而，抽象地赞同生态文化容易，具体建设生态文化却很难。因为，人类文化本身就是十分复杂的事物，生态文化更是如此。生态文化建设所包含的内容非常广泛，既要改变思维方式，又要改变生产方式和生活方式；既要改变传统的文化观念和道德观念，也要改变法律和体制。生态文化建设不仅仅要求生态环境的治理，更是涉及物质文明、精神文明、政治文明的整个社会文明形态的变革。这场变革需要政府各部门的密切配合，需要全社会的共同参与，需要协调各方利益，需要化解诸多矛盾。没有正确的指导思想，生态文化建设便可能成为"瞎折腾"。

总之，我国生态文化距离繁荣尚远，建设任务相当繁重。生态文化不仅是一个理论问题，更是一个实践问题。生态文化从理论到实践，从思想到行动，从精神到物质，还有许多中间环节，还要处理好许多深层次的复杂关系。生态文化重在建设，研究、发展、创新、宣传、实践生态文化的每一个环节都要付出巨大的努力。

---

① 马克思、恩格斯：《马克思恩格斯选集》第 1 卷，人民出版社 1995 年版，第 17 页。

三　构建生态和谐社会的时代背景及要求

人类历史的发展进入现代社会，工业文明背景下机械化的大生产加速了人类社会发展的进程，给人类带来了巨额的物质财富；与此同时，人类对自然的索取也是前所未有地加强，人与自然的危机也在不断地加深，人与自然、社会与自然的关系逐渐作为头等大事摆上了人类发展的议事日程。

（一）工业文明的"没落"，生态文明的"兴起"

从人类进化和发展的历史看，人类自诞生以来已经经历了采猎文明、农业文明和工业文明三个时代，即将进入的是生态文明时代。

在采猎文明时代，尽管人类已经作为具有自我意识、自我能动性的主体呈现在自然界面前，但由于缺乏强大的物质和精神手段，对自然界开发和支配能力相当有限，人类的生活也完全依赖于自然环境，受未知的大自然力量的统治，慑服于大自然威力之下。因此，在采猎文明时代，人与自然之间呈现的是一种混沌共生状态。

大约在距今1万年前，人类开始进入农业文明时代。在农业文明时代，人类主要的物质生产活动是农耕和畜牧。简单的社会生产力水平使得人类已从受自然的统治变为对自然的初步开发和改造，然而，由于人们改造自然的能力相当有限，人与自然基本上是和谐相处的，保持了一种基本的平衡状态。这种平衡是一种被动生态平衡，还不是真正值得我们赞美和追求的理想的、积极的生态平衡。

工业文明是人类文明发展的一个新的时代，工业文明的主要特征是机器的广泛采用，由此，推动了商品经济的巨大发展，人类社会生产力水平前所未有地强大。正如马克思恩格斯在《共产党宣言》中指出的那样，"资产阶级在它的不到一百年的阶级统治中所创造的生产力，比过去一切时代创造的全部生产力还要多，还要大"。[①] 但从辩证的角度去思考，工业文明在显现人类前所未有的改造自然能力的同时，也使人类面临前所未

---

① 马克思、恩格斯：《马克思恩格斯选集》第1卷，人民出版社1985年版，第277页。

有的危机，陷入了遭受自然界报复的沉重灾难。大气污染、水污染、噪声污染成了工业社会生存环境的一个基本特征，资源短缺、贫富差距扩大是工业社会的真实写照。

工业文明在促进人类社会发展的同时，使生态环境遭到前所未有的破坏，在自然界报复人类的巨大事实面前，我们不得不承认工业文明的传统模式已经不适应当代人类的发展要求，已经不能正确处理好人与自然之间的关系，工业文明时代已经走向衰落，即将被新的生机勃勃的生态文明所取代。生态文明对工业文明的取代，标志着人类社会将走向一个人与自然整体和谐，人与自然高度协调的新时代。生态文明时代将会是一个充分遵循自然、人、社会和谐发展客观规律，人与自然、人与人、人与社会和谐共生、良性循环、全面发展、持续繁荣的时代。

（二）自然系统和社会系统中的困境

近几个世纪，尤其是世界范围内工商业活动的开展以来，人类文明获得了迅速的发展，创造的生产力超越了以往历史生产力的总和。然而，人类文明大步迈进的基础却是建立在对自然资源的加速开发和掠夺之上的。据英国《卫报》2008 年 10 月 29 日报道，世界野生动植物基金会日前发布的一份名为《活力星球》的报告称，由于人类过度开发自然资源，能源消耗的速度已经远远超过能源再生的速度，致使人类面临的自然资源危机比当前的金融危机更加严重。自然资源的短缺常表现为石油、天然气、矿石等非可再生资源的稀缺，耕地、草原、湖泊等基本生存环境面积的萎缩，部分动植物物种濒临灭绝，根据 2005 年的统计数据，全球生物品种比 1970 年下降了近 1/3。其中，热带物种种类减少了一半。尽管温带生物差异性依然稳定，但已经下降到历史最低点。另外，陆地、淡水、海洋、雨林以及草原等地区的物种差异性都有明显下降。这份报告称，再过 30 年，世界人口几乎会翻两倍。如果人类继续以这样的速度发展，到 2030 年，人类将需要开拓另外两个星球才能维持需求。而导致当代社会出现资源短缺的主要因素有：人类对自然界的无限制的索取，不合理的开发，低效率的利用等。

人类对自然界的过度开发的另一个后果是生态环境的急剧恶化。而且，这种环境危机不再是局部地区的问题，已经形成各国普遍存在和关注的全球化问题；由自然环境问题引起的公害事件频频发生，如大气污染、森林危机、全球气候升温、土地沙漠化、酸雨污染、臭氧层破坏、沙尘暴、动植物种群濒临灭绝、人类传染性疾病频发等，这一系列的问题直接威胁到自然生态的平衡，导致了人类现有的生存条件的恶化，影响到子孙后代的可持续发展。

同时，生态问题也不再是单纯属于自然领域的问题，已经上升为社会系统的问题，发达国家和地区对自然资源的过度开发和利用，导致了当地自然资源的枯竭和生存环境的恶化，于是他们开始朝着不发达国家和国内落后地区进行掠夺和转嫁危机，其幌子和招牌往往是异地开发、联合经营、技术投资，甚至采用政治强权、军事威胁等手段。这一系列行为一方面加剧了落后国家和地区的生态危机，从长久来看，导致了该地区的贫穷和落后的恶性循环，不稳定的政治格局和大量的难民给周边国家乃至整个国际社会带来隐患；同时，在国内落后地区过量的资源开采，而又缺乏相应的环境保护措施和补偿机制，必然会导致区域经济发展的不平衡性加剧，生态环境的恶化，乃至社会问题的丛生。环境分配不公也加重了社会不公，在人与自然、人与人的竞争中，暴露和引发了更多的生态问题，如交通安全、居住安全、食品安全的问题，如长期未得到有效的处理很容易引起群体性事件的发生，这时候的问题不仅是自然领域的问题了，更是社会领域的问题。

工业文明，这个曾经给人类创造了辉煌和灿烂历史，也给人类社会带来前所未有灾难的时代已经走到了尽头，我们必须找到一种新的文明来更好地适应人与社会发展的需求，这种新的文明就是生态文明。

（三）构建生态和谐是构建社会主义和谐社会的内在要求

构建生态和谐社会是构建社会主义和谐社会的内在要求。2005 年 2 月，胡锦涛明确指出，我们所要建设的社会主义和谐社会应当是民主法治、公平正义、诚信友爱、充满活力、安定有序、人与自然和谐共处的社会。这个论断深刻阐明了生态和谐是社会主义和谐社会不可或缺的重要组成部分，没有人与自然的和谐，社会主义和谐社会就不可能真正建立起来。所谓生态和谐社会是指在科学认识人与自然关系、充分揭示和科学利用生态环境运行和发展规律的前提下，以人（社会）与自然的和谐统一为基础，以人与人、人与社会的和谐为条件，以实现人及其社会的永续发展和人的自由解放为最终目的的社会。① 为此，我们应该从以下几个方面去把握构建生态和谐社会的要求和意义。

1. 深化对人与自然关系的认识

构建生态和谐社会要求人们对人与自然的关系有着深刻的认识，这其中包括人对生态环境的运动、变化和发展的规律以及人与自然的相互关系进行深入而全面的认识和把握。在人与自然的关系中，自然特指人类认识和实践所及的并已经纳入人类社会发展之中的客观自然界，即生态环境，这是目前人类生活、发展所凭借的唯一场所。为此，人类的生存与发展首先需要对其所生活的生态环境进行科学的认识和把握，这是人类利用自然规律获取相应发展的前提。那么如何科学认识人类生存与发展所依赖的生态环境的变化，可以从横向和纵向两个方面来判定，横向的判定是一定社会状态下，生态环境应当与当时的经济、社会的发展共同进步，如果经济、社会的发展是建立在对生态环境的破坏、自然资源的巨大浪费，毫无疑问，这个社会阶段生态环境是不如意的，生态是欠和谐的状态，社会的发展也是一种畸形的发展。纵向的判定主要体现在人类对人与自然关系的认识和处理上，科学的认识是人类应该由对自然的征服转变为与自然界的和睦相处，这是人类在自然界生存和发展的基础。

2. 强调人对自然界实践方式的科学认知

只有处理好人与自然的关系，才能促使生态、经济和社会的可持续发展。第一，人与自然和谐发展，是经济持续发展的保证。近代以来，世界经济虽然迅猛发展，但这是以浪费资源和破坏环境为代价的。这种发展只能是暂时的，不可能是长久的、持续的。同时，自然环境的恶化，给人类造成的经济损失也是巨大的。进入 20 世纪 90 年代以来，灾害更是逐年上升，灾情更加严重，仅 1998 年长江流域的洪水灾害，直接经济损失就达两千多亿元人民币。第二，人与自然和谐发展，是实现人与人和谐发展的基础。只有人类合理地利用自然，保护环境，自然界才能为人类提供更多资源和财富，为人类公平地开发利用自然创造良好的条件。否则，自然环境的恶化，只能加剧国家与国家、地区与地区、人与人之间对资源开发和利用的矛盾，影响人与人的关系。

环境破坏与贫富差距存在密切关系。1995 年，普林斯顿大学的经济

---

① 赵成：《论生态和谐及其意义》，《学术论坛》2007 年第 11 期，第 169—170 页。

学家格鲁斯曼（Gene Grossman）和克鲁格（Alan Krueger）在对 66 个国家的不同地区内 14 种空气污染和水污染物质 12 年（空气污染物：1979—1990；水污染物：1977—1988）的变动情况进行研究中发现，大多数污染物质的变动趋势与人均国民收入水平的变动趋势间呈倒 U 形关系，即污染程度随人均收入增长先增加，后下降。污染程度的峰值大约位于中等收入水平阶段。据此，他们在文章中提出了环境库兹涅茨曲线（EKC）的假说（见图 2 - 1）。

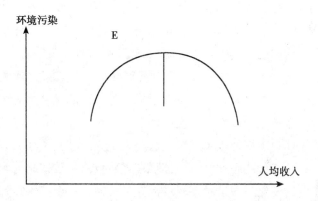

图 2 - 1　环境库兹涅茨曲线

由环境库兹涅茨曲线联系来看，在环境破坏与贫富差距之间存在密切关系。对于贫困人口而言，维持生存是第一需要。在长远利益与眼前利益的矛盾中，生存的本能迫使他们只能通过破坏生态环境来取得生活资料。在广大落后地区，贫困和人口膨胀使人们不得不加大对草原、森林、土壤和水资源的索取。我国通过过去几十年卓有成效的扶贫工作，一些条件相对较好的地区已基本解决温饱问题，但遗留下来的多是自然条件相对较差，有相当一部分属于不适合人类生存的"自然障碍区"或是环境容量严重超负荷的区域。

构建生态和谐社会要求人对自然界的实践方式有着科学的认知，这主要体现在人类对自然的改造和利用上。人与自然和谐，是人及其社会以其特有的实践方式在科学认识和把握人与自然关系基础上的主动构建过程。这种社会构建过程主要是通过对物质生产、人的生产和生活方式以及社会经济运行方式的自我调节，使人的实践活动符合生态环境的运行规律，维护其稳定和正常演化的过程。具体表现在，人类对自然的改造必须是一种合理的、有限度的、高效的开发和利用过程，人类的生产必须发挥人类的智力优势，注重科学技术和人才的培养，发挥科技创新优势，实现生产方式的根本转变，走可持续发展之路。

　　3. 树立"大和谐"思想观念

　　构建生态和谐社会要求人类要具有一种"大和谐"思想，生态和谐社会本质上是一种人及其社会的永续存在和发展的社会，它不仅要求人与自然的和谐，而且要求人与人、人与社会的和谐。因为构建生态和谐社会将最终要求人与自然之间的物质变换表现为"社会化的人，联合起来的生产者，将合理地调节他们和自然之间的物质变换，把它置于他们的共同控制之下，而不让它作为盲目的力量来统治自己；靠消耗小的力量，在最无愧于和适于他们的人类本性的条件下来进行这种物质变换"①。而这种"共同力量"的形成，离不开人与人、人与社会和谐关系的建立。没有人及其社会之间的和谐关系，就不可能形成一种共同的社会力量去实现人与自然的和谐。事实证明，生态环境的问题并不仅仅是简单的自然领域的问题，而且还是社会领域的重要问题。人与人、人与社会关系的建立直接影响着人对自然界本身的态度，进而体现在人对自然界改造的行为中，从而引起生态环境的变化。一个和谐互助的人际关系、一个睦邻友好的社会关系的持续发展本身就是建立在与周围万事万物和谐相处的基础之上的。同时，我们对"大和谐"思想认识还不能局限于某个地区或国家，只有整个人类居住空间的和谐才是"大和谐"，这就需要我们把对生态和谐的认识放在更远和更长久的视野之中，"大和谐"并不是以牺牲和破坏其他民族和地区的生态环境为代价换取本国的生态和谐；"大和谐"也不是以伤害子孙后代长久发展来谋求一己之利、一时之利为代价的。

四　社会主义生态和谐思想的内涵及基本要求

　　20 世纪 90 年代，世界经济发展向全球化方向发展，如何解决环境问题成为全世界面临的共同课题。1994 年国务院通过了《中国二十一世纪议程——中国人口、环境与发展白皮书》，从中国的人口、环境与发展的国情出发，提出了促进经济、社会资源和环境相互协调和持续发展的总体

---

① 马克思、恩格斯：《马克思恩格斯全集》第 25 卷，人民出版社 1974 年版，第 926—927 页。

战略、对策和行动方案。其制定和实施，标志着中国可持续发展战略的正式确立。党的十四届五中全会和八届全国人大会议将可持续发展战略纳入了"九五计划"和2010年远景目标纲要。1996年，在第四次全国环境保护会议上，江泽民总书记又从节约资源、控制人口、转变消费模式、提高保护生态环境意识和改善资源状况等方面，对我国可持续发展应展开的工作做了精辟的论述。

江泽民同志从中国实际出发，继承并发展邓小平关于发展的一系列重要理论，提出了可持续发展的思想，为经济、自然和社会的协调发展指出了新的正确方向，为正确处理人与自然的关系提供了指导。2001年2月28日在海南省考察工作时，江泽民指出"破坏资源环境就是破坏生产力，保护资源环境就是保护生产力，改善资源环境就是发展生产力"。这一论断正确把握了保护生态环境与发展生产力之间的辩证关系，蕴含着深刻的唯物辩证法思想，是对马克思主义价值观的进一步丰富和发展。[1] 在可持续发展这一理念的指导下，江泽民在党的十六大报告中指出：全面建设小康社会的奋斗目标之一就是"可持续发展能力不断增强，生态环境得到改善，资源利用效率显著提高，促进人与自然的和谐，推动整个社会走上生产发展、生活富裕、生态良好的文明发展道路"。[2]

江泽民的这一系列重要论述深刻阐明了经济发展与人口、资源、环境、社会进步之间的相互依存、相互制约的统一性。以可持续发展作为指导思想，采取有效措施，正确处理经济发展与人口、资源、环境的现存矛盾，坚持人口的可持续性、资源的可持续性、环境的可持续性和经济的可持续性的统一就会使人口的增长不对资源和环境造成太大的压力，使资源能够再生，使环境得以改善，使经济得以持续发展，从而形成人口、资源、环境的良性循环和互动。

新的世纪中国经济面临着许多经济和社会方面的挑战，在这样的历史条件下，以胡锦涛同志为总书记的党中央提出了科学发展观，提出统筹、促进和实现人与自然的和谐发展关系。

在可持续发展的基础上，胡锦涛在2003年"七一"讲话中指出："发展是以经济建设为中心、经济政治文化相协调的发展，是促进人与自

---

① 江泽民：《论有中国特色社会主义（专题摘编）学习读本》，学习出版社2002年版。

② 江泽民：《中国共产党第十六次全国代表大会报告》，人民出版社2002年版。

然相和谐的可持续发展。"①

党的十六届三中全会明确提出"坚持以人为本。树立全面、协调和可持续的发展观，促进经济社会和人的全面发展"，强调"按照统筹城乡发展、统筹区域发展、统筹经济社会发展、统筹人与自然发展、统筹国内发展和对外开放的要求"② 推动改革和发展，全面、完整地提出了科学发展观，初步提出了社会主义生态和谐思想。即坚持可持续发展战略，统筹人与自然的和谐发展。2005 年 2 月胡锦涛在省部级主要领导干部提高构建社会主义和谐社会能力专题研讨班上的讲话中指出："我们所要建设的社会主义和谐社会，是民主法制、公平正义、诚信友爱、充满活力、安定有序、人和自然和谐相处的社会。"③ 这一思想强调了努力做到人与自然的和谐、人与社会的和谐以及人自身的和谐，大力发展社会主义物质文明、政治文明、精神文明和生态文明，建设一个充满生机和活力、社会公正、人民团结、生态良好的和谐社会。生态和谐成为社会主义和谐社会的基本内涵之一，标志着社会主义生态和谐思想基本形成。2006 年中共十六届六中全会审议并通过了《中共中央关于构建社会主义和谐社会若干问题的决定》。至此，社会主义生态和谐思想正式形成。

从 20 世纪 90 年代中期至今，从强调环境到统筹人与自然和谐发展直至社会主义生态和谐思想的形成，表明党和政府关于生态和谐思想逐渐上升到比较完整的理论高度，也体现了党和政府对生态和谐构建的积极和主动的特点。

（一）社会主义生态和谐的内涵

社会主义生态和谐思想是我国长期社会主义现代化建设的经验和理论总结，是以胡锦涛主席为中心的新一届中央领导集体在提出科学发展观和社会主义和谐社会理论的过程中阐发的。构建社会主义生态和谐发扬了中国传统文化中"天人合一"思想，也顺应当代世界环境保护的社会潮流，同时也是现阶段我国具体国情和实现共产主义事业伟大目标的客观要求。

我国是世界上最大的发展中国家，人口众多，生产力水平较低，资源

---

① 《胡锦涛在"三个代表"重要思想理论研讨班上讲话》，《人民日报》2003 年 7 月 2 日。

② 《中共中央关于完善社会主义市场经济体制若干问题的决定》，人民出版社 2003 年版。

③ 《深刻认识构建社会主义和谐社会重要意思，扎扎实实做好工作促进社会和谐团结》，《光明日报》2005 年 2 月 21 日。

相对不足、生态环境承载力弱是基本国情。在改革开放和现代化建设的伟大实践中，党和政府十分重视人与自然的和谐发展，并为此作出了巨大的努力。早在 20 世纪 80 年代初期，我国政府就确定了控制人口增长和保护环境两项基本国策，并置之于国民经济和社会发展的重要战略地位。1994年我国政府制定并批准通过了《中国 21 世纪议程——中国 21 世纪人口、环境与发展白皮书》，系统地论述了我国经济、社会与环境的相互关系，构筑了一个综合性的、长期性的、渐进性的实现人与自然和谐发展的可持续发展的战略框架。党的十六大以来，党和政府一再强调，要把控制人口、节约资源、保护环境放到重要位置，使人口增长与社会生产力的发展相适应，使经济建设与资源、环境相协调，实现良性循环。这些措施的采取对延缓我国的环境生态恶化起到了非常重要的作用。然而，迄今为止，"局部改善、整体恶化"的魔咒仍难以化解，"我国生态环境总体恶化的趋势尚未得到根本扭转"。[①] 其主要表现为环境污染状况日益严重，复合性环境污染加剧；原始森林所剩无几，森林总体质量低下；草地退化，湿地萎缩，土地沙化加速，水土流失严重；生物多样性锐减，有害外来物种入侵频繁，生态安全受到严重威胁。

环境污染和生态破坏危害巨大。"据世界银行测算，中国空气和水污染造成的损失要占到当年 GDP 的 8％；中科院测算，环境污染使我国发展成本比世界平均水平高 7％，环境污染和生态破坏造成的损失占到 GDP 的 15％；环保总局的生态状况调查表明，仅西部 9 省区生态破坏造成的直接损失占到当地 GDP 的 13％"。而且，"环境也对人民的身体健康造成了明显的危害。据联合国开发署 2002 年报告称，中国每年空气污染导致 1500万人患支气管病。在中国，每年有 200 万人死于癌症，而重污染地区死于肺癌的人数比空气良好的地区高 4.7—8.8 倍"。[②] 更为严重的是，"近年来，因环境问题引发的群体性事件以每年 29％的速度递增。2005 年，全国发生环境污染纠纷 5.1 万起"。[③] 同时，由于二氧化硫、化学需氧量、持久性有机污染物年排放总量中国位居世界前列，不仅对中国的可持续发展带来极大的隐患，也引起世界的忧虑和担心，特别是进入 21 世纪我国

---

① 全国干部培训教材编审指导委员会组织编写：《科学发展观》，人民出版社 2006 年版，第 167 页。

② 陈中、陈初越：《中国呼唤生态文明时代》，《南风窗》2005 年第 4 期。

③ 姜春云：《偿还生态欠债——人与自然和谐探索》，新华出版社 2007 年版，第 30 页。

的发展面临着国内外资源紧缺和履行减排呼声的巨大国际压力。可见，生态环境问题已成为制约我国经济发展、危害群众身体健康、影响社会稳定和引发国际压力的一个重要因素。

要取得发展的主动权，我们就必须正视这种现实，切实把环境生态保护放到突出位置，牢固树立生态文明理念。我们不仅需要发展，更需要科学发展。科学发展观正是在这种背景下提出的，这是对时代主题的深刻回应，是对新世纪、新挑战尤其是生态环境问题的积极应对。科学发展观的提出反映了我党实事求是、一切从实际出发、敢于面对现实，破解发展难题的勇气和历史主动精神。

建设生态文明这一战略任务的提出，一方面，是中国共产党放眼全球、深刻把握人类社会发展生态化趋向的结果；另一方面，也是中国共产党在执政过程中对"人与自然关系问题"认识不断深化的结果。新中国成立初期，毛泽东同志就提出植树造林、实现大地园林化的伟大号召；1981年在邓小平同志倡导下，五届全国人大作出了《关于开展全民义务植树运动的决定》；江泽民同志发出了"再造秀美山川"的号召，提出了要促进人与自然的协调与和谐，使人们在优美的生态环境中工作和生活。

社会主义生态和谐思想是社会主义和谐理论的重要组成部分，其基本内涵就是以科学发展观为指导，坚持可持续发展战略，实现人和自然的和谐发展，建设生态和谐的社会主义社会。社会主义生态和谐思想体现了人、社会与自然的和谐统一，可以从三个层次来理解，一个基本的层次是个人与自然关系密不可分。即自然环境是个人存在的基石，个人的生存和发展离不开自然界的供给，人类应该协调对自然界的开发和保护的关系。另一个层次是人类社会系统与自然生态系统的统一，即人类社会生产力和生产关系与自然生态的和谐统一，人类社会生产力（以科学技术和生产工具带来的生产力）不能违背自然生产力的客观规律，社会生产关系及基于这种关系的各种经济政策、法规要建立在自然环境保护的基础之上。还有一个层次就是实现个人的全面发展同自然的和谐统一，即个人的全面发展不仅仅是物质生活水平的改善和政治民主权利的提高，还应建立在人对人与自然关系科学认识的整体提高。

（二）构建社会主义生态和谐的基本要求

如何构建社会主义生态和谐是一个跨学科的历史性课题，它需要我们通过几代人、几十代人甚至上百代人不断的领悟和思考，需要我们从政治学、哲学、社会学、经济学、文化学等多个领域来驾驭和操作。总体上，有以下几个层次的基本要求。一是政治层次，发挥制度优势、树立科学发展思路。如走可持续发展道路，创建资源节约型、环境美好型社会，学习和实践科学发展观，统筹人与自然和谐发展等。二是经济层次，落实科学理论的指导，制定正确经济发展政策和方针。如依靠科学技术，发展高新技术产业，转变经济增长方式，优化产业结构，发展循环经济，实现经济可持续发展等。三是文化层次，倡导社会主义生态文明，构建生态和谐建设的软环境。如通过基础教育和媒体宣传，加强自然保护思想教育，树立正确的生产和消费意识；继承优秀民族传统生态文化，学习现代自然科学知识，提升和改进国民生态文化认知水平。

　　构建社会主义生态和谐进程中的生态文化建设必须与科学发展观对未来中国社会发展所提出的目标相一致，即以人为本、全面、协调、可持续，而且要在生态文化建设与发展的过程中促进社会向这个目标整体迈进。把以人为本作为核心，把统筹兼顾作为根本方法，把全面、协调、可持续作为目标，这就是科学发展观对生态文化建设提出的方法和目标要求。生态文化建设必须以人为出发点和落脚点，以满足人的需求、提高人的素质、促进人的发展为核心；必须深刻地认识到生态文化并非是孤立的文化的现象，而是涉及物质领域、要求生产生活方式生态化变革的"新文化"，因而生态文化建设不能囿于"纯精神"的范畴；建设生态文化，必须坚持统筹协调，量力而行，厉行节约，追求实效，把财力、人力用在真正需要的地方，发挥最大效益，坚持可持续发展；生态文化建设不能完全照搬其他地区其他国家的生态文化建设模式，而应力求从实际出发，因地制宜，独辟蹊径，其成果必须与当地自然地理、民族风情浑然天成。一句话，我们应该自觉地运用科学发展观的立场、观点、方法认识和解决生态文化建设中的矛盾和问题，使生态文化建设在科学发展观统领和指导下不断发展、壮大和繁荣。

第三章

青藏地区自然生态资源及其
生态文化建设的特殊性

青藏地区地处我国西部及西南部，东起横断山区，西抵喀拉昆仑山，南至喜马拉雅山，北达阿尔金山—祁连山，土地总面积 223.03 万平方公里，按地形可分为藏北高原、藏南谷地、柴达木盆地、祁连山地、青海高原，是中国也是世界上最高、最大、最年轻的高原，素有"世界屋脊"之称。

一　青藏高原的演变与生态系统的形成

青藏高原平均海拔 4000 米以上，是近几百万年以来地壳强烈隆升的结果。它经历了由海洋变成陆地，而陆地则又经历了随地壳上升的过程。境内地势变化显著，地貌类型复杂多样，既有深切的高山峡谷，又有平坦辽阔的高原，这为多种生物和多样生态系统的形成发育奠定了基础。在地质历史的发展过程中，青藏高原地区生态系统在与周围地区的生态系统进行频繁的交流与融合的过程中完成了多次的演变。

青藏高原在新生代经历了复杂的地质构造运动，具有独特的环境演变进程和区域分异过程。①

在始新世晚期，印度板块和亚欧板块已经连成一体，但青藏高原地区的海拔高度还很低，只有 500 米以下。境内地势呈北高南低和东高西低的格局。这时唐古拉山—他念他翁山—怒山相对较高，成为当时湿润热带和

---

① 李文华、周兴民主编：《青藏高原生态系统及优化利用模式》，广东科技出版社 1982 年版，第 3 页。

干热亚热带的气候分界线。

在渐新世时期，青藏高原雏形已经形成，这时的海拔高程为500—1000米。总的来说，地表起伏不大。在渐新世晚期的青藏高原地区针叶树成分增多，显示了高原上升和全球气候变冷的影响。

中新世早期高原面海拔在1000米以下，这为生态系统垂直分异的形成奠定了基础。在高原内部特别是高原的边缘地区出现了气候、植被和土壤的垂直分异。到中新世晚期，高原植被里现湿热气候的特征。在中新世期间，青藏高原可分出三个自然带，昆仑山以北为亚热带干旱荒漠草原，雅砻江谷地以南地区为热带亚热带常绿林，而广大中间地带为亚热带森林和森林草原，气候纬向分异明显。这种湿热气候条件下形成的生态系统景观一直延续到上新世中期。

到上新世晚期，随着喜马拉雅造山运动的强化和全球气候变冷的影响，在青藏高原北部地区气候明显变干，在青藏高原南部地区气候仍较湿润。在西藏北部和昆仑山南麓出现由山地针叶林变为灌木草本为主的生态系统景观。在整个青藏高原北部地区出现干旱的气候，呈现以草本为主的生态系统景观。

到早更新世初期，青藏高原继续强烈的隆起，从上新世晚期到更早新世晚期的130万年中，高原平均上升了约1000米，高原海拔达2000米，山地海拔越过3000米，现代季风已经形成，属于气候比较湿润的时期，受北半球降温的影响，气候变冷，在高山区开始出现山地冰川。这时唐古拉山已上升到相当的高度，使昆仑山区降水大为减少。

到中更新世时期，高原面上升至3000米以上，喜马拉雅山上升高度已超过5000米，高大的山脉阻挡了南来的暖湿气流，致使喜马拉雅山脉北坡和以北的广阔高原地区气候显著变干。高原气候进一步变冷，发育了第四纪规模最大的冰川，山地冰川广泛分布。高原高山灌丛草甸和亚高山山地针叶林逐渐退至山坡下部或湖盆边缘。

中更新世以后，高原高度继续增高，高原气温在降低。由于南来水汽受阻，水分供应不足，高原冰川规模减小。到晚更新世时期，青藏高原地区新构造运动仍然十分强烈，高原平均海拔达4000米，喜马拉雅山脉海拔高度已达相当的高度，约为海拔6000米，最高达7000米以上。

到全新世时期，青藏高原仍处于强烈的上升过程中。形成了多种形态的生态系统。反映在植被分布上，不同地区的特点亦有所不同。高原东南部地区常绿硬叶树占优势；高原东北的青海湖区为以蒿属、藜科为主的亚高山草原景观；若尔盖地区针叶林减少，草本成分中的菊科和藜科植物增多；高原中部为高山草原景观；西藏南部为灌丛草甸；高原西部为荒漠草原景观。

二 青藏高原目前的生态条件

青藏高原素有"地球第三极"之称，是江河之源、亚洲水塔，又是高寒生物自然种质资源库，生态价值巨大。青藏高原不仅具有生态上的特殊战略地位，其生态状况直接关系到青藏高原地区乃至国家的生态安全，对全球的大气、水循环具有重要作用，而且在地理位置、国土安全、社会稳定及矿产资源等方面也有特殊战略地位。

青藏高原作为我国"三大阶梯"最高的一级，被称为"世界屋脊"。青藏高原北抵昆仑山和祁连山脉，南达喜马拉雅山脉，西至喀拉昆仑山脉和帕米尔高原，东邻黄土高原、四川盆地和云贵高原，东西约长 2700 公里，南北宽达 1400 公里，面积约 250 万平方公里，占我国陆地总面积的 26.04%。青藏地区包括青海省、西藏自治区、四川西部、甘肃西南部和新疆南部边缘地区，面积约占全国的 25%，人口不足全国的 1%，主要有汉、藏、回、蒙古、土、撒拉、洛巴、门巴等民族。青海、西藏两省区作为青藏高原的主体，雄奇峻阔，高山纵横，湖泊点缀，生态环境十分复杂，为各类生物的生存生长和繁育发展提供了非常有利的条件，生物种类相当丰富。山是青藏高原的主体地貌和最突出的自然景观。这里托起了地球上最高的喜马拉雅山，是名副其实的"地球第三级"或"世界屋脊"。青藏高原的主体部分是以巨大山体构成的广阔的高原为其基础，随着总的地势从西北向东南逐渐倾斜，海拔由 5000 米以上渐次降低到 4000 米左右，由低山、丘陵与宽谷盆地构成。青藏高原约 86% 的土地地处海拔3000 米以上地带，约 3/4 的土地是丘陵、山地、沙漠、戈壁和荒漠。36.6% 的土地为高山冰川、裸岩、沙漠、盐碱地，根本无法生长植物，只有 1% 的土地为种植业可耕地。

（一）冰川

冰川是分布在陆地表面，长期存在且具有运动特性的自然冰体，是由大气中各种形式的降水在特定的地理单元内经沉降、压实、变质等过程转化而成的自然冰体。冰川的形态和规模因地形、地貌格局的不同而具有不同特点。冰川是天然的固体水库，是高原地区重要的资源。

青藏高原许多山脉的平均海拔超过4500米，如喜马拉雅山、喀拉昆仑山、昆仑山、唐古拉山与念青唐古拉山，这些山脉中海拔6000米以上的山峰其周围都有现代冰川发育，冰川的规模与其山体的规模成正比，山体越高越大则发育冰川的规模也越大。青藏高原现代冰川总面积为49161.9平方公里，占全国冰川总面积的84%，冰储量约4105.6立方公里，占全国冰川总储量80%以上。[①] 既是长江、黄河等著名河流的发源地，也是内陆干旱区宝贵的水资源。冰川的发育和存在对保护高原环境和维护生态平衡有着至关重要的作用。

按山系可将青藏高原现代冰川的分布状况划分如下：

1. 祁连山区

位于青藏高原北部介于柴达木盆地与河西走廊之间的祁连山由一系列北西走向的高山和谷地相间组成，全长800公里左右。东段冷龙岭平均海拔4860米，西段有冰川发育的高峰在5300—5600米之间。山系降水具有东部多西部少的区域特征。受季风环流的影响，夏季降水较多，因而夏季冰川在发生强烈消融的同时山获得大量的补给。祁连山区的冰川以面积不足1平方公里的小冰川为主。

2. 昆仑山区

昆仑山西端以新疆境内叶尔羌河中游河谷与帕米尔分界，向东至甘肃四川交界的岷山，全长2500公里，分东、中、西三段。西昆仑山位于叶尔羌河与克里雅河之间，山势雄伟高峻，呈向南弯曲的弧形分布，这里拥有超过6000米以上的大面积山地，最高峰中峰山为7167米，昆仑山脉约2/3的冰川集中于此。西昆仑山北坡和田河内流区源头内现代冰川主要集中在昆仑山主脉和康西瓦北山。最大的冰川为位于昆仑山主脉的客峰冰川，面积达251.70平方公里，长为31公里，该冰川雪线高度为5960米。该区面积超过30平方公里的冰川有20条。青藏高原位于西昆仑南坡内大于20平方公里的冰川有17条。最大的中峰冰川，面积241平方公里，冰川总长度23.4公里，平均宽度12.4公里，平均厚度265米。居于第二位

---

① 秦大河：《青藏高原的冰川与生态环境》，中国藏学出版社1998年版，第35页。

的崇侧冰川面积 163.06 平方公里，长 28.7 公里。

中昆仑山是漫长而散漫的山段，也是山系最宽的地段，有若干 6000 米以上山峰和保存良好的山顶夷平面，成为冰川发育中心。最高峰为木孜塔格峰，海拔 6973 米。中昆仑山区以若干高出海拔 6000 米的山峰为中心发育，其中木孜塔格和漠诺马哈山峰区为主要的冰川分布区。木孜塔格峰有冰川 116 条，漠诺马哈山峰有冰川 65 条。其他山峰（体）如马兰山和可可西里山冰川条数分别为 42 条和 86 条。

东昆仑山山势比西昆仑山和中昆仑山低得多，只有个别高峰超过 6000 米，最高的玛卿岗日峰为 6282 米，一般山脊只有 5000 米左右。东昆仑山区现代冰川只发育于个别海拔高于 6000 米的山峰区，冰川规模远逊于中、西昆仑山。主要冰川作用中心为阿尼玛卿山，主峰玛卿岗日 6282 米。位于该峰东南端的哈龙冰川长 8.8 公里，面积约 20 平方公里，末端海拔 4360 米。此外布尔汉布达山、巴颜喀喇山和四川境内的雪宝顶等山峰周围都有零星冰川发育。

3. 帕米尔和喀拉昆仑山

（1）东帕米尔山区：东帕米尔山区位于中国天山和西昆仑山区之间，素称帕米尔高原，除河流及边缘地区外，海拔一般在 4000 米以上。本区最大的冰川为 5Y 662D6，面积为 106.81 平方公里，长 20.5 公里，位于库山河流域。其次为公格尔山北坡的克拉牙依拉克冰川，长 21.6 平方公里，冰川面积 94.94 平方公里，冰川末端下伸到海拔 3500 米的盖孜河南岸。

（2）喀拉昆仑山区：喀拉昆仑山脉是位于我国与克什米尔之间的巨大山系，也是世界上最著名的雄伟山地之一。该区一般山脊高达 5500 米左右，地球上 14 座 8000 米以上的山峰有 4 座即位于该山系，海拔 7000 米以上的高峰更多达 15 座。这些高耸的山峰、宽阔的山体和峡谷为大型山谷冰川的发育提供了优良的场所。面积大于 100 平方公里的 6 条冰川位于此，据统计，在全球 8 条长度超过 50 公里的冰川中，喀拉昆仑山区就占了 6 条。

4. 喜马拉雅山区及冈底斯山南坡

喜马拉雅山是世界上最高大雄伟的山脉，拥有世界第一高峰珠穆朗玛峰（8848 米）。8000 米以上的高峰有 9 座，有 7000 米以上的高峰 50 多座。山系东起著名的雅鲁藏布江大拐弯处的南迦巴瓦峰，向西延伸到展布于印度河南侧的南迎帕尔巴持峰，全长 2100 公里。主山脊（大喜马拉雅山）海拔 5500—8000 米以上，是冰川发育的主要山脊。冈底斯山为沿雅鲁藏布江分布的一列弧形山脉，西起班公湖，东至尼洋河口，全长 1600 公里。喜马拉雅山和冈底斯山南坡的现代冰川主要集中在海拔 7000 米以上的高大山峰周围，形成所谓的冰川作用中心。

5. 青藏高原内陆流域

该区域包括羌塘高原、班公湖流域、多格错仁湖和依布茶卡流域、扎日南木错流域以及色林错流域，其中扎日南木错流域冰川的平均雪线高度介于 5440—6200 米之间。冰舌之间高度在 5220 米以上，最高达 6400 米。色林错流域平均雪线高度介于 5480—5940 米，冰舌末端高度在 5180 米以上，最高可达 6020 米。

6. 唐古拉与念青唐古拉山区

唐古拉山西段现代冰川用于高原内陆路水系，一般山岭海拔 5600—5800 米，冰川规模小而零散，多分布于海拔 6100 米的少数高峰上。除少量冰川分布在山脊两侧外，较大的冰川均集中在强拉日雪山主峰区，雪线高度介于 5360—5470 米，大冰川多分布于山体的南坡。东段最大的冰川为足学会山谷冰川，长 11 公里，面积为 35 平方公里，末端下伸至海拔 4194 米。

念青唐古拉山西起纳木湖西南的穹姆岗日峰（7048 米）。向东延伸到雅鲁藏布江大拐弯以东的然乌安久拉山口，全长 740 公里，西段北坡为高原内陆水系，南坡及山系东段为外流水系。东段由于降水丰富，气候温和，呈现出季风海洋性冰川的特征。有 28 条长度超过 10 公里的冰川，其中 5 条长度在 18 公里以上。面积超过 47 平方公里的冰川有 10 条。恰青冰川长 35 公里，面积 151.5 平方公里，裸露冰面下限高度为 3160 米，末端伸至 2510 米，是本山脉和西藏自治区境内最大的冰川。

7. 横断山区

横断山脉系由中国境内一系列南北走向的平行山脉组成，山岭海拔 5500—6000 米以上，呈北高南低状。现代冰川分布于北面的雀儿山和南端云南境内的玉龙山之间，集中在一些主要的山地如伯舒拉岭、滇藏交界的梅里雪山和川西的贡嘎山。本区南部为海洋型冰川作用区，现代冰川的下限伸入森林地带，形成特殊的地貌景观。由于气温高，暖季冰川近表面层和消融区冰川主体的冰温处于压力熔点，冰舌区消融强烈。区内著名冰川有贡嘎山东坡的海螺沟冰川，长 13.1 公里，面积 23.7 平方公里，末端海拔 2939 米。还有燕子沟冰川和西坡的贡巴冰川等。

（二）水系

亘卧于青藏高原南缘的喜马拉雅山高大而雄伟，它阻隔了南来的印度洋水汽，对青藏高原的降水产生了巨大的影响。而青藏高原向南、东、西倾斜，使青藏高原成为许多河流的发源地和分水岭，同时还广布着许多湖泊。"青藏高原是欧亚大陆上发育江河最多的地域，也是我国拥有湖泊数量最多和面积最大的地区。"[①]

1. 河流

按照河流的流域和最终归宿来划分，青藏高原的河流可分为太平洋水系、印度洋水系和内流水系。河流总面积约 126 万平方公里，占青藏高原总面积的 50.4%。

太平洋水系　太平洋水系位于青藏高原的东部，水系流域面积约为 63.8 万平方公里，居青藏高原各种水系流域面积之最。主要有著名的金沙江、大渡河、黄河和澜沧江等大江大河。金沙江长 3464 公里，流域面积 25.9 万平方公里。金沙江是长江的上源，流经四川宜宾后始称长江。大渡河长 1062 公里，流域面积 7.7 万平方公里，在四川乐山汇入岷江。黄河在兰州以上的青藏高原境内流域面积 22.3 万平方公里。澜沧江长 921 公里，流域面积为 7.89 万平方公里，流出国界，进入老挝等国后称湄公河。

印度洋水系　印度洋水系位于西藏南部，总流域面积 52.7 万平方公里，占外流河总面积的 45.4%。注入印度洋的河流分居恒河、布拉马普特拉河、印度河等流域，以及怒江和吉太曲等直接入海河流。其中注入布拉马普特拉河的流域面积为 33 万平方公里，占外流水系总面积的 28.3%。雅鲁藏布江是西藏最大的河流，也是世界上海拔最高的大河，是布拉马普特拉河上源。它发源于西藏南部的喜马拉雅山北麓杰马央宗冰川，在桑木张汇入库比藏布后自西向东流，横贯西藏南部，经米林县折向北东，围绕南迦巴瓦峰形成马蹄形大拐弯而向南流，到西藏边境巴昔卡后改称布拉马普特拉河，在孟加拉国的首都达卡西北角汇入恒河。雅鲁藏布

---

① 王天津：《青藏高原人口与环境承载力》，中国藏学出版社 1984 年版。

江全长 2057 公里，流域东西长度 1450 公里，南北最大宽度 290 公里，流域面积 240480 平方公里，占印度洋外流水系的 45.6%。雅鲁藏布江支流众多、流域面积大于 10000 平方公里的有 5 条，自上而下依次有多雄藏布、年楚阿、拉萨河、尼洋河和帕隆藏布。支流中拉萨河流域面积最大，为 32471 平方公里，占流域总面积的 13.5%。雅鲁藏布江是藏文化的发源地，也是西藏经济活动的中心区域。注入布拉马普特拉河水系的除雅鲁藏布江外，还有西巴霞曲、察隅曲、丹龙曲、鲍罗里河、达旺—娘江曲、洛扎怒曲等主要支流。

注入恒河的河流多为发源于喜马拉雅山地区的中小河流，主要支流有朋曲河、吉隆藏布、马甲藏布（孔雀河）等。分属恒河的河流流域面积 39107 平方公里，占印度洋外流水系总面积的 0.6%。

注入印度河的河流主要有象泉河、狮泉河和如许藏布，流域面积为 52930 平方公里，占印度洋外流水系总面积的 10%。

此外，怒江和吉太曲都是直接流入印度洋安曼湾的河流。怒江全长 1393 公里，流域面积 102500 平方公里，流经云南省，入缅甸后始称萨尔温江，国内流域面积约占印度洋水系的 1/5，吉太曲河长 77 公里，流域面积 2380 平方公里，流经云南省后，改称伊洛瓦底江。

内流水系　内流水系可分藏北内流水系、藏南内流水系和青海内流区。青藏高原河川径流有雨水、冰雪融水、地下水补给和混合型补给四种类型，并以前三种类型为主。东部地区金沙江、澜沧江和怒江三江中、下游以及黄河上游、拉萨河、青海湖的布哈河等以雨水补给为主，属雨水补给类型。西部地区河流基本上以融水和地下水补给为主。喜马拉雅山南坡和藏东南地区河流以雨水补给为主，北部地区内陆河流则以地下水补给为主。雅鲁藏布江流域从东到西横贯几个气候带，流域自然条件复杂多样，因此河流径流补给也具多样化特点。河流上游地区冰雪覆盖，以融水补给为主，中游地区如年楚河和尼洋河则分别以地下水和融水补给为主，下游地区帕隆藏布以融水补给为主，其他主要河流以雨水补给为主。金沙江、澜沧江、怒江上游地区以雨水、融水和地下水补给为主。

青藏高原河川径流总量 6890.6 亿立方米，占我国河流年径流量的 1/4，外流区河流径流量 6565.6 亿立方米。内流区河流径流量 325 亿立方米，分别占河流年径流量总量 95.29% 和 4.7%。青藏高原河流径流年际变化小，变差系数值一般在 0.16—0.26 之间，是我国河流径流变差系数最小的地区之一。河流的洪水多出现在 7—9 月三个月期间。河流洪水还具有洪峰历时长、流量过程线平缓、年最大洪峰流量年际变化小等特点。

2. 湖泊

青藏高原是世界上湖面最高、数量最多的高原湖区,星罗棋布地分布着数以千计、大小不等的湖泊,面积达 36889 平方公里,占全国湖泊总面积(70988 平方公里)的 52%。其中,面积大于 100 平方公里的有 63 个,大于 1000 平方公里的有 3 个。高原上湖泊海拔高程大都在 4000—5000 米,高于 5000 米以上的湖泊有 20 多个。青藏高原的湖泊根据水系的特点,可分为外流湖及内流湖两大类。其中外流湖区的湖泊 235 个,总面积为 5277 平方公里,分别占全区的 23.1% 和 14.33%;内流湖泊 781 个,总面积为 31672 平方公里,分别占全区的 76.9% 和 85.7%。湖泊总储水量达 5182 亿立方米,占全国湖泊总储量(7077 亿立方米)的 72.2%。外流湖区的储水量为 930 亿立方米,占全区的 17.9%。内流湖储水量 4252 亿立方米,占全区湖泊总储水量的 82.1%。根据湖水盐度高低,湖水可分为咸水湖和淡水湖。青藏高原湖泊以咸水湖和盐湖为主,湖泊总水量中,淡水储量为 1035 亿立方米,仅占总储量的 12.7%。外流湖中淡水储量 595 亿立方米,内流湖淡水储量 1.10 亿立方米,分别占全区湖泊淡水储量的 57.7% 和 12.5%。外流湖中,淡水占外流湖泊储水量的 61%,内流湖中淡水占其储量的 10.3%。

青藏高原湖泊分布具有明显的地域特征,大致可分为三个区域,即藏东南—横断山外流区、藏北内流区和青海湖—柴达木盆地内流湖区。

藏东南—横断山外流区　本区范围大致包括西宁—五道梁—拉萨弧线以东的藏东南、横断山和澜沧江、金沙江、黄河等上游地区。该区南部湖泊数量少,面积小。湖泊面积最小的是川西南盐源县和滇西北宁浪县交界的泸沽湖。面积仅 48.15 平方公里,其次是川西南西昌市的邛海(31 平方公里)和帕隆藏布的然乌错与易贡藏布的易贡错以及金沙江的本错等。在该区北部地区的外流区,多处于海拔高程 4000—5000 米左右的黄河、通天河、澜沧江上游地区,湖泊多属河道型外流湖泊,呈串珠状分布于河道上。最大型湖泊有黄河上游的鄂陵湖(湖面积 610 平方公里)、札陵湖(湖面积 526 平方公里)。

藏北内陆湖区　本区范围包括冈底斯山和念青唐古拉山以北昆仑山以南的广大藏北高原地区。该区是我国湖泊最集中、湖泊面积最大的地区之一。区内湖泊总面积超过 21400 平方公里，占青藏高原地区湖泊总面积的 58% 左右，约占全国湖泊总面积的 1/4。区内有众多大型湖泊，湖泊面积超过 100 平方公里的有 14 个，超过 500 平方公里的有 7 个，超过 1000 平方公里的有 3 个，色林错湖面积 3262 平方公里，纳木错和扎日南木错湖面积分别为 1920 平方公里和 1147 平方公里。该地区湖泊尽管大都拥有广大的流域面积，但径流量少，湖面积大，蒸发强度高，湖水体处于退缩萎化之中。

青海湖—柴达木盆地内流湖区　该地区范围大致位于昆仑山以北，阿尔金山以东，祁连山以南，西宁—五道梁以西的青海湖区和柴达木盆地。区内的内陆河流均以湖泊为其归宿。由于蒸发强烈，湖水咸化程度高，形成不少盐湖。青海湖面积 4200 平方公里，是我国最大的湖泊，也是最大的咸水湖泊。本区湖泊多数集中在东经 95°以西的盆地地区，也是青藏高原湖泊最集中地区之一。湖泊面积大于 10 平方公里的有 70 多个。

（三）山系

青藏高原境内山脉众多，气势雄伟，绵延不断，主要的大山有阿尔金山脉和祁连山脉、昆仑山脉、喀喇昆仑—唐古拉山脉、冈底斯—念青唐古拉山脉、喜马拉雅山脉、横断山脉。这些山脉主要从东西向和南北向有序地构成了青藏高原地貌的骨架。①

阿尔金山和祁连山　阿尔金山与祁连山绵亘于青藏高原北缘。阿尔金山长 500 公里，宽 20—50 公里，海拔多在 4000 米左右，西高东低，最高峰 6161 米。祁连山脉北邻河西走廊，南靠柴达木盆地，东西长达 1200 公里，南北宽 250—400 公里，山岭高度一般在海拔 4000 米以上，由一系列北西走向的褶皱—断块山脉与谷地组成。西段地势高，平行岭谷紧密相间，以疏勒南山为最高，主峰海拔 6346 米，现代冰川广泛发育，谷地海拔 2500 米上下，主要有青海湖盆地、共和盆地、西宁盆地等。

昆仑山脉　昆仑山西起帕米尔高原，向东延伸至四川省西北部，长达 2500 公里，平均海拔 5500—6000 米，是亚洲最大的山脉之一。昆仑山分东、西两段。西昆仑山西起帕米尔高原东南部，沿塔里木盆地西南边缘向东南延伸呈北西走向，山地宽 150 公里，平均海拔高 6000 米左右。山地

---

① 杨武等:《青藏高原的交通与发展》，中国藏学出版社 1999 年版，第 26 页。

顶部冰川分布甚广,系注入塔里木盆地若羌河、和田河、克里雅河等内陆河流的源头。由于高差显著,河流横切山岭,形成许多深峻峡谷。东昆仑山沿柴达木盆地南缘折向东南,由一系列平行山脉所组成,越向东山势越低,冰川渐少。

喀拉昆仑山和唐古拉山　喀拉昆仑山分布于昆仑山西南部南侧的国境线上,是仅次于喜马拉雅山脉的世界第二高山脉,平均海拔 6000 米,位于国境线上的乔戈里峰,高 8611 米,是世界第二高峰。喀拉昆仑山向东延伸为唐古拉山,南北宽 160 公里,主脊海拔 6000 多米,但比高多在 500 米左右,冰雪作用强烈,冰缘地貌十分发达。

冈底斯山和念青唐古拉山　冈底斯山和念青唐古拉山,东西长约 1400 公里,南北平均宽约 80 公里,海拔 5800—6000 米。东西两端高,中间稍低,超过 6000 米的高山有 25 座之多。念青唐古拉山,雪盖面积大,冰川分布广泛。

喜马拉雅山　喜马拉雅山位于青藏高原南侧,是一条由多例平行山脉组成的弧形山脉,全长 2400 多公里,宽 200—300 公里,山势挺拔高峻,平均海拔在 6000 米以上,高峰林立,超过 7000 米的高峰有 40 多座,8000 米以上的有 10 座,海拔 8848.13 米的世界第一高峰珠穆朗玛峰矗立在喜马拉雅山中尼边境上,雄跨地球之巅,万山之首,被称为"世界第三极"。

南北向的山脉为横断山脉,由一系列平行延伸的高山和深谷组成,主要分布在青藏高原东南部藏东、川西一带。横断山脉岭谷并列,山高谷深是地貌上最突出的特色,自西向东主要有伯舒拉岭、他念他翁山、宁静山、沙鲁里山、大雪山、邛崃山并列;高山之间夹持着怒江、澜沧江、金沙江、雅砻江、大渡河等源远流长的大河,构成著名的平行岭谷区。横断山脉海拔高度自北向南逐渐降低,北部山脉海拔 5000 米左右,南部降至 4500 米上下,海拔降低幅度不大。但峡谷自北向南却显著加深,山脊与河谷高差越往南越大,因此,北部山体较完整,分水岭地区还保存着宽广的高原面,是良好的夏季牧场;南部岭谷栉比,山势陡峭,河谷深切,多急流险滩,加之支流众多,山体分割比较破碎,分水岭狭窄,仅有零星的高原面残存。

(四) 谷地

河谷地带是青藏高原最富有生机的地方,它们是高原人民世世代代繁衍生息的主要居住地。青藏高原主要的河谷地带有两条：藏南谷地、河湟谷地。

藏南谷地　　藏南谷地在冈底斯和念青山唐古拉山以南、喜马拉雅山以北，是指雅鲁藏布江流域中部谷地，东西长达 1200 公里，南北宽约 300 公里。藏南谷地地面宽阔平坦、河道迂回曲折、湖塘沼泽广布、气候温和、水源充足、牧草丰美、四季如春、土地肥沃、宜耕宜牧、适合亚热带作物生长，曾有"西藏的江南"之称。这里为西藏的市镇村落密集分布的地区，西藏自治区政治、经济、文化中心拉萨市就在该谷地。

河湟谷地　　河湟谷地是指黄河上游及其支流湟水、大通河流域谷地，是湟水谷地与黄河谷地的合称。河湟谷地处于黄土高原向青藏高原的过渡区，海拔 2500 米左右，海拔西南高、东北低，呈倾斜状，是青藏高原地势最低的地区，除个别山峰外，现代冰川与积雪比较少见。河湟谷地比较适宜栽种小麦、青稞等农作物及蔬菜、瓜果等，青海省的农业基地、工业基地及省会西宁都在这里。

河谷地带的面积在青藏高原所占的比重虽然较小，但青藏高原的政治、经济、文化中心都集中于此。可以说，河谷地带的治理开发和生产经营的成败直接决定着青藏高原的现代化进程。

（五）草原

在青藏高原，生态系统面积最大的是草原，这也是青藏高原的特色之一。由于自然条件的限制，草原畜牧业成为青藏高原经济的基础。牧区平均海拔高度在 3000 米以上，基本上都是天然牧场。在西藏北部、中部、西部和青海南部、西部一些地区，草原呈连续性带状分布状态，辽阔无边。我国的五大牧区几乎都在青藏高原（新疆、内蒙古、西藏、青海、甘肃）。

西藏天然牧场面积约为 11.33 亿亩，占西藏土地总面积（122 万平方公里）的 61.9%，其中可以利用的草场约 8.25 亿亩，在全国各省区中占第一位。青海藏区为我国五大牧区之一，草原面积为 5.5 亿亩，其中可利用草场面积为 4.74 亿亩，仅次于内蒙古、新疆、西藏，占全国牧区、半牧区可利用草原总面积的 14.43%，在全国占第四位。四川藏区草原面积为 2.049 亿亩，可利用草场为 1.6 亿亩。另外，甘肃甘南州和云南迪庆州也有大片的草原，人均草原面积远远高于全国平均水平。

其中，藏北—青南高原最为著名，占青藏高原总面积的1/3，是青藏高原最大的连片牧区，当地的畜牧业经济非常发达。依照植被地型学分类，青藏高原上的草地从低海拔地区到高海拔地区分别分布着沼泽草甸、疏林草山、灌丛草原、高寒草原、高寒草甸和荒漠草原等十几种类型，其中最具地方特色的是高寒草甸和高寒草原，合计约占当地草原的60%。高寒草甸内生长着许多种植物群落，优势种群为蒿草属牧草，代表类型有高山蒿草、矮生蒿草。

（六）森林

青藏高原森林绵延千里，总面积约7800多万公顷，是我国第二大林区，也是国内江河源头防护林和用材林兼顾的著名林区。林区范围以青藏高原东部的白龙江流域为东界，沿高原东部边缘地带南下，一直到金沙江、澜沧江和怒江流域，又以西藏自治区东南部国境为南界。

由于青藏高原有着优越的水热条件，加上高原地形高低悬殊大，使这里的森林类型有着明显的垂直分布特点，从热带雨林向寒温带暗针叶林过渡的各种丰富的树种在这里都能找到，有暗针林、云南松林、油松林、圆柏林和高山栎类、杨、桦及喜马拉雅松等。在青藏高原森林中以针叶林为主，占青藏高原森林面积的84%，其中又以暗针叶林居多。虽然高寒缺氧，但"林木生长快，材积量高。有的树木年平均高生长量为1米，直径生长达2厘米左右。藏东南察隅地区230年生的云南松林，平均直径72.3厘米，树高50米，材积量1000立方米/公顷；380年生的林芝支杉，最大胸径2.1米，树高72米，单株材积量达60立方米，这在全国，甚至全世界也是罕见的"①。

（七）青藏地区气候特点

由于复杂、多样的地理环境，使青藏高原的气候类型也复杂多变，"含有热带、亚热带、温带、寒温带和寒带等不同环境地带的气候类型，

---

① 《中国青藏高原研究会第一届学术讨论会论文选》，第7页。
《青藏高原与全球变化》，《中国青藏高原研究会第一届学术讨论会论文摘要》，1993年，第74页。

具有气温偏低、降水较少、空气稀薄、日照充足的特点"①。

1. 热量资源不足

本区大部分地区≥0℃积温为500—3000℃，最热月平均气温为6—18℃。西北部有近1/4的面积为高原寒带，海拔高度在5000米以上，年平均气温-10—4℃，最热月平均气温不足6℃，年≥0℃积温不足500℃，冻土广布，生长期极短，植物稀少，露地作物和蔬菜不能生长，无农林牧业，基本为无人区。中西部有近1/4的面积为高原亚寒带，海拔高度多为4500—5000米。年平均气温在0℃以下，最热月平均气温6—10℃，年平均气温≥0℃的积温为500—1500℃。冬长无夏，春秋短暂，全年均可能有霜雪危害，早熟作物也不能生长成熟，只有牧草生长，时间很短，产量很低，基本上没有林业和种植业，为纯牧区。其余地区为高原温带，海拔高度大多在4500米以下。最热月平均气温为10—18℃，年平均气温≥0℃的积温为1500—3000℃。全年无夏，春秋相连，冬季较长，喜凉的林木、牧草、作物、蔬菜均可生长，是青藏高原农林牧业集中分布的区域。

温度年变化小，日变化大。与其他地区相比，青藏高原的气温年度变化比较小，如拉萨、昌都、日喀则等地气温年较差为18—20℃；纬度相近的汉口、南京为26℃，北京、兰州为30—31℃。由于青藏高原大气层稀薄，在白天，尤其冬季，天气晴朗，太阳辐射强，地面温度迅速升高；夜晚，地面以长波辐射形式向空中散热，加上冷气流下沉，使低层空气温度很快降低。温度迅速的上升和下降使青藏高原的气温日变化比别的地区要大，青藏高原有些地方绝对日较差达到30℃以上，拉萨、西宁等地的日平均差为14—16℃，北京、西安、哈尔滨为10—12℃，成都、长沙、南昌为7℃。可以用"一年无四季，一日见四季"来形容青藏高原这种气温变化。

2. 降水量小，干湿季区别明显，地区差异悬殊

青藏高原干湿季节降水分配不均，区别较大。一般4—9月为雨季，10月—次年3月为干季。90%左右的降水量集中在雨季，如拉萨4—9月份降水量占全年的98.3%，10月—次年3月份降水量仅占全年的1.7%。

① 《中国青藏高原研究会第一届学术讨论会论文选》，第7页。

《青藏高原与全球变化》，《中国青藏高原研究会第一届学术讨论会论文摘要》，1993年，第74页。

干湿季交替季节，降水量骤升猛降。青藏高原地域辽阔、地形异常复杂，所以，降水量的局布分布也十分复杂，地区之间降水量存在较大差距，年降水量一般在50—900毫米之间。有些地区的差异非常悬殊，如东南部察隅以南雨量丰沛，巴昔卡地区，年降水量5000毫米以上，柴达木盆地西端，雨量稀少，仅13.5毫米。甚至有些地区山前山后的降水量相差好几倍。水分状况区域差异大。本区年降水量大多在900毫米以下，从东到西、由南至北减少。东南部大多为400—900毫米；西部和北部在200毫米以下，其中西藏阿里地区北部、青海柴达木盆地只有几十毫米；中部为200—400毫米。年湿润度东南部大于1.0；广大的中西部和北部小于0.5，其中西北部和柴达木盆地小于0.3；中东部为0.5—1.0。水分状况是决定本区森林分布、牧草和作物产量的主要因子。

3. 风沙大，气象灾害多

受气压分布形势和大气环流的影响，大风（8级以上，风速17.2米/秒）在地域分布上具有西部大、东部小，高原多、盆地少的特点。柴达木盆地中西部、青南高原西部及祁连山地中东段年均风速在4米/秒以上，其中阿尼玛卿山区风速在每秒17米/秒以上，可连续刮15天以上。其中：茫崖平均达5.1米/秒，是安多平均风速最大的地方。青南高原东南部的河谷地带及东部河湟谷地，年平均风速大多在2米/秒以下。年均大风日数青南高原在50天以上，西部超过100天，柴达木盆地在25天左右，其他地方10天以下。每年2—4月，多刮大风，风起尘飞，水平能见度1000米以下，俗称"黄风"。沱沱河、曲麻莱因受青南高原西部沙砾的影响，沙暴天气多达19天，年均沙暴日40小时以上。其他主要气象灾害有干旱、冰雹、霜冻、雪灾。

4. 空气稀薄

青藏高原海拔高、气压低、空气稀薄、氧和二氧化碳等密度小。按照空气中氧的体积相对含量21%计算，拉萨（海拔3658米）近地层空气中年平均氧密度为187克/立方米，为海平面氧密度（282克/立方米）的66%；海拔4000米为182克/立方米；海拔5000米为163克/立方米。高原空气稀薄是造成人畜高山反应、动植物生理生态变化的主要原因。年均气压在580—820毫巴之间，大部分地区气压在650毫巴以下，仅为海平面的2/3。空气密度多在0.72—1.2千克/立方米，仅为海平面的56%—80%。高原大气的含氧量随空气密度减少而减少，含氧量大都在0.174—

0.233 千克/立方米之间，比海平面平均低 20%—40%，纯水的沸点大部分地区只有 85—94℃，空气密度小，助推了空气增温和降温的幅度。

5. 光资源丰富

年太阳总辐射量为 5000—8500 兆焦耳/平方米，多数地区在 6500 兆焦耳/平方米以上，只有东南部和东部少数地区在 6500 兆焦耳/平方米以下。年日照时数除东部、南部少数地区少于 2500 小时外，大多数地区为 2500—3400 小时。光资源不仅丰富，而且季节分配较均匀，有利于农业和太阳能资源的开发利用。

6. 生物资源丰富

青藏高原极其复杂多样的自然环境，生成了 13000 余种高等植物、1100 种陆栖动物、115 种鱼类、5000 多种菌类等丰富多样的生物。海拔 1200—3200 米属于亚热带，分布着郁郁葱葱的常绿阔叶林和针阔混交林。壳斗科、樟科、木兰科植物为建群科和优势科。海拔 3200—4200 米是针叶带，多为冷杉、云杉组成大面积的森林。海拔 4200 米以上为高山灌丛草甸，有众多的高山花卉植物，每当盛夏时节百花竞放、色彩斑斓，与雪山交相辉映。尤以杜鹃花、报春花属植物特别丰富。西藏有杜鹃花属 168 种，报春花属 112 种。地域辽阔的高原上以禾本科、莎草科植物为主组成了高山草甸、高山草原以及高山荒漠化草原。在西藏的北部和西北部，甚至有荒漠地区的植物分布，如藜科的碱蓬、岩毛菜属等植物。青藏高原有哺乳动物 118 种，鸟类 473 种，爬行动物 49 种，两栖类 44 种，鱼类 61 种，昆虫类 2300 多种。生活在喜马拉雅山南坡热带、亚热带常绿阔叶林里的，有长尾叶猴、熊猴、猕猴、麂子、毛冠鹿、野牛、红斑羚、鬣羚（又名山驴子）、金钱豹、云豹、黑熊、野猫、青鼬、果子狸等喜暖动物。在温带针叶阔叶混交林和针叶林中，有小熊猫、马鹿、獐子、白唇鹿等喜冷和耐寒动物。

（八）矿产资源

青藏高原的资源十分富集，特别是水能资源、盐湖资源、石油天然气资源、有色金属资源等，储量非常可观，分布非常集中。1999 年国土资源大调查以来，我国相继发现了丰富的矿产资源，初步形成了雅鲁藏布江成矿区、西南"二江"地区和天山地区二大国家级矿产资源后备勘查开发基地，青藏高原的矿产资源具有总量上的优势。

西藏现已发现的矿产达 70 多种，已探明储量的有 26 种，其中有 12 种的储量名列全国前五位。在已探明储量的矿产中，铬铁矿储量丰富，居全国之冠；在有色金属和稀有金属矿中，西藏锂的远景储量居世界前列，居全国第二位，是中国锂矿资源的基地之一。尤其是羌塘盆地发现了大量石油资源，其储备达到了 100 亿吨，相当于两个大庆油田的石油储备。潜在的石油储备可以使我国在 50 年内不增加石油进口量。

在青海已探明的 129 种矿产资源当中，有 54 种储量居全国同类储量的前十位；有 23 种矿产资源的储量居全国前二位；有 9 种矿产资源的储量居全国首位。柴达木盆地的盐湖的钾肥资源，占我国国产钾肥产量的 98%。现在已探明矿产资源的总量潜在价值达 17 万亿之多。这个价值只是在青海一比五万分之一的地图上勘探了 7%，也就是说 93% 的土地底下有什么资源还没有详细勘探。青藏高原的六个成矿带地下到底有多少资源，还很难估量。如柴达木盆地上面是盐湖，下面就是石油天然气，现在地质勘探平均深度只有 300 米，而内地地质勘探的平均深度是 1000 米。随着勘探力度和开发力度的进一步加大，青藏高原丰富的矿产资源必将为青藏高原以及中国经济的发展提供有力的支撑，青藏高原也必将成为国家资源的重要战略接续地区之一，具有重要的资源战略地位。

青藏高原已经勘探的很多矿产资源在地区或全国名列前茅，甚至有些是在全球都占有很大优势。[①]

1. 区际比较优势的矿产资源

石油及天然气：青藏高原是我国西部油气资源远景区。一方面，数量多，中、新生代盆地上百个，挖掘潜力大。另一方面，分布集中，便于开发。

根据生油岩系的发育和保存状况，可分成两大含油气区，即阿尔金—祁连—昆仑山含油气区和西藏含油气区。阿尔金—祁连—昆仑山含油气区上包括祁连山南侧的柴达木、西宁等 18 个盆地，已发现油、气田 24 处，地表显示 20 余处，主要分布在柴达木盆地。盆地内油气显示广泛，是我国西北地区五个最有希望的油气盆地之一。已探明石油储量 2 亿多吨，天然气储量 500 亿立方米。在盆东的新生界第四系地层已发现了大气田，其

---

① 沈镭：《青藏高原矿产资源的区域综合开发战略初探》，《青藏高原形成演化、环境变迁与生态系统研究》学术论文年刊，1995 年。

远景规模可达到世界级大气田水平。预测石油远景储量在 1.2 亿吨以上，天然气资源量近 3000 亿立方米。西藏含油气区主要含油气盆地有羌塘盆地、伦坡拉盆地、昌都盆地和岗巴—定日盆地等。藏北无人区的羌塘盆地，沉积岩分布面积有 10 万平方公里，是青藏高原最大的沉积盆地。

硅铁：青海省是我国硅铁主要产地之一，其硅铁资源丰富，大多分布在河湟谷地，已形成了一条年产 3 万吨的"硅铁走廊"，产品全部销往日本、新加坡等国家，已成为一个重要的创汇基地。

除了上述矿产外，青藏高原的地下热水、石灰岩、花岗岩、石膏、石英砂等分布广泛，在区际也拥有较大的比较优势。

2. 在全国名列前茅的优势矿产资源

铬矿：是我国短缺而钢铁工业又必需的重要矿种，年进口量约 30 万吨，目前我国已探明铬铁矿储量的 45% 以上分布在西藏，居全国第一，铬铁矿品质高、有害杂质低，铬铁比值高，冶金级矿石储量占全国 90% 以上，可望成为我国最有意义的生产基地。罗布莎铬铁矿为国内最大的矿床，占西藏总储量 85% 以上，附近的香卡山、康金拉矿区也探得可观的储量，其外围岩体上都有成矿显示。

铅锌矿：大多以多金属综合矿产出，集中在柴达木盆地和川西北两地。柴达木盆地的锡铁山矿区为特大型多金属复合型矿。以单矿种计算储量，铅、锌、金、银、镉、铟、砷 7 种矿均属大型矿，其中铅、锌的储量占青海的 79%。

金矿：主要分布在川西北金沙江及其支流上游、藏北申扎县境内和昆仑山区。以砂金为主，其探明储量占金矿总储量的 83.6%，岩金、伴生金的潜在资源可观。

此外，还有一些矿产在全国占有较重要地位，如：川西北锂矿资源居全国第二位，共生铍、铌、钽、铷及宝石等，主要集中在康定甲基卡、金川可尔因及石渠嘎龙等地，尤以甲基卡最为集中，为特大型稀有金属综合矿。川西北的丹巴白云母矿，以规模大、质优而闻名全国，储量居全国第二。柴达木盆地茫崖石棉矿储量大、品质优，在国内占重要地位，国际市场上以"茫棉"著称而畅销东南亚。西藏羊八井的优质高岭土，为加工高级纸的填料。

3. 具有国际地位的矿产资源

铜矿：青藏高原已探明铜矿储量约占全国的 20%，主要分布在藏东、川西、滇西北和昆仑山等地，其中斑岩型铜矿占 97%。江达工龙铜矿是全国乃至亚洲超大型矿床之一，和贡觉多霞松多铜矿、昌都莽总及察雅马拉松多等矿构成一个南北长 54 公里、东西宽 15 公里的斑岩铜矿成矿带，储量约 8.5 万吨，居全国之最，远景储量超过 10 万吨，并伴生铁、硫、钼、钴、银、金、铂族等多种矿产。

川西北地区铜矿也比较集中，已探获多种贵金属、有色金属矿产储量，可望形成一个新的有色贵金属基地。甘孜州九龙里武铜矿是全国少见的含多种组分的中型富矿，储量占四川省的 49.5%。在青海的昆仑山区，也有类似类型的富矿。

湖盐：青藏高原是地球上湖泊数量最多、种类最丰富的高原，也是我国近代盐湖最集中的地区。主要分布在柴达木盆地、西藏北部和西部地区。

青藏高原约有盐湖 352 个，总面积约 21460 平方公里。已知钾、硼、镁、铯的远景居全国之首，锂为世界之冠。柴达木盆地有盐湖 30 多个，氯化钾、氯化锂及氯化镁的储量均占全国总量 90% 以上，硫酸锶的远景储量居世界之首。察尔汗盐湖的氯化钾储量巨大，是我国目前最大的钾、镁盐生产基地；大柴旦盐湖是以硼、锂为主的综合性矿床，硼砂以固体矿床为主，卤水可提取硼、钾、锂、溴、镁和芒硝；一里坪和东、西台吉乃尔盐湖是高锂型盐湖。

西藏拥有全国最大的内陆湖泊群，羌塘北部是高原湖泊最密集区，其中的盐湖沉积了以硼为主的多种矿产。仅以占总数 5% 的盐湖储量估计，硼、锂都高居全国首位。西藏盐湖资源还没有大规模勘查，但其潜力大。

三 青藏地区的生态地位及其现状

青藏高原作为地球地势最高的一级耸立在亚洲，俯视太平洋和印度洋，它的存在对毗邻地区的生态环境构成了极为深刻的影响，这也决定了它在全球生态平衡中的重要生态价值。我们可以毫不夸张地讲，青藏地区是我国及东南亚地区的生态安全屏障。

青藏地区海拔 5000 米以上的高原地带，冰川广布、终年积雪。这里是黄河、长江、澜沧江（在我国境外又称湄公河）、怒江（在我国境外又称萨尔温江）、雅鲁藏布江（在我国境外又称布拉马普特拉河）等众多河流的发源地，被誉为"中华水塔"、"亚洲水塔"。"江河源"的降水、冰雪、气候、植被，以及资源开发过程的生态环境演化状态，必然影响到相关区域，引起下游生态环境的变化，从这个意义上说，"江河源"也作为"生态源"而存在。青藏高原独特的气候特征、地理位置和多样的生态系统、丰富的生物资源，使其成为亚洲乃至北半球气候变化的调节器。科学界普遍认为，作为我国及亚洲地区诸多大江大河的源头，青藏高原地区有着特殊的地质构造，属于生态环境极度脆弱地区，其生态环境的变化对全球气候、环境有着重大影响。近年来，随着全球气候持续变暖，全球性冰川消融也殃及了这块地球上最高的陆地，持续的冰川退缩、雪线上升正加剧着高原环境的恶化。

外部大气环境的变干变暖遇上青藏高原海拔落差的垂直差异升降，高原微气候正在形成降雨量持续减少的态势。伴随着自然条件变化的，还有不断增多的人类经济、社会等活动，诸如过度放牧、旅游开发、矿产开发等，使得青藏高原生态持续脆弱的趋势正在加剧。据中科院监测显示，近十年由于脆弱的生态环境受到气候持续变暖影响，青藏高原草地退化趋势明显，草地生态系统防风固沙和水源涵养等功能减弱；土地沙化，水土流失、崩塌、滑坡泥石流等地质灾害以及鼠、虫、毒草等生物灾害日趋加剧，"世界屋脊"正遭受"残蚀"。由于自然环境复杂脆弱，区域产业结构不尽合理，青藏高原生态安全面临严峻挑战，生态建设和环境保护任务依然艰巨繁重。青藏高原生态环境保护已由地方战略上升为国家战略，体现了我国对青藏高原生态环境的高度重视，也是我国积极应对气候变化、维护地球生态的重要举措。作为世界上最高、最年轻的高原，青藏高原被称为除南、北极之外的"世界第三极"；它也是亚洲许多江河的发源地，因此也被称为是中华民族的"水塔"。国土资源部中国地质调查局通过四年的遥感监测发现，近30年来青藏高原的冰川大幅度融化，总面积已经减少了1/10以上，预计到2050年冰川面积将减少到现有面积的72%，到2090年将减少到一半。冰川融化使青藏高原的雪线迅速上升，最大的上升距离达350米，荒漠化程度从而不断加重，重度沙漠化土地面积30年来增长了317%。

青藏地区重要的生态系统类型包括高原冰川、雪线及冻原生态系统，高山灌丛化草地生态系统，高寒草甸生态系统，高山沟谷区河流湿地生态系统等。这里是全国八大生态脆弱区之一，其地势高寒、气候恶劣、自然条件严酷、植被稀疏，具有明显的风蚀、水蚀、冻蚀等多种土壤侵蚀现象，对气候与环境变化极为敏感，经不起过度开发和干扰。人类活动稍有不当，即会造成土地退化，使生物多样性受损，且极难恢复。

青藏地区是一个多民族交汇、宗教信仰盛行的地区。藏族、回族、蒙古族、维吾尔族、汉族、撒拉族等民族在此生存繁衍，藏传佛教、伊斯兰教、道教长期存在，各民族群众在宗教信仰、风俗习惯、生理性格、语言文字等方面存在着差异；同时青藏地区特殊的地理条件下，青藏经济发展较为艰难，经济总体处于落后地位。因此，民族宗教关系的处理以及青藏地区经济发展关乎青藏地区经济的发展和社会的稳定。同时，青藏高原的主体之一西藏自治区与6个国家和地区接壤，陆地边界线长达4000多公里，占全国陆地边界线的1/6，地缘位置十分重要。青藏高原有十分优越而独特的资源优势：一是自然资源丰富。青藏高原地区有16亿亩可利用草场。有1019个湖泊，总储水量5182亿立方米，占全国湖泊总储量的70%以上。有丰富的森林、矿业和药材资源，总量大，价值高。这里还是全国乃至世界水能蕴藏最集中的地方。二是环境资源独特。由于人口稀少，相对封闭，城市化和工业化水平的相对低下，使青藏高原保持了良好的生态环境，蓝天、碧水、绿地，大批无污染的绿色产品，被人们誉为世界上最后一块"洁净"的土地。

良好的环境是一笔无法估量的宝贵财富。青藏高原旅游资源丰富，不仅有灿烂的文化，迷人的民族民俗风情，数不胜数的历史文物、名胜古迹，也有变幻万千、瑰丽神奇的自然旅游资源。这里有世界第一峰珠穆朗玛峰，有"高原明珠"青海湖，有纬度最高的热带雨林和野生动物的乐园羌塘草原。青藏高原的自然旅游资源不仅是我国旅游资源宝库中的瑰宝，也在世界上占有极其重要的地位。

青藏地区的生态系统主要包括森林生态系统、灌丛草甸生态系统、草原生态系统、荒漠生态系统、高山垫状植被生态系统、沼泽湿地生态系统等，它们本身具有涵养水分、保护生物多样性、水土保持、防风固沙、调节气候等特殊而重要的生态功能。研究表明，青藏高原这一具有全球意义的世界上海拔最高的陆地自然生态系统，蕴藏着惊人的为人类所利用的服务功能与价值，每年可创造近万亿元（人民币）的服务价值，在整个人类经济社会的生存与发展中起着至关重要、不可替代的重要作用。

作为中国三大江河的源头，青藏高原是维系中国江河流域水资源平衡的"调节器"，被美誉为"中华水塔"。青藏地区以其丰富的自然资源给社会经济发展提供了重要的物质基础。但是和东中部的开发不同，青藏地区的气候寒冷而干燥，生态环境系统极其脆弱。青藏地区宝贵的生态服务价值和脆弱的生态环境双重特点决定了生态和谐构建的重要性，构建青藏地区的生态和谐是当务之急。

（一）青藏地区环境生态地位

1. 生态价值巨大

青藏高原面积 250 万平方公里，占全国国土面积的 1/4 以上。人口 1080 万，占全国总人口的 0.8%。长江、黄河等大江大河皆发源于此，河流的年径流量 6990 亿立方米，占全国河流的年径流总量的 1/4，天然水能理论蕴藏量占全国的 44%。湖泊储水量占全国的 52%，冰川面积 4.4 万平方公里，沼泽 1 万平方公里，是我国最为重要的生态园区，青藏高原的生态服务价值在中国乃至整个世界都享有盛名，我国研究者郑度院士、姚檀栋研究员 2005 年主编的《青藏高原隆升与环境效应》一书中对青藏高原生态系统服务价值的评估表明：青藏高原生态系统每年的服务价值为 9363.9 亿元，占目前全国生态系统每年服务价值的 17.68%，占全球生态系统服务价值的 0.61%。在高原生态系统每年提供的服务价值中，土壤形成与保护价值占 19.3%，水源涵养价值占 16.6%，生物多样性维持价值占 16%。此外，气体调节价值占 10.6%，气候调节价值占 10.8%，废物处理价值占 16.8%，食物、原材料生产和娱乐文化价值占 2.4%、4.1% 和 3.6%。[①] 森林、草地、农田、湖泊、荒漠、沼泽湿地……各种生态系统都或多或少在大气成分、气候调节、水源涵养、土壤保持、废物处理、生物多样性、食物生产、原材料生产和娱乐休闲等方面为人类和自然提供着"生态服务"。可以说，青藏地区生态环境的服务价值是巨大的，在整个中国乃至东南亚都占据着举足轻重的地位。

250 万平方公里的青藏高原，以占地球 1% 的陆地表面积，为 1000 多万人口提供着直接的生命支持，其生态服务也对拥有近 20 亿人口的东亚和东南亚地区产生直接影响。青藏高原生态系统不仅是丰富的资源库，也

---

① 谢高地等：《青藏高原生态资产的价值评估》，《自然资源学报》2003 年第 2 期。

是支撑东亚环境系统的重要基础和区域内社会经济发展的环境和生态保障。要使环境和经济得到协调发展，就必须摸清青藏高原的"自然资本"存量。

在青藏高原各种生态系统中，"贡献"最大的是在发展畜牧业、保护生物多样性、保持水土和维护生态平衡等方面。128万多平方公里的天然草地，在近万亿元的生态服务中，其贡献率高达48.3%。高原上21.8万平方公里的森林的生态服务价值贡献率达31.7%。按照生态服务类型分解，青藏高原土壤保持每年"价值"1802亿元，占全部生态系统服务价值的近20%；平均海拔4000米的高原犹如亚洲西部一座高耸的水塔，具有巨大的水源涵养功能，高原上各种生态系统水源涵养的价值达1542亿元，占16.6%。

评估表明，青藏高原生态系统生物多样性维持的价值达每年近1500亿元。这是由于高原上既保留了若干古老的生物种类，也形成了许多新的种属，是地球上的生物资源宝库之一。另外，大气成分调节价值占10.6%，气候调节价值占10.8%，废物处理价值占16.8%，食物和原材料生产价值占2.6%和4.1%，娱乐和文化价值占3.6%。

被誉为"中华水塔"的三江源区有着全球独一无二的大面积高海拔湿地生态系统。根据专家测算，三江源区生态系统服务功能的直接使用价值为71693.5亿元，间接使用价值为32290.575亿元，非使用价值为9514.302亿元，总价值量为113498.38亿元。[①] 对西藏拉萨拉鲁湿地生态系统服务功能价值估算，研究发现，拉鲁湿地生态系统每年的服务功能总价值达到5481万元[②]。

2. 生态系统脆弱

青藏地区高寒性、干旱缺氧的气候特征，使青藏地区在负面外界力量的作用下，其生态系统表现出较差的稳定性，从而容易破坏原有的生态平衡状态，使生态系统表现出一定程度的恶化和倒退。青藏地区是地质灾害、气象气候灾害、水土流失、草原退化等非常严重的生态脆弱区。高原本身的环境承载力极为有限，原生的、次生的灾害频繁发生，是中国生态

---

① 《西宁晚报》2008年7月20日。

② 张天华、陈利顶：《西藏拉萨拉鲁湿地生态系统服务功能价值估算》，《生态学报》2005年12月25日。

环境条件最为严酷的地区，属于极强度生态环境脆弱区。青、藏两省区生态环境脆弱度分别为 0. 8045、0. 8329①，脆弱度的数值越大，表明该区域越脆弱。青藏高原是全国生态环境最脆弱的地区，生态一旦破坏则难以恢复。

随着西部社会经济的迅猛发展和青藏高原开发的不断深入，青藏高原生态系统和生物多样性面临严重的威胁，具体表现为：一是生态环境退化加剧。在严酷的自然条件和日益增多的人类活动的作用下，造成了水土流失严重、土地沙化加剧、草地生产力下降、土地荒芜面积增加以及生物物种锐减等生态环境退化的不良后果。二是环境污染加剧。西部大开发以来，工业化的进程不断加快，大规模的开发力度，加上原有的重工业和化工工业，给青藏高原的环境承载力和容量带来巨大压力，青藏高原环境污染趋势不断加剧。三是植被破坏严重。草地生态系统是江河源地区生态系统的主体和重要屏障。但由于诸多因素的影响，天然草地明显退化，并有继续扩大的趋势。植被的严重破坏，造成生态系统涵养水分功能下降和缺失，直接后果就是大面积的水土流失和气候异常。四是水资源严重短缺。气象资料显示，青藏高原海拔平均每年上升四五毫米，30 年间冰川面积共后退 147. 96 平方公里、各主要河流量近 70 年间减少了 15%。青藏高原江河流径量和湖泊面积明显减少，直接削弱了维持水资源平衡的调节作用。其后果是水资源安全问题将日益凸显，一方面加剧下游地区和国家水资源紧缺，一方面出境江河可能变成"季节河"，或者引发洪灾，造成重大经济损失。

3. 生态压力沉重

青藏地区脆弱的自然生态系统和巨大的生态服务价值使得青藏地区生态环境承受巨大压力，这种压力表现在两个方面。一方面，青藏地区突出的生态服务价值决定了青藏生态环境保护的压力增大，青藏地区生态环境关乎中国、东南亚乃至全球气候格局的变化，青藏地区生态环境的保护是树立"大生态观"的核心与关键。另一方面，青藏地区生态环境承载着如何合理地促进区域经济和社会快速发展的巨大压力。青藏地区生态环境为区域经济和社会发展提供了生存空间、生活资料、生产资料等。在青藏地区恶劣的自然条件和一些历史的因素影响下，青藏地区经济和社会发展

---

① 赵跃龙：《中国脆弱生态环境类型分布及其综合整治》，中国环境科学出版社 1999 年版，第 101 页。

较为缓慢，现代化程度不高。因此，加快青藏地区经济和社会的快速发展是青藏地区的另一件重大的事情，在传统的经济发展模式下，青藏地区经济的发展在相当程度上还依赖于对自然资源的开发和使用，历史经验证明，生态环境较差的地方，经济开发的成本就越高，同时，生态破坏恢复的难度更大；反过来，生态环境受到破坏又造成经济和社会发展的滞后。

4. 生态影响广泛

青藏地区生态影响的广泛性体现在两点：其一是指青藏地区生态环境的特点造就了各民族生存环境和生活方式的形成，青藏地区生态环境的变化，必然导致青藏地区、中国、东南亚和全球气候格局的变化。青藏地区的生态环境价值，事实上已经超越了青藏地区本身的范围，直接关系到中国、东南亚甚至全世界的生态利益。其二是青藏地区的生态影响不仅仅是自然领域的问题，还是社会领域的一个重大问题，青藏地区生态直接影响民族地区及东南亚国家地区的持久发展，影响周边民族地区和国家之间睦邻关系。因此，青藏地区这一特性决定了青藏地区的开发必须树立大生态观。

（二）青藏地区生态环境恶化的表现及危害

从 2003 年开始，中国地质调查局组织开展了青藏高原生态地质环境遥感监测项目。在中国国土资源航空物探遥感中心、青海省地质调查院、吉林大学等单位的共同努力下，首次查明了青藏高原的生态地质环境现状，评估了 30 年来青藏高原生态地质环境的演变规律，分析了发展演化的趋势。

调查监测结果表明：青藏高原冰川总体呈明显减少趋势，其中高原周边冰川面积消减最为明显，面积减小 10% 以上，高原腹地冰川面积减小近 5%。青藏高原冰川年均减少 131.4 平方公里，而且近年来有加速消减的趋势。高原边部现代雪线退缩强烈，腹地逐渐趋于平衡，退缩最大距离为 350 米，一般为 100—150 米。随着高原冰川大面积的减少和雪线的不断上升，高原周边湖泊和湿地正在萎缩或消亡。青藏高原现有湿地总面积 88715.5 平方公里，总面积减少了 8731.6 平方公里，"中华水塔"的蓄水总量正在下降。专家们预测，在不考虑全球气候加速变暖的前提下，预计到 2050 年青藏高原的冰川面积将减少到现有面积的 72%，到 2090 年将减少到现有面积的 50%。调查监测结果还表明：青藏高原荒漠化程度也在不断加重，重度沙漠化土地由 0.8 万平方公里发展到 3.2 万平方公里；中度沙漠化由 9.9 万平方公里发展到 16.1 万平方公里。重度盐碱化土地由 1.3 万平方公里发展到 1.7 万平方公里；中度盐碱化土地由 2.7 万平方公里发展到 2.9 万平方公里。科研人员通过对荒漠化程度、断裂密度、现代冰川分布、年均温、生态资产等 12 个因子的综合评价，全面调查了青藏高原的环境演化规律。研究表明，青藏高原环境变迁与高原地壳最新的运动形式密切相关，而人类活动的频繁加剧了生态环境的恶化。[①]

根据调查的数据，目前荒漠化土地达到了 506074.79 平方公里，占青藏高原地区总面积的 19.5%，比 20 世纪 70 年代净增 38743.07 平方公里，增长率是 8.3%，其中增长率最大的是重度沙漠化土地、中度沙漠化土地和沙漠，分别达到 311.5%、68.9% 和 86.9%。荒漠化主要分布于藏北高原、藏南谷地雅鲁藏布江中上游及主要支流年楚河下游、拉萨河中下游、尼洋曲下游宽谷内、柴达木盆地及其周边山地、共和盆地和青海湖周边。目前盐渍化土地面积共有 79373.30 平方公里，占青藏高原地区总面积的 3.0%，比 20 世纪 70 年代减少 20069.34 平方公里，减少率为 20.2%。但是，专家认为，这种减少表现了盐碱化土地向沙漠化土地转化的特点。

青藏高原草地退化现象严重。山间洼地草地从 20 世纪 70 年代到 2002 年，由 57814.16 平方公里减少到 43741.68 平方公里，减少了 14072.48 平方公里，减少率达 24.3%。草地的退化也是地区荒漠化程度加重的重要表征。

长期以来，青藏高原被称为生态"处女地"。但受严酷自然条件的制约，生态环境十分脆弱。近代以来由于自然因素和不合理人类活动的双重作用，这里生态环境日益恶化，草场严重退化，水土流失加剧，土地沙漠化面积扩大，冰川、湿地退缩，生物多样性锐减。据 1998 年统计，这里有退化草地可利用草场面积的 37.8%，其中近 10% 的退化草地已沦为裸地，即"黑土滩"。大面积优质草场的退化是这里面临的首要问题。同时，鼠害肆虐加上土地沙化也不容忽视。据调查，三江源地区每公顷高原鼠兔平均洞口为 1624 个，每公顷有鼠兔 120 只，每年消耗牧草相当于 286 万只羊一年的食草量。鼠害不仅消耗了大量的牧草，同时鼠类的啃食、掘洞等活动造成了大面积的裸地，加速了退化草地的发生。另一方面，过度

---

① 光明网，http://www.sina.com.cn，2006 年 12 月 30 日 06：46。

放牧和滥采乱挖，也加剧了土地严重退化、草场沙化。青藏地区生态环境的恶化严重影响和制约了当地各民族的生存与发展，造成了本地区畜牧业生产水平低而不稳，少数民族地区贫困程度不断加大，经济发展落后；同时还严重影响大江大河中下游地区以及东南亚国家的生存与发展。

1983年和1984年，黄河源头的第一座县城玛多县，那里水草茂盛，牛羊成群，玛多县的牧民人均收入是全国最高的县，《人民日报》曾以头版头条发表消息，成为全国学习的榜样、"治穷致富"的典范。仅仅过了20多年，三江源的生态环境急剧恶化，不但出现了"生态难民"，还出现了"无人区"。

2005年《瞭望》杂志第45期发表了题为《谁让青藏高原哭泣》的文章，介绍了青藏高原冰川缩退的惊人速度；接着，《西藏旅游》杂志在2006年第6期上发表了以"青藏高原生态"为主标题，以"专家亮出黄牌"为副标题的文章；《共产党员》杂志2007年第17期发表了以《青藏高原面临生态危机》为题的评论文章；2009年9月16日人民网环保栏目发表了题为《疯狂的虫草》的文章，其中称"专家估计一名冬虫夏草采挖者一年就要破坏数千平方米的草地"，深刻反映了当地群众乱采滥挖冬虫夏草对青藏高原生态环境的严重破坏。我们仅从标题就能透视出青藏地区的环境生态问题的严重性，构建生态文明的紧迫性。青藏高原的生态环境急剧退化恶化，其具体表现主要为：冰川缩退，江河流量减少，湖泊萎缩干枯，土地沙化、盐化和钙化，森林锐减，草原退化，植被破坏，不少野生动植物濒危灭绝。这对青藏地区和全国乃至全球都会产生极其深刻的负面影响。这种影响不仅会威胁生态安全，也威胁经济社会的可持续发展，影响人与自然的和谐相处。从这个意义上讲，把藏族优秀的传统文化与现代科学技术知识很好地结合起来，做好青藏高原生态环境的保护，具有十分重要的意义。这不但是生活在青藏高原的各族人民责无旁贷的使命，同时也应该引起各级政府及一切有志于生态环境保护、有社会责任感的人的关心和重视。

伴随着现代化的进程，青藏高原的环境生态危机开始凸显。近些年来，虽然国家采取了一系列保护青藏高原环境生态的措施，并取得了一定的成效，但是由于自然和人为的等各方面原因，青藏高原生态环境退化问题依然很严峻。

青藏地区生态环境问题的根源一方面是受本身地形地貌、自然气候、土壤地质及自然植被等结构因素的限制，有其"先天不足"，另一方面是受到人类经济与社会活动的强烈干扰所致。其中，人的非生态化活动是环境生态问题日益突出、加剧该地区生态环境脆弱的根本因素。历史上，三江源地区雪山连绵、冰川纵横，草原广阔、湖泊星罗棋布、野生动物众多，生态环境良好，到处是郁郁葱葱的森林，森林资源丰富，而且以天然林居多。其以"柏杨为大宗，其他如松、桦、榆、橡与苏木皆有。山中虽有巨材，以山川阻塞，运输极难，故森林之多，无地不有"。共和县"两岸森林繁茂，河南之汪什科、先木多一带，森林亦盛"。在查哈噶顺山、阿牙尔巴勒山、都兰、玉树、苏尔莽、郭莽寺等地，湟水两岸所有的山谷里，都是森林密布。① 柴达木盆地，在50年代以前沙生植被茂盛，覆盖率高达30%—70%。② 然而，半个世纪以来，随着全球气候变暖，冰川、雪山逐年萎缩，加上人类活动频繁、超载超牧，使得这一地区的湖泊和湿地的水源补给受到了严重影响，湖泊干涸、草原退化和水土流失的情况日益加重。青海省果洛州玛多县2001—2003年的气象资料报告记录，近年这里年平均气温上升0.4摄氏度，年蒸发量达1320.3—1400.6毫米。由于气温持续偏高，加之多大风，造成蒸发量大，巴颜喀拉山和布青山多年的积雪已化，致使多年为黄河补给的多曲、邹玛曲、勒那曲三条支流干枯，黄河源头最大的一对"姊妹湖"扎陵湖和鄂陵湖水位下降，两湖之间断流。曾有"千湖之县"美称的青海省玛多县，过去有湖泊4077个，现在只剩300多个，其余的全都干涸了。

青海省玉树藏族自治州曲麻莱县是长江、黄河的源区，这个县气象局的监测数据表明，近年全县常年性积雪已经减少了95%，域内50%的河流断流，没有断流的河流流量减少了50%。玉树、果洛两州中度退化的草场1.5亿亩，占区域可利用草场的64%；20世纪90年代与80年代相比，长江、黄河、澜沧江的年平均流量分别减少了24%、27%和13%。全球变暖、鼠害猖獗，使十分脆弱的三江源生态濒临毁灭，人类的过度活动更是雪上加霜。20世纪70年代，在全国"牧业学大寨"的热潮中，政府部门迁徙了大批群众到三江源地区放牧，在当时水草丰美的条件下，三

① 参见王致中、魏丽英《中国西北社会经济史研究》六册，三秦出版社1996年版；魏永理主编：《中国西北近代开发史》，甘肃人民出版社1993年版。

② 吕昌河：《柴达木盆地土地资源可持续利用问题与对策》，《干旱区资源与环境》1998年第3期。

江源地区的牧民收入在 20 世纪 80 年代一度位列全国首位。然而，随着载畜量的逐渐增多，草场也在重压下逐步退化，牧民们不得不一再减少畜牧数量，最终难以维持生计，不少牧民已经自发地搬到了城镇谋生。

三江源地区共有 16 个县，其中 7 个是国家级扶贫重点县，国家投资 7000 多万元建设的黄河源头第一水电站，在运行不到一年后，因水源不足而停止运营。近年来，黄河不断出现断流带来水量减少的情况，给黄河中下游地区乃至全国经济、社会的可持续发展造成了难以估量的损失，工农业用水紧缺、水电站发电量减少等，成为制约经济发展的瓶颈。玉树藏族自治州在 20 世纪 50—60 年代时，生态环境还可以维持牧民的生产和生活需要，但如今这里的牧场由于多年超负荷运转而日益退化，牧民的生存受到严重的挑战。1998 年 10 月玉树再次遭受雪灾，许多牧民的牲畜全部死亡，成为无畜户，到处流浪。现在全州六县中国家定的贫困县就有四个，贫困乡 34 个，占全州乡镇的 73%，贫困人口占总人口的 80.16%。

自然界的供给力在人类无限制地攫取中萎缩，供给的生态结构遭到破坏，环境问题在广度和深度上延伸，如此一来必然提高发展成本，制约社会发展速度。可以说，自然环境严重地制约着各族人民的生存和发展，不断恶化的自然环境已经是青藏地区各民族生存的头号敌人，严重地制约了本地社会经济的发展。一是生态环境退化或恶化直接影响当地人民的生存权和发展权，使大批农牧民失去生存家园沦为生态难民。青海省果洛藏族自治州玛多县发展计划委员会副主任陈锡发说，近几年这个县以"乞牧"为生的"生态难民"正在急剧增加。到 2005 年底，全县总数不到 1 万人的牧民中至少有 70% 无法在自家承包的草场上放牧牛羊，只能赶着畜群，拖家带口在草原上"流浪"或搬迁。果洛藏族自治州达日县曾经作过调查，在总人口不到 4000 人的吉迈镇，以乞讨、捡破烂、替人放牧牛羊等方式维持生活的"生态难民"总数已近千人。就是说，在吉迈镇里，平均每四个人中就有一个是"生态难民"。县民政局负责人说，吉迈镇现在已成了青藏高原上名副其实的"生态难民收容所"。二是草地、森林、耕地、冰雪退化或缩小，大批农牧民因农林牧等生存资源紧缺将会向城镇和东部地区迁移，导致城镇和东部地区居住拥挤，产生各种社会问题。三是进入青藏高原开发资源的商家不断增多，从事开矿、挖金、采药、偷猎、偷伐木材的行为不断，造成了当地生态破坏而影响民族关系；四是由于藏区生态资源不断减少退化，藏区省、县、乡际之间因争夺水源、森林、草原、矿产、药材、土地等资源而经常发生纠纷冲突影响社会稳定；五是外来人口不断增多，给当地资源消耗、居民收入、教育、交通、就医、住房、就业等带来压力，这直接影响人与人、人与自然间的和谐相处；六是外来文化，现代文明对藏族传统文化和价值观的冲击很大。藏族传统文化是多姿多彩、独具特色、博大精深的民族文化。藏民族的价值观是讲究以善为本，慈悲施舍，利他主义和同甘共济，人与人之间是一种宽容、关爱、仁慈的情感关系。而外来文化和现代文化的价值观是讲究竞争、效益和利益，人与人之间建立的是一种利益关系。两种截然不同的文化与价值观的撞击，将会产生不和谐的因素。总之，自然环境恶化导致社会内部发展环境的恶化、社会经济发展动力的弱化，这种情况也使得少数民族产生心理和行为上的隔阂，这直接关涉到社会和谐。

四　青藏地区构建生态和谐的重要意义

（一）青藏地区构建生态和谐的重要意义

青藏地区生态地位的重要性和生态环境的特殊性决定了青藏地区构建生态和谐社会具有重要意义。青藏地区各级政府应该树立科学的生态观，把构建生态和谐提到正式的议程安排，作为头等大事来抓。

1. 关系到自然生态的平衡

脆弱的生态系统、难以恢复的生态环境容易导致青藏地区地表动植物的垂危甚至濒临灭绝，导致自然资源的极大破坏，生态系统的不平衡，进而影响到人类生存和发展的基础。青藏地区生态和谐的构建在三个方面促进了自然生态的平衡发展：第一个方面是合理地利用自然资源，这样一来，自然资源既能为当代经济发展提供能源，又为子孙后代的发展提供保障；第二个方面是有效保护动植物品种，这就给生物品种多样性发展，自然生态循环创造了有利条件；第三个方面是把经济和社会的发展建立在人和自然关系融洽相处的基础之上，这样一来，就给人类社会活动提供了基本的准则，即人类的活动必须在保护生态环境、维护自然生态平衡的范围内。

2. 关系到区域经济发展

生态环境是形成经济、文化存在和发展的物质基础。人类生活的任何地方，都不可避免地要受到自然环境的影响。自然环境的好与坏，在一定程度上决定着经济社会的发展。民族经济以生态系统为客观条件，古今中外的任何一个民族，就其自然本质来说，都是物质世界发展过程中最高级的产物，其本身就是生态系统的重要组成部分，同其他任何有生命的物质一样，时刻不能脱离生态系统，只能在一定的生态系统中生活。[①] 目前，相对于东部、中部来说，青藏地区经济发展是建立在青藏地区脆弱的生态环境基础之上的，其典型特征是生态环境易于破坏，生态恢复困难。因此，青藏地区区域经济发展所带来的环境压力更为沉重，青藏地区生态和谐的构建直接关系到青藏地区经济的长期的健康发展。青藏地区生态环境与区域经济是一对矛盾统一体。一方面，区域经济的发展在一定程度上需要以索取自然资源为代价；另一方面，区域经济的长久发展需要以维持生态和谐为前提。

3. 关系到青藏地区人与社会的全面发展

生态和谐的构建蕴含了以人为本，持续、协调、可持续发展的思路，符合了科学发展观的基本理念。生态和谐的构建也是我国现阶段社会主义和谐社会构建的重要组成部分，构建社会主义和谐社会既是共产主义社会的基本内容，也是共产主义的价值追求之一。青藏地区生态和谐的构建实现的不仅仅是生态环境的良好保护，自然资源的合理使用，还在于实现青藏地区社会的整体进步，包括青藏地区经济的发展，社会生产力的不断进步以及青藏人民群众物质文化生活的巨大改变等。可以说，青藏地区生态和谐的构建是一套全面、系统的社会工程，其直接关系到青藏地区人与社会的全面发展。

4. 关系到全面建设小康社会目标的实现

青藏地区是祖国西南屏障，自然环境恶劣，各族人民有着不同的宗教信仰，随着近年来民族分裂势力、国际恐怖势力、宗教极端分子的活动的不断猖獗，青藏地区自然、人与社会的和谐更是关系到该地区社会生活稳定、民族团结和睦以及我国与周边民族地区国家关系的稳定健康发展。和平与发展是当今世界发展的主题，也是各国发展的良好契机，21 世纪我国社会主义现代化建设的目标之一就是全面建成小康社会。全面建成小康

---

① 傅千吉：《甘青川藏区生态文化及其建设小康社会研究》，《西北民族大学学报》2005 年第 3 期。

社会离不开青藏地区各族儿女的共同参与，离不开青藏地区自然资源和社会资源的价值服务，同时没有青藏地区的小康也不是完整意义上的全面小康社会。

（二）青藏地区加强生态文化建设的重大意义

用历史的眼光看，我们也不可否认，青藏地区在过去的几十年间实现了跨越式的发展。但是，这种跨越式发展是极其不均衡的，经济与文化的发展不均衡就是表现之一；这种跨越式发展也是不科学的，因为付出了巨大的环境生态代价；这种跨越式发展与人民群众的要求有很大差距，因为它没有让青藏地区实现真正的小康。科学发展观强调经济社会的全面协调持续发展，强调经济发展与人口、环境、资源相协调，强调以文化的发展为物质文明和政治文明提供思想保证、精神动力和智力支持。因此，加强文化建设，关系着青藏地区的和谐发展和全面建设小康社会目标的实现。"没有文化的提升，经济建设—政治改革只是利益的再分配，就会陷入无休止的人际角逐，必然走进死胡同"。[①]

21世纪是文化经济时代，文化与经济的联系越来越密切。经济竞争越来越依靠文化资源要素的竞争，社会财富越来越向拥有文化优势的国家和地区聚集。法国学者弗朗索瓦·佩鲁指出："经济体系总是沉浸于文化环境的汪洋大海中，在这种文化环境中，每个人都遵守自己所属群体的规则、习俗和行为模式。"[②] 文化是一个民族或一个国家精神不断创新、智慧长期积累的结晶，也是一个民族或一个国家的象征。一种先进文化形成后，就会通过塑造人的思想观念、思维方式、价值准则来改变和规范人的行为方式，进而作用于经济基础和政治建筑，引导社会前进的方向，促进社会经济政治的健康发展。任何国家或地区的发展，除了物质上的保证之外，也离不开先进文化的支撑和浸润。先进文化是人类文明进步的先导和旗帜，选择什么样的文化，发展什么样的文化，对一个地区、一个国家具有重大战略意义。

以人与自然和谐共生为核心的生态文化是和谐社会的润滑剂，是社会主义先进文化的重要组成。生态文化所倡导的理念当然也就是社会主义价

---

① 姚国华：《文化立国》，海天出版社2002年版。

② ［法］弗朗索瓦·佩鲁：《发展观》，张宁等译，华夏出版社1987年版。

值体系的有机构成。生态文化是当代人类文化的创新，是代表时代前进方向、体现时代精神的文化。它强调以人为本和尊重自然，但反对极端人类中心主义和极端生态中心主义。极端人类中心主义制造了严重的人类生存危机，极端生态中心主义却过分强调人在自然面前的无为。生态文化认为人是价值的中心，但不是自然的主宰，自然也不是征服的对象，而是人生存发展的基础；生态文化以尊重和维护生态环境为出发点，要求人与自然、人与人、经济与社会的协调发展，以生产发展、生活富裕、生态良好和人的全面发展为价值取向。因而，青藏地区要获得后发优势，实现又好又快地发展，最明智的选择就是大力发展生态文化，落实科学发展观，走科学发展之路。青藏地区加强生态文化建设的重大意义主要体现在以下几个方面。

第一，青藏地区作为生态屏障区，大力发展生态文化，具有直接的、无可比拟的生态价值。培育和建设生态文化，保护好青藏地区的生态与环境，推动对自然资源和人文自然的生态化利用，促进人与自然的和谐共生，不仅有助于维护中华民族的生态安全，有助于实现我国建设生态文明的伟大目标，还可以为东南亚地区构筑一道牢固的生态安全屏障。这是由青藏地区的生态地位和生态文化的基本价值取向——"人与自然相和谐"所决定的。青藏地区环境生态的改善，受惠的绝不仅仅是青藏地区和中国本身，而是更为宽广的地域和更多的国家。我国历来强调全国一盘棋的思想。青藏地区是我国不可分割的一部分，不能游离于国家生态文明建设的总体目标之外；只有统一认识，加强生态文化建设，积极构建生态文明，才能与整个国家的发展步调相和谐。

第二，青藏地区作为经济落后地区，发展生态文化，具有显著的经济价值。生态文化建设有助于青藏地区的经济的协调、可持续发展。生态文化的先进性既在于它的生态诉求，也在于它的经济诉求。现代生态文化首要强调的是对环境及生态的保护，但又不至于此。它不提倡在低水平、低层次上保持环境生态的完整或原始状态而忽略人自身的生存状态。它在物质层面非常强调生产方式、发展方式的生态化取向，即生态化地实现富裕。这正是青藏地区经济走上腾飞的一个突破口。不断发展的现代生态文化一定能为生产生活方式的生态化转变提供思想、技术、制度上的保障，因而能从根本上帮助青藏地区摆脱生态退化与发展落后的恶性循环，实现又好又快地发展，从而改善人民的生活水平，提高生存质量。

第三，青藏地区作为教育和文化事业相对落后的地区，以发展生态文化为契机，必然会推动教育和文化事业走上新台阶。生态文化是人类的理性选择，是摒弃了"人类中心主义"的新文化，代表了人类文化前进的方向。抓住人类中心主义文化向生态文化过渡的重大机遇，大力发展生态文化，就是抓住了时代前进的脉搏。如今，生态意识、生态知识、生态道德、生态行为已经成为现代文明人不可或缺的素质。而人的这些生态素质的形成离不开教育和文化事业的发展，它客观上要求推动教育和文化事业的进步。因此，加强青藏地区生态文化建设，必然会促进教育和文化事业的走向繁荣，必然会促进人民群众文化素质的日益提高。

第四，作为民族地区和边疆地区，发展生态文化具有综合性的社会效益。通过大力发展生态文化，加快青藏地区经济、社会和人的全面发展，必将增强民族向心力、凝聚力和自信心。这一方面对改善青藏地区的形象、提升青藏地区的美誉度和吸引力具有重要作用；另一方面，对化解社会矛盾、增进社会和谐、加强民族团结、维护边疆稳定和国防安全具有基础性作用。

总之，加强生态文化建设，是青藏地区贯彻落实科学发展观的迫切要求，是构建生态文明的现实需要，是实现人与自然和谐，推动社会全面进步的一把金钥匙。

五　青藏地区生态文化建设的特殊性

（一）青藏高原地区独特的自然环境与生态文化建设

我国的民族地区大多处于欠发展状态，民族构成复杂，宗教民族问题交织，多元文化并存，同其他地区相比较，发展水平、发展特点和区域特色差异很大，就是不同的民族地区之间也不尽相同。这种不同表现在自然地理状况、经济社会总体发展水平以及人民的风俗习惯、文化传统等方方面面。从生态文化建设的操作层面看，这些差异决定了各个地区生态文化建设的基础不同、条件各异。基础不同、条件各异，对策和思路就应该有所区别，不能照搬一个模式；具体措施也应该有所差异，重点和着眼点也应该有所区别，不能脱离实际。比如，在经济比较落后的地区，如在西部大开发中，应极力限制和禁止高耗能、污染性产业输入，并充分考虑生态文化带来的经济效益，以效益带动生态文化发展，要最大限度地提高生态文化建设的经济绩效；在经济发展水平高的地区，如东部沿海的发达地区，应努力制约污染物和污染企业的输出以及对其他区域的生态侵害，并将生态文化建设主要着眼于满足群众精神需求上。

因此，要搞好生态文化建设，这就要求我们不仅要抓住各地生态文化建设的共性，还要充分考虑本地区建设生态文化的各种特殊性和现实条件，从而采取科学的对策与措施。当前，青藏地区文化体制中存在的问题突出体现在两个方面。第一，保护青藏地区生态环境的政策原则与具体制度设计之间存在着较大的差距，立法滞后。第二，民族地区公共文化服务体系建设思路陈旧、模式单一，无法充分满足民族地区文化发展的多样性、差异化需求，造成民族地区公共文化服务效率不高，制约了民族生态文化的发展与繁荣。

长期以来，生活在青藏地区的各族人民以简单的生活方式和纯朴的生态理念和价值观念艰难地维系着高原生态的平衡。然而，当今青藏高原生态系统失衡，生态危机凸显，表现为自然条件恶化、自然环境破坏，自然界不断地报复人类。青藏高原生态系统失衡的根本原因在于利用自然生态系统方面功能定位失偏、价值取向失宜。尤其是近期以来，为了满足眼前利益，部分地区的发展机制或政策忽略了生态系统的服务功能价值，追求经济效益，无视生态效益与社会效益，不择手段、不顾方式，过度开发，这些都对生态环境产生不利影响，大大弱化了区域生态系统服务功能。同时，再加上不完善的监督管理，肆意毁林垦草、盲目开荒、非法开矿、掠夺式开采植物资源现象时有发生，以致生物群落的结构和生物多样性遭到空前破坏，损失难以弥补。由此加速了青藏地区生态系统服务功能的衰退。

青藏地区生态环境问题的根源一方面是受本身地形地貌、自然气候、土壤地质及自然植被等结构因素的限制，有其"先天不足"，另一方面是受到人类经济与社会活动的强烈干扰所致。其中，人的非生态化活动是环境生态问题日益突出、加剧该地区生态环境脆弱的根本因素。如对野生药用植物的采挖，因为经济利益的驱动，很少有人遵循先前传统藏医采集是取大留小及等种子散落后再采集的做法，而是对某一地区的所有可用的植物全部采光，这是对野生药用植物资源的一种毁灭性的破坏。目前，对冬虫夏草、松茸、胡黄连、秦苏、雪莲等的采集已经完全破坏了植物群落自身恢复的可能性。打猎和采集濒危动植物是藏区野生动植物种群下降的最主要原因之一。

青海省玉树州当卡扎西尼姑寺住持认为，保护环境主要是保护我们人类自己，其他物种都死掉时，人类的居住、生活面临问题，人类的生存也成难题了。近十几年的气候变化不平衡，以前6、7月份草木非常好，现在就不行了，现在比以前热的时候还热，气候变化也特别大，经济越发展对气候的危害也越大。对面山上的神鹰等动物现在基本没有了。20世纪七八十年代还有麝香（麝香为雄麝的肚脐和生殖器之间的腺囊的分泌物，是中枢神经兴奋剂，外用能镇痛、消肿），山上长的树木、草都有麝香的味道，因为牛羊平时吃的都是名贵的药材，产出的奶对人体疾病就有一定的抵抗能力，如对防止流感等疾病能够起到一定的作用。现在麝等其他的野生动物都没有了。[①]

（二）青藏地区相对落后的经济社会发展水平与生态文化建设

青藏地区生态文化建设的特殊性，不仅仅是由于青藏高原地区独特的、重要的生态地位，还有其落后的社会经济背景。青藏地区，经过30多年的改革开放，经济飞速发展，人民的生活水平逐渐提高。然而由于长期以来发展基础薄弱、认识偏差、发展理念以及地理区位劣势等原因，青藏地区社会经济整体发展滞后，人民生活水平与全国平均水平以及东部地区的差距仍然还很大，就是在西部各省区中，也显得相对落后。同时青藏地区一些社会经济的深层矛盾逐步显现：经济增长方式的落后，经济发展同生态环境、自然资源的矛盾加剧，城乡差距、地区差距、居民收入差距较大，就业和社会保障压力增加，教育、卫生、文化等社会事业发展滞后，青藏地区人民群众对公共服务需求不断增长与公共产品和公共服务供给的严重不足之间存在突出矛盾，这些已经成为建设和谐社会和全面建设小康社会的突出问题，成为社会协调发展的重要制约因素，也是阻碍青藏地区经济进一步发展和影响稳定的重要因素。[②]

1. 青藏地区整体经济社会发展现状

新中国成立后废除了民族压迫和民族歧视制度，实施了国内各民族一

---

① 课题组在青海省玉树州当卡扎西尼姑寺，访谈对象：才达哇：第一住持，42岁，藏文程度大专。

② 多元文化背景下通识教育本土化研究。

律平等的政策，并创造性地实行了民族区域自治的政治制度，逐步建立了以平等团结和友好互助为基本特点的新型民族关系。改革开放以来，中央政府以经济建设为中心，着力解决少数民族地区社会经济发展相对落后的问题，党的十五大决定实施西部大开发战略，这些举措为发展民族地区经济，维护民族团结有着积极影响。从当前青海、西藏两省、区的经济社会发展现状整体来看，民族团结，政治稳定。但是，我们也必须看到，还存在着影响民族团结和社会发展的各种不利因素。其中，表现最突出的是青藏地区与东部地区在发展上的不平衡、区域内部发展的不协调，据相关数据统计，青藏地区的经济活动从空间分布上看，因自然地理条件所限，主要集中在河湟谷地、柴达木盆地、藏南谷地和川滇藏接壤地区 4 个区域。这 4 个区域集中了高原人口的 80% 以上和经济总量的 90% 以上，而其行政地域面积只占高原的 1/3 左右（如按居民主要活动面积计算，估计只有 15%—20%）。除此之外还存在青藏地区城镇与农牧区社会事业发展上的不协调等问题，而这些问题又导致了贫富差距的进一步拉大。

1999 年党中央、国务院面向新世纪作出了实施西部大开发的战略决策。10 年来，国家通过规划指导、优惠政策、项目安排和转移支付等，不断加大了对西部地区的开发和扶持力度，取得了显著成效。东西部经济差距明显缩小，经济地位不断提高。西部大开发使东西部相对差距逐步缩小，但绝对差距仍然巨大。根据 2012 年青海省国民经济和社会发展统计公报，青海省 2012 年全年全省生产总值 1884.54 亿元，比上年增长12.3%，西藏 2012 年全区生产总值 701.03 亿元，比上年增长 11.8%，人均地区生产总值 22936 元，人民生活水平的逐渐提高，东西部经济差距明显缩小，经济地位不断提高。西部大开发使东西部相对差距逐步缩小，但绝对差距仍然巨大。

从全国区域经济发展状况看，四大区域综合发展指数稳步提升，青藏地区作为西部地区的重要组成部分，综合发展指数稳步提升，但与东部、东北、中部还是有一定的差距的（见图 3-1）。此外，根据西部蓝皮书显示，2012 年西部地区占全国 GDP 比重为 19.75%，对中国经济增长的贡献率为 23.44%，东部地区占据了全国 GDP50% 以上的份额，中部地区居次位。

从全国各地区总产值方面看，青藏地区在全国各省区中和在西部省区中，也显得相对落后。2012 年全年全国国内生产总值达 519322 亿元，青

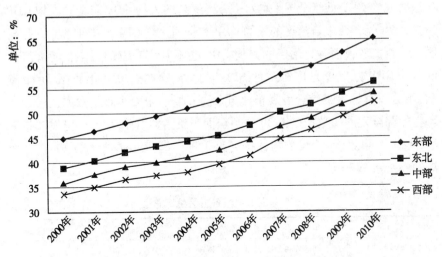

图 3 - 1 2000—2010 年中国四大区域综合发展指数

数据来源：中华人民共和国国家统计局网站。

说明：综合发展指数由"经济发展"、"民生改善"、"社会发展"、"生态建设"和"科技创新"五大类分项指数组成。

海省 1884.5 亿元，仅占全国 GDP 的 0.36%，人均生产总值为 33178.52 元，与全国人均 GDP 相差 5176 元，西藏自治区完成地区生产总值 701.03 亿元，仅占全国 GDP 的 0.13%。2012 年在全国 31 个省（自治区、直辖市）中广东省地区生产总值为 53477.408 亿元，名列全国第一，而青海省的地区生产总值排名第 30 位，西藏自治区地区生产总值排名第 31 位，青藏两地区在全国排名最后两位。2012 年整个西部地区（12 个省区）的地区生产总值的总和为 113872.3 亿元，占全国国内生产总值的 21.9%，而广东省一省的国内生产总值占全国国内生产总值的 10.3%。在西部地区中，从生产总值总量来看，2012 年四川最高，达到 23849.8 亿元；内蒙古、陕西、广西、重庆、云南超万亿元。以西部地区生产总值最高的四川省相比较，西藏自治区的 2012 年全年的生产总值是四川省的 2.9%，青海省 2012 年全年的生产总值是四川省的 7.9%（见表 3 - 1）。

从全国各地区人均 GDP 和相关指标看，据此，2012 年中国人均 GDP 为 38354 元（注：2012 年中国国内生产总值为 519322 亿元，年末全国大陆总人口为 135404 万人），广东人均 GDP 达到 54095 元，西藏人均 GDP 为 23032.45 元，在全国 31 个省（自治区、直辖市）中排名第 28 位，青海省人均 GDP 为 33178.52 元，排名第 22 位。从绝对数字来看，青藏两地区的人均 GDP 低于全国平均水平，青海省的人均 GDP 与全国人均 GDP 相差 5176 元，西藏自治区的人均 GDP 与全国人均 GDP 相差 15322 元；地区之间相比较，西藏自治区的人均 GDP 还不到广东省的一半，而青海省的人均 GDP 也仅仅是广东省的 61%。此外，根据 2010 年我国 31 个省（自治区、直辖市）综合发展指数与人均 GDP、全面小康指数的比较，青海省的综合发展指数排名第 30 位，全面小康指数第 31 位，经济发展指数第 24 位；西藏的综合发展指数排名第 31 位，全面小康指数第 28 位，经济发展指数第 30 位。

表 3 - 1　　　　　　　　2012 年西部地区各省区生产总值　　　　　　单位：亿元

省市	生产总值	增长率（%）	西部 12 省（区）中的排名
四川	23849.8	12.6	1
内蒙古	15988.34	11.7	2
陕西	14451.18	12.9	3
广西	13031.04	11.3	4
重庆	11459	13.6	5
云南	10309.8	13	6
新疆	7500	12	7
贵州	6802	13.6	8
甘肃	5569	13	9
宁夏	2326.64	11.5	10
青海	1884.5	12.3	11
西藏	701	12	12

数据来源：2012 年各地区国民经济和社会发展统计公报。

从全国地方财政状况来看，青藏地区远不及沿海省会城市和经济发达城市的全年财政收入，与发达省份的差距更是巨大。与连续 22 年地方财政名列第一的广东省相比，2012 年广东省地方财政收入为 6228 亿元，西藏全年完成地方财政收入 95.71 亿元，青海省地方公共财政收入 186.40 亿元。很显然，西藏全年的地方财政收入是广东省的地方财政收入的 1.53%，青海省全年的地方财政收入是广东省的地方财政收入的 2.99%。即便在西部的 12 个省区中青藏两地的地方财政收入也相对较弱，2012 年青藏两地的地方财政收入排名为最后两位（见表 3 - 2）。与 2012 年西部的 12 个省区中地方财政收入名列第一的四川省相比，2012 年西藏自治区地方财政收入是四川省全年地方财政收入的4%，青海省的地方财政收入是四川省全年地方财政收入的7.8%。据此，青藏两地财政负担的压力和基础设施建设压力远大于沿海城市。青藏地区财政主要来源于转移支付，是吃饭财政，无力满足中央投资建设和改善民生工程方面的配套资金要求。

表3-2　　　　　　2012年西部地区各省区地方财政预算收入　　　　　单位：亿元

省市	累计数	增长率（%）	西部12省（区）中的排名
四川	2382.07	16.5	1
重庆	1705.1	14.6	2
陕西	1600.69	24.9	3
内蒙古	1552.75	14.5	4
云南	1337.98	20.4	5
广西	1165.98	23	6
贵州	1014.05	31.2	7
新疆	909.1	26.2	8
甘肃	520.9	19.7	9
宁夏	264.04	20	10
青海	186.4	22.8	11
西藏	95.71	46	12

数据来源：2012年各地区国民经济和社会发展统计公报。

2. 青海省经济社会发展现状

青海地域辽阔，国土总面积达72万多平方公里，是一个面积大省，由于地处高原内陆，空气稀薄，气压低，含氧量少，大部分地区含氧量只有海平面的60%—80%。地势高峻，交通不便，自然条件差，多民族聚居。就从行政区域看，青海省境内以日月山分界，东部为黄土高原农业区，西部为青藏高原牧业区。全省行政区划设一地一市六个民族自治州：西宁市、海东地区行政公署、海北藏族自治州、海南藏族自治州、黄南藏族自治州、果洛藏族自治州、玉树藏族自治州、海西蒙古族藏族自治州，民族自治区域面积占全省97%以上。因此，青海省不仅具有生态上的特殊战略地位，而且还具有地理上、国土安全、社会稳定方面的特殊战略地位。

作为中国西部的少数民族聚居区，青海历史悠久，早在远古时代就有人类在此繁衍生息。数万年来，各族人民在严酷的自然环境里开发这块土地，创造了具有高原特色的历史文明。经过新中国成立六十多年的发展，特别是改革开放以来，青海省国民经济和社会各项事业的发展取得了显著的成绩，随着西部大开发战略的深入推进，经济总量迅速扩大，经济实力显著加强。2012 年，青海省完成地区生产总值 1884.5 亿元，人均生产总值为 33178.52 元；城镇居民人均可支配收入 17566 元，农牧民人均纯收入 5364 元，分别增长（名义）12.6% 和 16.4%。

但在 1950 年以前，青海社会和地方十分封闭，这种封闭并不仅仅是由于地理位置十分偏远，交通条件的极其落后，而且由于其经济生产方式仍属于游牧、半农半牧、渔业聚集与农耕的自然经济方式，正是社会形态和生产方式的落后性直接导致了经济社会的总体落后性特征。尽管新中国成立后，特别是改革开放以及实施西部大开发战略以来，青海省的经济社会状况发生了天翻地覆的变化，但在广大的农牧区仍然深深地打下了历史的烙印。青海省至今大部分地区开发程度低，经济并不发达，经济和社会发展步伐也较缓慢，不仅存在同东南沿海、中部地区的巨大差距，而且青海省内各地区间在地域范围、人口规模存在较大差异和差距，区域经济发展也极不平衡。从地域面积上看，牧区六州地域最为辽阔，占全省的 90% 以上，东部地区最小，只占全省的不到 10%；从人口规模和密度上看，东部地区人口最为集中，密度也最大，柴达木地区最为稀少。总体上，青海省经济社会发展呈现出以下几个突出的特征：

（1）省域内三元社会结构特征突出

20 世纪 90 年代初，有的学者借鉴诺贝尔经济奖得主威廉·阿瑟·刘易斯的二元经济结构理论，提出中国二元社会结构概念，指城市社会和乡村社会并存，以及由于各种制度而造成两种社会的差距、分离的局面。有学者甚至指出"二元社会结构是中国国情的根本特征"。这一概念提出后得到广泛认同，人们觉得它高度概括了中国社会的现状。但如果把二元社会结构的概念简单用来描述青海省社会的现状，就显得与事实大相径庭了。青海省社会并不是典型的二元结构，而是三元结构，这是因为它不仅存在着城市社会和农村社会，而且存在着牧区社会（这是一个无论从地域面积上还是社会人文特质上都无法简单归入"农村"范畴的单元），从社会、经济、文化、教育诸方面综合考察，青海省大致分三类地区：一类地区以西宁市、格尔木市为主，包括各州州府所在地和海东行署所在地在内的城镇地区；二类地区以海东六县为主，包括黄南州、海南州沿黄河农业县和海西的都兰县、乌兰县在内的农业区；第三类地区以青南三州为主，包括海南州、海北州、海西州、玉树州、果洛州在内的牧业区。[①] 自然环境的恶劣导致青海省在经济、文化、教育各方面都处于全国落后水平。尤其以第三类地区最为突出。[②] 因此，青海省不仅存在工业经济和农业经济，而且存在畜牧业经济，不仅存在以城市和发达工商业为代表的现代性一元以及与一般农村大体同质的传统性一元，而且还存在与一般农村完全不同质的、以"游牧"经济和文化为代表的更传统的一元。总之，无论从地域上还是从经济上，或是从社会文化上，青海省除具备一般意义的城市社会和农村社会二元之外，还具备特殊的一元——牧区社会。这三大部分不可或缺地共同构成完整的青海社会，三元社会结构（不仅仅是经济结构）才是青海省最突出的社会特征。[③]

（2）省域内经济发展水平不平衡

由于历史和现实诸多方面的原因，青海省内各地区经济发展很不平衡，青海的经济发达地区主要集中在西宁、海东市和海西州。

从经济总量上看，西宁市、海西州和海东地区的经济总量较大（见表3－3），2012年西宁市、海西州和海东地区经济总量占全省经济总量达83.45%，人均GDP海西州最多，在各地区中名列前茅，这三个地区经济基础雄厚，基础设施完善，人均生产总值水平高，居民可支配收入人均纯收入高，相对于省内属于快速发展型的发达地区。而海北州和海南州处于中间位置，相对于省内是属于中等发达地区，地区经济总量比较大，农民人均纯收入比较高，经济增长速度稳定上升，而果洛州和玉树州由于地区资源贫乏、工业落后，资本积累率低下，经济增长后劲不足，人均收入低下，属于低水平的欠发达地区。全省还处在一个不平衡的发展阶段，由于各地的经济发展水平各不相同，从而可以提供的财政收入也就存在差别。

---

① 保吉春：《青海省中小学教师信息素养现状、问题及对策研究》，硕士学位论文，华东师范大学，2007年。

② 《强卫在省委十一届七次全体会议结束时的讲话摘要》，《青海日报》2010年1月8日。

③ 胡仲明：《中国城乡社会保障制度实证研究》，《中国西部地区社会保障制度建设——以青海省为例》2006年第5期。

表 3 – 3   **2012 年青海省各地区生产总值**   单位：亿元

地区	西宁市	海东市	海北州	黄南州	海南州	果洛州	玉树州	海西州
各地区生产总值	851.09	274.13	95.97	58.11	104.35	30.54	47.17	570.3

数据来源：http：//www. qhtjj. gov. cn – 青海统计信息网整理得。

从人均 GDP 方面来看，2012 年青海省人均生产总值为 33178.52 元，其中海西州、西宁市和海北州的人均 GDP 达到全省的平均水平，而其他地区都在平均水平以下。海西州人均 GDP 最高，2012 年达到 114871 元，而玉树州的人均 GDP 最低，2012 年为 12040 元，从绝对数字来看，海西州的人均 GDP 是玉树州的 9.5 倍，果洛州的近 8 倍；西宁市的人均 GDP 是玉树州的 3.2 倍，果洛州的 2.3 倍，因此青海省各地区从人均 GDP 来看，差距很大。

表 3 – 4   **2012 年青海省各地区人均 GDP 统计表**   单位：元

地区	西宁市	海东市	海北州	黄南州	海南州	果洛州	玉树州	海西州
人均 GDP	38034	19323	33360	22523	32374	16458	12040	114871

数据来源：http：//www. qhtjj. gov. cn – 青海统计信息网整理得。

从财政收入来看，青海省各地区地方财政收入仅从绝对数字来看，财政收入差距非常大，2012 年财政收入西宁市和海西州最多，海西州 2012 年全年地方财政收入为 44.91 亿元，西宁市为 54.67 亿元，而果洛州和黄南州最少，果洛州 2012 年全年地方财政收入仅为 1.38 亿元，黄南州仅仅为 1.71 亿元。青海省地方公共财政收入 186.40 亿元，西宁市一地的地方财政收入占全省地方公共财政收入的 29.3%，海西州的地方财政收入占全省地方公共财政收入的 24%，相比较而言，西宁市和海西州两地的地方公共财政收入就占全省地方公共财政收入的 53.4%。而地方财政收入少的果洛州的地方公共财政收入仅占全省地方公共财政收入的 0.74%，黄南州的地方公共财政收入仅占全省地方公共财政收入的 0.91%。

表 3 – 5   **2012 年青海省各地区财政收入统计表**   单位：亿元

地区	西宁市	海东市	海北州	黄南州	海南州	果洛州	玉树州	海西州
地方财政收入	54.67	9.382	4.9 元	1.7137	8.12	1.3815	3.2995	44.9068

数据来源：青海省各地区 2012 年财政预算执行情况及 2013 年财政预算草案的报告整理得。

从经济结构上看，2012 年全省第一产业增加值 176.81 亿元，第二产业增加值 1091.98 亿元，第三产业增加值 615.75 亿元。第一、第二和第三产业对生产总值的贡献率分别为 3.9%、65.6% 和 30.5%。三次产业结构为 9.4∶57.9∶32.7。很显然经济结构中第二产业占主要地位。但是除西宁市、海东市和海西州以外，其他农牧业区第一产业仍占据重要地位，比如玉树州 2012 年全州地区生产总值达 471716 万元，其中：第一产业完成增加值 230735 万元，第二产业 157595 万元，第三产业 83386 万元，第一产业增加值占地区 GDP 的 49%，三次产业结构比 49∶33∶18；黄南州 2012 年全年生产总值 58.11 亿元，三次产业结构比 29∶38∶34。

从社会消费品零售总额来看，青海省 2012 年全年完成社会消费品零售总额 469.90 亿元，其中西宁是青海最大的市场，2012 年全年完成社会消费品零售总额 317.46 亿元，占全省的 67.6%，西宁、海西和海东三个地区的市场规模占到全省的 92.3%。

（3）省域内基本公共服务呈现非均等化

公共服务的内容非常庞杂，一般认为需要均等化的应是基本公共服务。基本公共服务通常指建立在一定社会共识基础上，一国全体公民不论其种族、收入和地位差异如何，都应公平、普遍享有的服务。或者说政府要通过提供基本公共服务使公民基本权利得以保障，这些基本权利包括生存权、健康权、居住权、受教育权、工作权，这些需求，对老百姓而言，是不可或缺的甚至是没有退路的。对应于这些基本权利，基本公共服务主要包括公共安全、基础教育、公共卫生、基础设施、社会保障、环境保护等方面内容。十六届六中全会《决定》中，把教育、卫生、文化、就业再就业服务、社会保障、生态环境、公共基础设施、社会治安等列为基本公共服务。[①]

青海省政府提供多少基本公共服务是与本身的客观环境、经济发展水平、财政支付能力、制度等相适应，是一个由少到多的动态过程。相对于发达地区，青海省几乎所有的公共服务都比较欠缺和落后，鉴于基本公共服务是直接与民生问题密切相关的公共服务，将青海省基本公共服务中基础教育、基本医疗和社会保障这三个关系到公民最基本的生存与发展权利

---

① 浙江省财政学会：《基本公共服务均等化研究》，中国财经出版社 2008 年版，《从性价比角度看"基本公共服务均等化"》，第 161 页。

的方面进行简单介绍。

第一，基础教育方面。随着国家西部"两基"攻坚战略、"两免一补"政策、农村基础教育阶段经费保障机制改革、农村寄宿制学校建设项目、现代远程教育项目等的实施，尤其是新的《义务教育法》的颁布实施，青海省基础教育的发展取得了前所未有的成绩，在教育投入上，青海省各地区的差距逐步缩小，学校办学条件明显改善，教育质量明显提高。① 但是，青海省人口因素的主要特点是民族成分多，少数民族人口比例高。青海省是一个多民族的省份，全省少数民族人口占人口总数的45.51%，排在全国第三位，而且多数少数民族人口主要分布在贫困农牧区。这些地方贫困程度深，返贫率高，脱贫难度大，扶贫任务异常艰巨，这些地区教育文化设施贫瘠，劳动者受学校教育和继续教育的机会较少，成年农牧民文盲率高，农牧民及其子女受教育年限和程度低，对科学知识接受能力较差，综合素质普遍较低。因此，在三元分割的社会结构中，由于青海省自身的区位、人口构成特点和经济发展水平使得居民在受教育机会上的天壤之别，由此也就必然导致居民素质上的不可同日而语，居民之间发展经济的意识也是差异显著。

下面根据青海省普通小学、初中教育机构的空间分布表来研究青海省内地区之间差异状况。

很显然，截至 2012 年青海省基础教育资源空间分布不平衡，主要集中在西宁市、海东地区和六州州政府所在地，而果洛州、海南州相对来说教学资源缺乏。因此，区域间教育的不均衡性凸显，就中小学教育机构的空间分布来看，呈现出一些突出的问题，一是存在着城乡差别和城市农牧区差别的多重差别现象；二是牧区小学教育机构多建在乡镇政府所在地，个别学校距居民点达百里之遥；三是学校规模普遍偏小，尤其是农村牧区表现尤甚，在校生人数 50 人左右的学校占一定的比例；四是小学危房面积大，尤其越是边远贫困地区危房面积越大，这些方面的问题凸显了小学空间分布的内在矛盾和地区之间一定的差异。从基础教育财政支出方面看，2012 年青海省财政支出中教育支出 171.8 亿元，青海省各地区教育支出占地区财政支出的比重（%）和各地区教育支出占全省教育总支出

----

① 陈巍：《实现青海藏区义务教育均衡发展的有效途径》，《青海民族学院学报》（社会科学版）2007 年第 7 期。

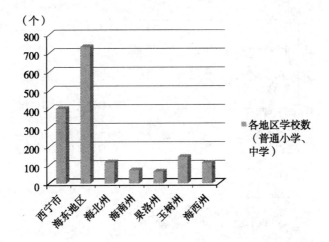

图 3 – 2　2012 年青海省各地区学校数（普通小学、中学）

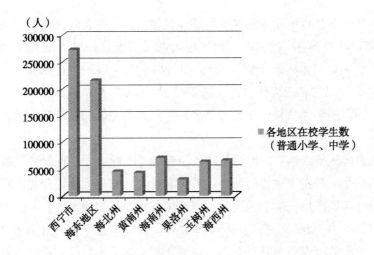

图 3 – 3　2012 年青海省各地区在校学生数（普通小学、中学）

的比重（％），处在较高位置的是西宁市，海东地区和海西州，处在较低位置的有玉树州、果洛州和黄南州等地。

　　截至 2011 年青海省各地区适龄儿童入学率基本在 98％ 以上，可以说，基本实现了乡村小学的全覆盖，同时根据牧区的特点和牧民生产生活的特点，利用非正规学校的教学点方式弥补正规小学教育机构覆盖不足的问题，使小学教育机构的空间分布呈现基本合理的状态。但是，根据《青海省教育事业统计手册》数据显示，青海省有些偏远县级行政区域适龄儿童的入学率远远低于全省的平均水平，更低于全国的平均水平，而且

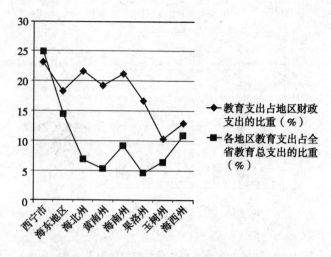

图 3 - 4　2012 年青海省各地区教育支出情况

农村牧区小学教育阶段课程改革推进步伐缓慢，这些县均为牧区，其中初中入学率在 30% 左右的县级行政区域均处于青藏高原的腹地；生师比例有很大差异，例如从统计数据看西宁的生师比（每一教师负担学生数）12.9 人，而果洛和玉树生师比高达 26.3 人、33.7 人，说明果洛、玉树的每一教师负担学生数是西宁的两倍多，并且这些地区的各项教育优质资源稀缺。

从教师队伍结构看，因为教师队伍结构是衡量一个地区教育发展水平的重要依据。根据上述我们所界定的青海省大致的三类地区分类，目前青海省师资队伍素质仍然不乐观。一类地区教师大部分为本科，而二、三类地区教师大多为专科毕业，教师学历偏低。其中第三类地区由于地处偏远牧区，教师队伍素质尤其较低，其中甚至有小学学历教师。青海省处于高原地区，生活工作条件艰苦。三类地区中，尤其以第三类地区条件最为艰苦。[①] 随着全国东西部地区个人收入差距拉大，教师队伍极不稳定，外流尤其是广大牧区（三类地区）学校教师 80% 以上来源于各地所在的民族师范学院的毕业生。甚至有部分学校教师 100% 来源于同一所师范院校，教师来源单一，一定程度上造成"近亲繁殖"现象。

第二，基础医疗卫生方面。卫生服务是指卫生机构和卫生专业人员为

① 保吉春：《青海省中小学教师信息素养现状、问题及对策研究》，硕士学位论文，华东师范大学，2007 年。

了实现预防与控制疾病、增进个体和群体健康的目的，运用各种卫生资源和技术手段，有计划、有目的地向个人、群体和社会提供必要服务的活动过程。卫生服务的范围、内容与质量直接关系到人的生、老、病、死整个过程以及由此所产生的一系列健康问题。因此可以说，卫生服务是全社会全体成员都应该均等享有的重要基本公共服务，是维持和促进人类健康的重要保障。

　　青海省各地区基础医疗卫生差异情况方面，从各地在全年财政支出中医疗卫生支出经费占财政支出比重（％）看，西宁、海东地区、海西州相对省内各地区而言，经济总量较大，因而全年财政支出的绝对数也较大，此外玉树州在2012年全年的财政支出也较大，主要是由于灾后中重建的原因占很大一部分，除此之外，海北州、海南州、黄南州、果洛州全年财政支出绝对数较小，医疗卫生支出经费占财政支出比重（％）基本在2％—6％之间（包括海西州），而西宁和海东地区不管是从绝对数还是从医疗卫生支出在财政支出中的比重看相对较大。另外从2012年医疗卫生支出经费占全省医疗卫生总支出的比重（％）看，明显显示地区之间存在的巨大差异（注：2012年青海省全年医疗卫生总支出60.10亿元）。

表3－6　　　　　　　　2012年青海省各地区医疗卫生支出情况

地区	全年各地区财政支出（亿元）	医疗卫生支出（亿元）	医疗卫生支出经费占地区财政支出比重（％）	医疗卫生支出经费占全省医疗总支出的比重（％）
西宁市	185.32	13.22	7.13	22
海东地区	136.48	11.05	8.1	18.4
海北州	54.55	—	—	—
黄南州	47.32	2.53	5.35	4.21
海南州	74.35	4.72	6.35	7.85
果洛州	47.36	2.05	4.33	3.41
玉树州	106.74	3.03	2.83	5.04
海西州	139.45	4.61	3.31	7.67

　　数据来源：青海省统计信息网 http：//www.qhtjj.gov.cn/。

　　根据2012年青海省医疗卫生资源的数据显示，西宁市、海东地区、海西州的医疗卫生资源所占比重大，而海北州、黄南州、海南州地区的医疗机构数所占全省医院机构总数的比重小；卫生工作人员和医疗机构实有床位数主要集中在西宁市、海东地区，西宁市和海东地区仅从医疗机构上看，两个地区就基本占了全省各类卫生机构总数的88%，从病床数看仅西宁市就占了除海东地区外的其他六个地区之和的将近两倍，西宁市占了全省病床数的53.8%，海东地区占了全省病床数的15%，海北州、黄南州、海南州、果洛州、玉树州、海西州六个地区总共占了全省病床数的30.8%，如果按照2010年全国人口普查的结果，青海省总人口5731700人，西宁市总人口1974175人，仅从病床数看，西宁市的人口是全省的34.4%，也就是说青海省只有34.4%的人口享受53.8%卫生资源（仅指病床数看）。从卫生技术人员数上看，仅西宁市就占了除海东地区外的其他六个地区的将近两倍，仅西宁市的卫生技术人员数是全省卫生技术人员总数的57.4%，海东地区卫生技术人员资源占卫生技术人员总数的15.9%，而比例较低的果洛州卫生技术人员资源占卫生技术人员总数的2.7%，果洛州卫生技术人员资源占卫生技术人员总数的2.9%。很显然，基本上卫生资源集中在西宁市和海东地区，而黄南州、海南州、果洛州、玉树州地区配置较少，地区之间卫生资源配置极不均衡。另外，黄南州、海南州、果洛州、玉树州等地区尤其是农牧地区由于资金匮乏，许多乡镇卫生院的软、硬件条件很差，都缺乏专业技术人员，甚至缺乏一些基本的手术和医疗器材。

表3-7　　　　　　　　　　2012年青海省地区医疗卫生资源配置

地区/项目	按地区分							
	西宁市	海东地区	海北州	黄南州	海南州	果洛州	玉树州	海西州
各类卫生机构	1543	1990	63	65	63	72	82	120
医院和卫生院床位（张）	13686	3893	1117	954	2322	596	872	1993
卫生技术人员	16764	4629	1194	1034	1563	795	854	2344

数据来源：青海省统计信息网 http://www.qhtjj.gov.cn/。

第三，基本社会保障方面。从青海省各地区的社会保障和就业支出上看，同样西宁市、海东地区、海西州的支出绝对数远远大于其他各地区，仅西宁市在社会保障支出除海东地区以外是其他地区的2—3倍，从社会保障和就业支出占全省社会保障和就业总支出的比重上看，仅西宁市就占到10.49%（注：2012年青海省全省社会保障和就业总支出179.45亿元），而黄南州、果洛州、玉树州所占的比重仅在2%—4%之间，远远低于西宁市和海东地区。

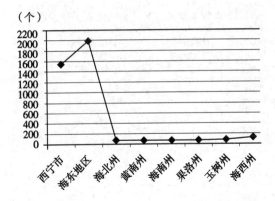

图 3 - 5 2012 年青海省各地区各类卫生机构

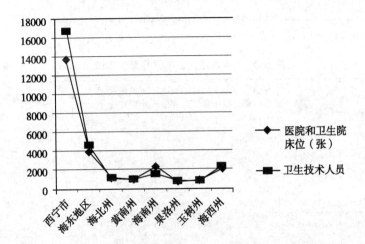

图 3 - 6 2012 年青海省各地区医院卫生院床位及人员配置情况

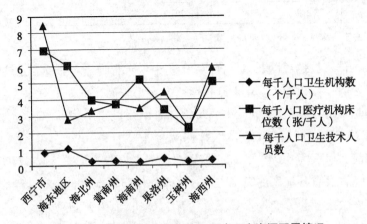

图 3 - 7 2012 年青海省各地区医疗卫生资源配置情况

表 3-8 2012 年青海省各地区社会保障支出情况统计

地区	全年财政支出（亿元）	社会保障和就业支出（亿元）	社会保障支出经费占财政支出比重（%）	社会保障和就业支出占全省社会保障和就业总支出的比重（%）
西宁市	185.32	18.83	10.16	10.49
海东地区	136.48	13.17	9.6	7.33
海北州	54.55	—	—	—
黄南州	47.32	4.99	10.5	2.78
海南州	74.35	6.26	8.41	—
果洛州	47.36	4.80	10.14	2.67
玉树州	106.74	6.40	5.99	3.56
海西州	139.45	9.55	6.84	5.32

数据来源：青海省统计信息网 http://www.qhtjj.gov.cn/。

表 3-9 青海省 2012 年各地区各类保险参保人数统计 单位：万人

地区	各地区人口数	城镇职工基本养老保险人数	城镇职工基本医疗保险人数	城镇居民基本医疗保险人数	工伤保险参保人数	失业保险人数
西宁市	197.42	44.61	25.01	—	16.56	16.29
海东地区	164.89	7.16	7.44	8.28	6.42	4.32
海北州	28.55	2.63	2.33	3.30	1.50	1.20
黄南州	25.80	1.24	1.87	—	—	0.93
海南州	45.07	1.85	2.91	5.83	1.41	1.59
果洛州	17.77	0.86	1.45	1.56	0.91	0.58
玉树州	38.51	0.66	—	1.80	0.98	0.66
海西州	39.59	6.35	11.22	8.48	6.13	3.53

数据来源：青海省统计信息网 http://www.qhtjj.gov.cn/。

从统计表数据可以看出，截至 2012 年年末青海省各地区城镇职工基本养老保险、城镇职工基本医疗保险等参合率较高，例如海东地区参加城镇居民基本医疗保险的参保率达 96%；海南州城镇居民基本医疗保险参保率为 98.0%，城镇职工基本医疗保险参保率为 98.0%，城镇居民社会养老保险参保率为 61.4%；北州城镇居民养老保险参保率达 82.73%；除此之外，青海省各地区的新型农村牧区合作保险参保率也较高，例如海北州新型农牧区社会养老保险参保率达 97.16%；海南州新型农村社会养老保险参保率为 86.0%；海西州参加农村新型合作医疗的农牧民 148709

人，参合率达 98%；果洛州参加农牧区社会养老保险 79553 人，参加农村牧区合作医疗的农牧民 13.50 万人，参合率 99.22%。因此，从总体看，青海省城镇以养老、医疗、失业、工伤、生育五大社会保险为主体的制度体系日臻完善，而农村社会保障发展速度较快，但是总体上还是农村居民保障水平远低于城市居民。各类非公有制经济从业人员、城镇灵活就业人员和农民工参加社会保险尚处于起步阶段。

按照社会保障原理，任何一个社会成员都享有社会保障的权利，但就现实情况而言，我们的社会保障对不同社会群体的制度安排上有较大的差别，一部分社会成员享有比较完备的社会保障，而另一部分社会成员只享受个别社会保障项目。

从整个社会保障体系看，农牧区的保障项目明显少于城镇，在农牧区社会保险基本缺失，农牧民作为自雇者，没有工伤保险，他们在劳动过程中所受伤亡病残全由自己负责；没有生育保险，生育费用也全由自己承担；由于农牧民有土地或牲畜，不管能否养得活自己，都不算失业，因此也没有失业保险，农牧区只有少量的敬老院，其他社会福利设施，尤其是儿童福利设施基本没有。

（4）省域内城市和农牧区之间差距大

第一，省域内差别的发展战略使农牧民利益受损。城市和农牧区的差别发展战略没有及时调整，差别化的发展战略导致农牧民利益得不到应有的保护，拉开城市和农牧区贫富差距的序幕，致使农牧业长期落后。自新中国成立以来，我国政府照搬苏联的发展模式来建设社会主义，实施工业化优先发展战略，特别是重工业优先发展战略。这种优先发展战略是以牺牲农牧民尤其是农民的利益来为工业化发展筹集原始积累资金，导致城乡差距扩大，城镇居民与农牧民的收入相差悬殊，2012 年青海省城镇居民人均可支配收入 17566 元，农村居民人均纯收入 5364 元，城乡收入差距比为 3.27479 倍。从省域内各地区的数据看（见表 3-10），青海省两市六州城镇居民人均可支配收入远远高于农牧民人均纯收入，以城镇居民人均可支配收入与农牧民人均纯收入差距最大的玉树州来看，城镇居民人均可支配收入要比农牧民人均纯收入高出 15400.4 元，农牧民人均纯收入仅仅占城镇居民人均可支配收入的 18.5%。而省内地区之间相比之下，海西州城镇居民人均可支配收入最高达 21252 元，高于青海省城镇居民人均可支配收入的平均水平，高出 3686 元，而农牧民人均纯收入整体上西宁市和海西州最高，2012 年西宁市农牧民人均纯收入达 7801.5 元，海西州农牧民人均纯收入达 7916 元，而玉树州和果洛州的农牧民人均纯收入最低，分别为 3493.2 元和 3704.9 元。相比之下西宁市和海西州的农牧民人均纯收入要比玉树州和果洛州的农牧民人均纯收入高出两倍之多。

表 3 – 10　　　　　2012 年青海省各地区城镇居民人均可支配收入和
农牧民人均纯收入统计表　　　　　单位：元

地区	西宁市	海东市	海北州	黄南州	海南州	果洛州	玉树州	海西州
城镇居民人均可支配收入	17633.5	17111.8	20669	18642.2	18238	17405.1	18893.6	21252
农牧民人均纯收入	7801.5	5352.2	7436	4298.7	6128	3704.9	3493.2	7916
差距	9832	11759.6	13233	14343.5	12110	13700.2	15400.4	13336

数据来源：http://www.qhtjj.gov.cn – 青海统计信息网整理得。

改革开放以后，工农、牧业产品价格的扭曲虽有所纠正，农牧民也从农村和牧区制度创新中得到了不少实惠，但政府的政策重心仍然是工业化和城市化，国民收入分配等方面的城市偏向还没有得到根本性纠正，城市与农牧区的公共服务体系和财政资源分配上以城市为中心的政策体制，使公共财政对农村的投入份额长期严重不足，使得城市和农牧区差距不但没能缩小，反而进一步扩大，农牧民未能享受到平等的发展机会和公平待遇造成不平等的发展战略和发展的失衡。

第二，农村土地、牧区草场集体使用方式使农牧业经济陷入困境。农村土地、牧区草场集体使用方限制了青海农牧业的发展和农牧民收入的增加。改革开放后我国采取家庭联产承包责任制，充分保护了农牧民的自主权，调动了广大农牧民的生产积极性，提高了土地的产出率和商品率。在青海，虽然地广人稀，人口密度不到全国人口密度的 1/4，但是人口分布极不均匀，自然条件较好的河谷平原、山前绿洲人口稠密程度与我国东部地区相差无几。因此在家庭承包责任制下的农民经营土地规模小，即使是在草场牧区牧民所经营的草地数量也难以形成规模经营，无力面对激烈的市场竞争。而且，青海省人口自然增长率达 15.12%，人口的增加流动和耕地面积数量的锐减，承包权长期不变与调整承包面积的矛盾越来越尖锐，加上缺乏土地、草场使用权的继承和有偿转让的相关政策，农牧民对土地、草场无法做出长远打算，不愿投资，产生了对土地、草场掠夺性使用的短期行为，尤其是近年来草场放牧过度，生态急剧恶化，农牧业比较优势得不到有效发挥。加上农牧民的自身素质不高和农牧产品供需波动，依附在土地、草场上的富余劳动力越积越多，本来落后于城市工业经济的农牧业经济发展陷入困境，使得农牧区居民生活与城市居民生活形成越来越大的差距。

不仅如此，青海省许多地区的农牧民，特别是边远少数民族聚居地区的农牧民，还受交通、通信等条件的限制，长期处在一个相对封闭的环境中，农牧业生产也大多是自给自足的传统的生产方式，对外面的信息知之甚少，社会的发展和进步对其影响甚微，因而形成了一种消极的文化心理，缺乏创新精神和风险意识，市场意识、竞争观念淡薄，驾驭市场经济的能力、参与市场竞争的能力都很低。

因此在改革开放以后，这种差异并未随着打破农牧区人口流入大城市的限制而消除，反而有扩大趋势。这是因为，在市场经济条件下，劳动力的流动遵循"流动人口经济活动能力高于流出地人口平均水平"这一规律，大量高素质、高经济活动能力的劳动力流入了收入较高的城市地区，从而使本来素质就不如城市的农牧区人口的素质更低，城乡人口素质鸿沟更深。经济发展的主体在人，人口素质不适应市场经济发展的需要是造成青海省广大农牧区经济落后的主导因素，也是制约少数民族地区经济发展和城乡差距难以在短时间内缩小的直接因素。

第三，省域内区位因素使城市和农牧区之间鸿沟拉大

城市与农牧区之间的区位差异是造成青海省地区发展差距的客观因素。城市处于区域的核心，而广大的农牧区则处于附属地位。城市经济在市场化、信息化方面发展明显要高于农牧区，而且，交通通达度高。城市发展到一定的阶段，则应以其自身优越的社会化作用对农牧区居民社会方式起着引导作用。青海省地广人稀、人口居住分散，人口密度只有全国的4.7%左右，尤其是在广大牧区和浅脑山地区，人口居住更为分散，经济、社会事业发展几乎是空白。在这样的自然及地域条件下，城市经济的发展则难以对农牧区起到应有的辐射带动作用，而广大的农牧区依靠自身的力量则难以实现有效发展，此时区位因素则是影响城市与农牧区之间鸿沟大小的一个重要原因。

（5）省域内基础设施建设差距大

青海的基础设施，总体上看历史欠账较多，比较落后。西部大开发以来有了显著改善。在交通运输设施方面，东部和柴达木地区铁路交通基础设施状况最好，兰青、青藏铁路穿境而过，其次为海北，海南和青南地区

没有铁路交通；公路交通基础设施也以东部地区最好，其线路密度和通达深度在全省首屈一指，最差的仍是青南地区。在城镇自来水、煤气、天然气、垃圾和污水处理等基础设施方面，西宁、格尔木两市的条件大大好于全省其他城镇的水平。

应该说，发展中存在不平衡是正常的，完全消除差距既不现实也违背规律，但差距超过了一定的度，则会给社会带来负面影响，引发出一系列社会问题。例如，社会资源和社会利益分配不公问题。据统计，青海省城市人口平均预期寿命 76 岁，农牧区人口为 65 岁，相差 11 岁；城镇人口平均受教育年限 8.08 年，农牧区人口为 4.87 年，相差 3.21 年；由于医疗卫生投入严重不足和农牧民收入低，看不起病的情况大量存在。由于社会管理和社会服务欠缺、经济落后等问题，还使生态环境问题凸显，表现出人与自然关系的不和谐。

3. 西藏自治区经济社会发展状况

从西藏大的区域来看，在西藏的中部和南部，基本上属于"一江三河"河谷地带，海拔一般介于 2600—3900 米之间，平均降水量为 400—800 毫米，由于地势较平坦，气候比较温暖湿润，耕地较多，不少地方还有河谷小气候，是西藏的主要农区。在西藏的北部，西部基本上属于羌塘高原，海拔在 4300 米以上，其中，那曲地区平均海拔在 4500 米以上。这一区域最明显的气候特征是寒冷、干旱，平均降水量只有 100—200 毫米，这里是草原资源集中连片的区域，也是西藏的主要牧区。在西藏的东南部和三江流域，为高山峡谷地带，海拔在 3000 米左右，气候温暖湿润，降水量在 1000 毫米左右，是西藏的主要林区。[①]

在西藏只有纯粹的牧民，没有纯粹的农民，发展畜牧业很少受到海拔高度的制约，而发展农业则受到很大的限制，从区域来看，藏北、藏西以草场资源为主，主业定位为畜牧业，如阿里地区和那曲地区，其中那曲地区的牧草地总面积占该地区总面积的 86.4%。西藏人口分布密度差异非常明显。在藏南河谷平原、藏东"三江"流域人口密度大，而藏北、藏西羌塘高原人口稀疏。西藏七地市中人口最多的日喀则地区是人口最少的阿里地区的 8 倍之多，人口密度最大的是拉萨市，最少的是阿里地区。[②]

① 向亚克：《试论西藏区域经济的协调发展》，《西藏发展论坛》2012 年第 2 期。
② 同上。

近年来，西藏各级政府将经济发展列入了重要议事日程，结合各地的具体实际，因地制宜，狠抓特色经济的发展，取得了积极成效，区域经济发展呈现出了良好的发展势头。自治区在"十一五"期间提出构建的三大经济区是：以拉萨市、日喀则地区、山南地区、林芝地区、那曲地区为主的中部经济区，以昌都地区为主的东部经济区，以阿里地区为主的西部经济区。西藏经济得到了飞速增长，经济总量不断扩大，发展水平稳步提高，西藏国内生产总值从 1991 年开始一直保持高速平稳的增长速度，年平均增长速度均超过 10%，其中，中部经济区是全区经济中心，经济总量占有绝对主体地位。2012 年，西藏自治区生产总值（GDP）达 701.03亿元，按可比价格计算，比上年增长 11.8%，人均 GDP 是 23032.45 元，全区国民生产总值保持较高增长速度，经济社会的各个方面取得了显著的成绩。但经济增长不等于经济发展，在西藏经济社会发展中依然存在诸多矛盾和问题。城镇居民可支配收入和农牧民人均纯收入分别增长 7.8%和 13.6%。①

（1）经济总量低

2012 年全年全国国内生产总值达 519322 亿元，西藏自治区完成地区生产总值 701.03 亿元，仅占全国 GDP 的 0.13%，西藏自治区地区生产总值在全国 31 个省（自治区、直辖市）中排名第 31 位，即最后一位。从全国各地区人均 GDP 和相关指标看，2012 年中国人均 GDP 为 38354 元，西藏自治区的人均 GDP 与全国人均 GDP 相差 15322 元；西藏人均 GDP 为23032.45 元，在全国 31 个省（自治区、直辖市）中排名第 28 位。因此西藏自治区国民生产总值及其经济总量长期以来是全国最低的，人均GDP 长期处于后几位。

（2）区域内经济发展不均衡

从经济总量来看，截至 2012 年，西藏自治区 7 地区中拉萨市的地区生产总值最高，地区生产总值（GDP）为 262.59 亿元，日喀则为第二，地区生产总值（GDP）为 124.5 亿元，昌都名列第三，而阿里地区生产总值（GDP）最低，为 24.2 亿元，相比较而言，2012 年全年拉萨市的 GDP是阿里地区 GDP 的 10.9 倍，是那曲地区的 4 倍，是山南地区和林芝地区GDP 的 3 倍之多。西藏自治区完成地区生产总值 701.03 亿元，仅拉萨市

---

① 数据来源：西藏自治区 2012 年政府工作报告。

地区生产总值占西藏全区生产总值的 37.5%，而阿里地区的地区生产总值仅占西藏全区生产总值的 3.5%，山南、林芝、那曲、阿里四个地区的生产总值之和（232.94 亿元）还不及拉萨市一个地区的生产总值。

从地区人均 GDP 来看，拉萨市人均 GDP 为 46941.37 元，位居第一，林芝地区和阿里地区分列第二、第三位，人均 GDP 分别为 36191.70 元和 25340.31 元，昌都地区人均 GDP 最低，为 13946.77 元。拉萨市人均 GDP 是昌都地区人均 GDP 的 3.4 倍，是那曲地区的 3.3 倍。西藏 2012 年全年人均 GDP 为 23032.45 元，其中萨拉市、林芝地区和阿里地区的人均 GDP 超过全区平均水平，而拉萨市的人均 GDP 远远高于全区人均 GDP 水平，相差 23908.92 元。2012 年中国人均 GDP 为 38354 元，相比之下，只有拉萨市达到全国人均 GDP 水平，并高于全国人均 GDP 水平 8587 元，而昌都地区、那曲地区的人均 GDP 与全国相比相差甚远，分别为 24408 元和 24174 元。

表 3-11　　　　　　2012 年西藏各地区 GDP 和人均 GDP 排名

GDP 排名	地级市	2012 年 GDP（亿元）	2011 年常住人口（万）	人均 GDP（元）	人均 GDP（美元）	人均 GDP 排名
1	拉萨	262.59	55.94	46941.37	7468.20	1
2	日喀则	124.5	70.33	17702.26	2816.36	5
3	昌都	91.7	65.75	13946.77	2218.88	7
4	山南	72.56	32.9	22054.71	3508.82	4
5	林芝	70.61	19.51	36191.70	5757.97	2
6	那曲	65.57	46.24	14180.36	2256.04	6
7	阿里	24.2	9.55	25340.31	4031.55	3

数据来源：http://tieba.baidu.com/p/2259306926。

从地方财政收入看，2012 年拉萨市的财政收入达 34.36 亿元、昌都地区的财政收入为 5.02 亿元、山南地区的财政收入为 6.03 亿元、日喀则地区的财政收入为 5.76 亿元，2012 年拉萨市的财政收入最多。以 2011 年的统计数据为准，拉萨市和林芝地区的财政收入最高，阿里地区的财政收入最少。2011 年西藏全年完成地方财政收入 64.53 亿元，拉萨市一地的财政收入占全区地方财政收入的 36.3%，林芝地区的财政收入占全区地方财政收入的 18.2%，而阿里地区的财政收入仅占全区地方财政收入的 1.99%，那曲地区的财政收入仅占全区地方财政收入的 3.7%。日喀则地区、昌都地区、山南地区、那曲地区、阿里地区五个地区的财政收入之和还不及拉萨市一地的财政收入，2011 年拉萨市的财政收入是阿里地区财政收入的 18.2 倍，是那曲地区的 9.8 倍。从财政收入占地区生产总值的指标看，拉萨市和林芝地区的财政收入占地区生产总值分别为 10.6% 和 19.1%，占有较高的比重，而那曲地区财政收入仅占地区生产总值的 4.2%。

表 3 - 12　　　　　　2011 年西藏各地区财政收入统计表　　　　　　单位：亿元

地区	财政收入	地区生产总值	财政收入占地区生产总值比重（%）
拉萨市	23.43	222.09	10.6
昌都地区	3.54	75.40	4.7
山南地区	4.95	63.37	7.8
日喀则地区	4.42	103.91	4.3
那曲地区	2.40	58.03	4.2
阿里地区	1.29	21.30	6.1
林芝地区	11.72	61.35	19.1

数据来源：中国经济与社会发展统计数据库 http://tongji.cnki.net/kns55/Dig/dig.aspx。

（3）农牧民收入增长缓慢，城乡差距拉大

1980 年，西藏农牧民人均纯收入与全国仅差 3.2%，由于多种原因，近 20 年来，西藏与全国发展差距越拉越大。1985 年，西藏农村人口年平均"纯收入"为 353 元，同年全国农村人口的平均"纯收入"为 398 元，相差 45 元。1990 年西藏农村人均"纯收入"447 元，全国农村人均"纯收入"为 630 元，相差 183 元。2001 年西藏农村人均"纯收入"1404 元，全国农村人均"纯收入"为 2366 元，相差 962 元，其人均纯收入与全国相差 40.9%。截至 2012 年，全国城镇居民人均可支配收入 21810 元，比上年增长（名义）14.1%，农村居民人均纯收入 6977 元，比上年增长（名义）17.9%，而西藏自治区城镇居民人均可支配收入 18056 元，城镇居民人均可支配收入增长（名义）11.5%，农村居民人均纯收入 5645 元，农村居民人均纯收入增长（名义）15.1%，与全国的水平相比差距较大。①

————————

① 数据来源：2012 年全国国民经济和社会发展统计公报。

西藏自治区区域内部城乡居民收入的差距幅度也在不断扩大。1994年西藏城镇居民人均收入 3596 元，农牧民人均"纯收入"1183 元，城乡差距为 2413 元。1997 年西藏城镇与农村居民人均收入差距高达 5214 元。2001 年西藏城乡纯收入差距竟高达 6465 元。2005 年西藏城乡收入差距高达 6336 元。2009 年全区城镇居民人均可支配收入达 13544 元，比上年增长 8.5%；农牧民人均纯收入只有 3532 元，虽然增长 11.2%，但是城乡差别仍然较大。截止到 2012 年西藏自治区城镇居民人均可支配收入 18056 元，农村居民人均纯收入 5645 元，差距高达 12411 元，城乡收入差距比 3.19858 倍。

现实告诉我们："青藏高原地区已呈现出生态退化与发展落后的恶性循环。即由于贫困，人们乱砍滥伐，过度放牧，导致植被破坏、草场退化和水土流失；由于贫困，人们粗放式、随意性开发资源，导致资源枯竭，环境恶化；而生态环境的恶化反馈又加剧了贫困的蔓延。"[①] 青藏地区的生态环境恶化毁坏了大量农田、草场，而人为的扩大垦荒和超载放牧加剧了水土流失和草场退化，农田草场自然生产率下降，导致经济发展困难重重。从而致使反贫困工作难度加大，生态难民逐年增加。"据统计，青海三江源地区共有 16 个县，其中 7 个是国家级扶贫重点县，另有 7 个县是省级扶贫重点县；共有牧业人口 40.89 万人，75.5% 是贫困人口，在这些贫困人口中，因生态恶化导致贫困的占到了相当大的份额，从而脱贫难度更大"。[②]

青藏地区的发展现状和严峻的生态现实警示我们：传统的发展理念和发展方式不仅难以发展，而且会导致生态环境的退化甚至恶化；传统的民族文化也不足以支撑"圣洁"的青藏高原。在这种"未富而生态环境先衰"的特殊经济社会背景下，选择生态文化、发展生态文化、依靠生态文化、全面落实科学发展观，显得尤为必要，尤为迫切。

社会发育程度代表着一个地区和民族的生产力发展水平，而当代社会生产力的发展水平又取决于可持续发展能力即现代化、工业化、信息化、生态化、社会公平化、全球化的进程。各个生产力要素的整合构成了社会

---

① 马玉英：《生态城市：21 世纪青藏高原城市发展的目标》，《北京大学学报》（国内访问学者、进修教师专刊）2004 年，第 90 页。

② 淡雅君：《青藏高原生态经济与经济发展协调问题初探》，《青海金融》2007 年第 2 期，第 20 页。

整体发育程度，整体社会发育程度又在影响着个别生产力要素的发展；同时这不同的要素之间也是有着紧密的联系的，因此，加快生态化进程，发展生态经济需要建立在其他各个要素的同时发展的基础之上。

青藏地区社会经济制度在新中国成立前基本上是处于资本主义以前的各种社会发展阶段。新中国成立后，尽管经过民主改革和社会主义的改造，生产关系发生了革命性的变革，但生产力相比较来说发展较为落后。随着改革开放不断深入，社会主义市场经济和现代政治文明得到较快的发展，而青藏地区由于自然的因素和人的因素，其市场化和现代化进程同期落后于中东部地区。中国科学院可持续发展研究组提出的《2001 年中国可持续发展战略报告》根据工业化、信息化、竞争力、生态化、集约化、城市化、全球化、社会公平化的指标，分析比较中国各省区现代化水平，结果发现：现代化水平比较高的省市达到 60% 以上，如北京 68.4%，广东 64%，上海 73%，而青海省只有 14%，西藏 3.19%，排在全国最后位置。报告认为各省区中实现现代化的时间相差比较大，上海到 2015 年可跨入现代化，北京为 2018 年，广东为 2021 年。而青海省要到 2065 年，西藏到 2090 年。在此情况下，青藏地区生态经济的发展势必受到区域落后社会生产力、落后政治文明、较低的现代科教水平等因素的制约。①

可见，青藏地区大力发展生态经济，除了依靠转变经济增长方式，引进科技人才，发展循环经济和特色经济外，还必须注重整个青藏地区社会发育程度的提高，如科学技术化、社会公平化、政治民族化、集约化、竞争化等诸多内容的发展。

六 青藏地区生态文化建设指导思想、 目标任务及基本原则

青藏地区的生态文化建设是一项浩大的社会工程，要想取得良好的效果，必须有科学的指导思想、合适的目标任务以及必须时刻坚持的一些原则。

---

① 南文渊：《中国藏区生态环境保护与可持续发展研究》，甘肃民族出版社 2002 年版，第134 页。

（一）指导思想与目标任务

指导思想：以邓小平理论、"三个代表"重要思想为指导，全面落实科学发展观；深刻认识环境生态问题的严肃性和重要性，大力弘扬生态文化，把生态文化建设放在极其重要的战略地位上，积极发展生态文化事业和生态文化产业；把弘扬人与自然和谐的生态价值观作为主线贯穿于生态文化建设的始终，理论研究围绕这条主线深化，工作安排要围绕这条主线统筹；坚持以政府为主导，以市场为导向，协调各方力量，完善配套政策，建设适应时代要求、具有区域特色和旺盛生命力的青藏高原生态文化体系，以维护国家生态安全，促进青藏地区的全面协调可持续发展。

目标与任务：通过不懈努力，逐步建成相对完善的生态文化基础设施，专群结合的生态文化建设队伍，健全高效的生态文化工作机制；建成覆盖广泛的宣传教育网络，引导广大群众的价值取向、生产方式和生活方式基本完成生态化转型；大力促进生态文化产业发展，推出一大批具有广泛影响力和示范作用的生态文化产品和生态文化建设示范基地，塑造一类新型的生态企业；生态文化熔铸于各项决策和制度建设中，青藏地区生态环境退化恶化势头得到明显遏制；适应时代要求、具有区域特色和旺盛生命力的青藏高原生态文化体系基本建立，青藏地区生态文明程度得到大幅提升。

（二）青藏地区生态文化建设的基本原则

1. 有重点、有层次、系统推进的原则

生态文化建设必须以精神生态文化建设为核心。因为，"文化的灵魂是其所拥有的独特理念，而文化的生命力则是由这种理念的社会接受程度来决定，任何一种文化的确立这两个要素必不可少"。① 精神生态文化建设的指向正是要解决这两个问题。但也不可否认，生态文化的三个层次即物质生态文化、制度生态文化和精神生态文化，是相互渗透、相互影响和相互制约的。离开精神生态文化建设，物质生态文化建设和制度生态文化建设就失去了精神引领；离开物质生态文化建设，生态文化建设就会变成

---

① 雷毅：《生态文化的深层建构》，《深圳大学学报》（人文社会科学版）2007 年第 3 期，第 123 页。

虚无缥缈、不可捉摸的纯精神幻想；离开制度生态文化建设，生态文化建设就失去了制度规范和制度保障。因此，生态文化建设又必须从整体性出发，注意不同文化层次的关联性和互动性，把生态文化的三个层次作为一个有机整体、一个系统来建设，体现文化形态的完整性；只有这样生态文化建设才能协调有序地进行，才能使生态文化逐步在社会文化系统中成为主流。

2. 科学性和时代性原则

即生态文化建设既要以生态学为基础、尊重自然规律，又要遵循社会主义先进文化建设的基本规律。生态文化是融自然科学和人文科学于一体的综合性文化，在建设过程中需要遵循这些学科本身的科学规律和法则，否则会事与愿违；要从生态文化植根的人文基础、形成的社会环境、发展繁荣的内外部条件入手，紧紧贴近人们的生产生活和思想文化实际，以民族语言、民族风格，用群众喜闻乐见的方式，寓教于乐，寓理于事，增强生态文化建设的吸引力，使人们在潜移默化中受到影响和熏陶。

3. 循序渐进性原则

青藏地区生态地位、生态危机和生态责任都说明了该地区生态文化建设的必要性和紧迫性。因此，青藏地区的生态文化建设容不得半点推诿和延缓。但是，生态文化建设必须符合文化发展的规律，来不得半点浮躁和急功近利。生态文化建设不是一蹴而就的事情，不可能毕其功于一役，而是一个长期的过程，需要付出持之以恒的努力。因此，生态文化建设必须围绕生态文明建设的目标分阶段、有步骤、有规划地进行，努力克服临时抱佛脚、突击式、时松时紧的现象。这就要求青藏地区根据生态文明建设目标，立足本区域的实际，科学制定建设生态文化的规划、对策和措施。

4. 特色性原则

生态文化具有丰富多样性，不同的地域产生不同的生态文化，不同的民族具有不同的生态文化特征。青藏高原在全世界是独一无二的，与青藏高原地区自然生态和人文环境相适应、相协调的生态文化体系，也应该是独一无二的。因此，青藏高原地区在遵循生态文化建设的"一般性"原则的基础上，应更加强调和遵循特色性原则。这种特色的核心应该是地域化和民族化。这就要求我们保护珍稀动植物资源，保护现有的风景名胜，保护修缮历史文物遗迹，发扬特有的民俗风情、民间艺术等文化形式，充分利用现有的自然景观和人文景观资源，展现高原独有的自然和人文魅力，提升高原文化品位。在精神生态文化、物质生态文化和制度生态文化等不同层次的生态文化建设中，要多从"高原"的视角考虑，要赋予生态文化高原的底色和韵味。只有这样，才能在全国乃至全球叫响青藏高原生态文化，才能真正发挥现代生态文化在改善自然生态环境、推动当地经济发展、提高人民文化素质等方面的功能。

5. 群众性原则

群众是历史的创造者，坚持群众路线是我们的优良传统，要相信群众，依靠群众。人民群众不仅是生态文化的创造者，更是生态文化的践行者。生态文化必须遵从文化建设的基本原则，大力发展大众生态文化，让广大群众在生活中时刻能够感受和体验生态文化带来的喜悦和满足。离开了人民群众，生态文化建设就会偏离方向；没有群众的广泛参与，生态文化建设就会失去发展的动力。生态文化富有强烈的实践性，离开人民群众丰富的生态实践，生态文化也就失去了其价值和魅力。所以，在生态文化建设中要充分调动和发挥人民群众的积极性、创造性，广泛集中民智，切实珍惜民力，不断实现民利。

（三）青藏地区生态文化建设必须处理好的几个关系

当前，在生态文化建设中，还存在一些需要澄清的理论，如刺激消费与提倡节约的关系问题等。为了加速生态文化建设进程，需要正确把握和处理好以下关系。

1. 生产、消费与节约保护的关系

马克思主义告诉我们：生产决定分配、交换和消费，生产为消费提供对象，生产水平决定消费水平和消费方式，没有生产便没有消费。我们大力发展生产，就是为了消费，以满足人们不断增长的物质与精神需求。但是，在生态文化的视角下，我们进行生产和消费，必须考虑物质产品的生产和消费是否符合生态保护、是否有利于人与自然的和谐发展。

我国在改革开放过程中由于一度对经济目标的过度强化，使企业注重了量的增长，而忽视了质的提高；注重了经济效益，而忽视了生态效益。近些年，在商家对消费的煽动性宣传下，在国家一系列福利性措施的激励和刺激内需政策的诱导下，消费主义思潮在全社会占据了很重要的地位。在某些地方和某些人群中消费行为已走上了极端，甚至出现了炫耀性消费，这无疑会对环境产生巨大的压力，造成资源的极大浪费，加重我国资

源不足的矛盾，严重影响经济的可持续发展。当前，在青藏地区甚至全国范围内，生产和消费方面不节约、不环保、不可持续发展的现象相当突出，基本还是粗放型的生产和消费模式。

因此，我们必须未雨绸缪，绝不能让非节约、非生态化的生产和消费成为一种向标或风尚。我们必须立足于社会主义初级阶段，从青藏地区欠发达的实际现实出发，大力倡导艰苦奋斗、勤俭节约的优良传统，努力向"低投入、高产出、低污染、可循环"的生态化生产方式转变，坚持生产与节约保护并重，把节约保护放在首位，提倡适度合理消费，绿色消费，坚决杜绝铺张浪费，运用舆论与制度的约束监督机制，去规范和制约人们的行为，用节约资源的消费理念引导生产和消费方式的变革，构建节约型社会。

2. 生态文化建设与经济建设、生产方式变革的关系

科学发展观强调，发展是第一要务。青藏地区作为欠发达地区，必须把发展作为头等大事，始终抓住经济建设这一中心环节，聚精会神搞建设，一心一意谋发展。但是，这种发展必须是科学的发展，而不能延续过去的发展模式。从环境与生态的角度看，科学发展即是在生态文化指导下的发展。

马克思指出："在再生产的行为本身中，不但客观条件改变着……而且生产者也改变着，炼出新的品质，通过生产而发展和改造着自身，造成新的力量和新的观念，造成新的交往方式，新的需要和新的语言。"① 因此，人类的文化发展及其形态的变更，最终是依赖于人类生产方式的发展及其形态的变更。从短期看，生态文化建设与经济建设、生产方式的生态化变革有矛盾和冲突的地方，但从长期看，生态文化建设与经济建设并不矛盾，相反，生态文化可以促进经济更好地发展。因为，现在大量的事实证明，良好的生态环境就是财富，就是生产力。因此，必须坚持经济建设与生态文化建设并重，大力弘扬生态文化，倡导人与自然和谐共生的生态观念，并使之融进经济社会发展的全过程及其各个领域，全面提高公民生态环保意识，促进人与自然、人与社会的和谐，为经济社会发展提供有力的思想文化支撑。

3. 继承、借鉴和发展、创新的关系

文化不是一成不变的，生态文化亦然。它会随着生产力的发展而变得

——————————

① 《马克思恩格斯全集》第 46 卷（上），人民出版社 1979 年版，第 494 页。

不适应、不符合人类对环境生态的要求，于是生态文化也需要不断发展，合理地扬弃，不断吸收其他的合理因素。文化的这种发展和变迁应该是一个渐进的自然过程，依靠的是本民族的文化自觉。

"按现代科学的实证性和精确性要求来看，少数民族传统生态文化是不可能对人与自然之间的复杂关系作出全面准确的科学解释和说明的，为此少数民族的传统自然生态观必须在继承其中所包含的科学性合理性因素的基础上实现向现代的科学的自然生态观的转换，使新时期的少数民族生态文化真正建立在现代科学的基础上。"① 因此，我们需要清楚：在青藏地区生态文化建设中，继承是基础，借鉴是手段，发展和创新是目的。发展和创新也是最好的继承。青藏地区传统生态文化是我们继承的对象，也是我们改造的对象。继承是因为它的多元价值和现时代的有效性，改造是因为它有其局限性和落后性。这就需要我们结合新的自然条件和社会条件，结合国际生态文明的发展趋势，以高原人的气魄，积极吸纳世界智慧，借鉴其他国家优秀的生态文化理念及其建设经验，要将批判继承、借鉴与发展创新有机结合起来，使生态文化充分体现时代要求，反映时代精神，始终代表先进文化的前进方向，努力构建具有青藏高原传统文化底蕴、适应高原生态环境、有利于高原科学发展的生态文化体系。

---

① 袁国友：《中国少数民族生态文化的创新、转换与发展》，《云南社会科学》2001 年第 1 期，第 70 页。

第四章

青藏地区民族传统生态观及其价值

中国传统生态和谐思想博大精深、历史悠久，主要体现在宗教教派主张、民风民俗和正律政令中。主要为强调人与自然的相生、敬天敬地，和谐相处，因果回报思想，并把这种人与自然的关系处理原则推广到人与人的关系中，互敬互重，和睦相处。

在儒家文化中，"天人合一"是世界最宝贵也是最美好的状态，"天"原本是自然现象的存在，天与人和谐共鸣产生了"天人合一"的和谐状态。孔子曰："开哲不杀当天道也，方长不折则恕也，恕当仁也"，"伐一木，杀一兽，不易其时，非孝也。"① 这说明了天地万物是人类赖以生存的物质基础，人类对其应采取友善爱护的态度，与自然建立一种友爱的关系，若随意破坏这些资源将会损害人类自身。《中庸》里说："能尽人之性，则能尽物之性；能尽物之性，则可以赞天地之化育，可以赞天地之化育，则可以与天地参矣。"可见，早期儒家生态思想，不但强调了自然界的内在规律，更重要的是强调人与自然界万类万物要和谐。

道家的中心概念是"道"。《老子》中曾记载："人法地，地法天，天法道，道法自然。"试图说明天地人之间法则的相通，而这种法则并非以人为依归，而是以天地、自然为依归，强调人与自然是一个统一的整体。《庄子·齐物论》中著名的话"天地与我并生，而万物与我统一"② 则表明了从自我得道的一种精神境界，人与自然统一，是因为人、自然万物都是来自一个共同的总根源，那就是"道"。

在中国的汉传、藏传和南传佛教中都蕴含了极其丰富的爱惜生命、尊重生灵以及保护生态环境的生态伦理思想。在佛家各个教派的寺院中，都

① 孙希旦：《礼记集解》，中华书局1989年版，第128页。
② 曹础基：《庄子浅注》（齐物论），中华书局1982年版，第189页。

严格规定了禁止狩猎、乱伐树木、开矿挖山、江河捕鱼等一系列保护生态环境的措施和法律。历代的方丈、大师、活佛、喇嘛们所倡导的慈悲、平等、不杀生等的佛教伦理思想为保护生态环境起到了积极的促进作用。

宗教信仰作为一种社会文化现象，在青藏地区的环境保护中有不可小视的作用。宗教信仰之所以有广泛的群众影响，是因为它包含着对自然环境的认识、对人自身之外的环境的认识以及自己与环境之间关系的认识。在认知能力极低的情况下，人们在解释自然界的本质以及人与自然的关系问题时，由于无法说明人类不能左右的强大的自然力，于是就从这种自然力的背后寻找超自然的力量，便产生出神的观念，形成各个部落的原始宗教。宗教是人类关于世界的本原以及人与世界的关系的认识，既是世界观也是方法论，它影响着人们的生活方式和思想观念，具体表现为：各个部落为了赢得神的保佑，避免神的惩罚，逐步形成了一系列禁忌和习俗；这些禁忌和习俗，是每个部落成员都必须遵守的行动准则，也是区分好坏善恶的标准，并发展为调整个人之间、个人和社会之间关系的行为规范即道德标准。

在青藏高原地区，宗教信仰与民族生态文化的形成及发展有着密切的联系。在佛教传入青藏高原地区之前，该地区盛行苯教。苯教是生根于原始公社时期，后来遍布青藏高原地区的一种固有宗教。苯教之所以崇拜世间一切万物，之所以认为万物有灵，是因为限于人类早期的认识水平和生活技能而产生的对自然界各种奇异现象和巨大能量的恐惧，以及由此而产生的敬仰、误解和与之保持协调关系的方法。它不仅是一种精神信仰，而且是从产生之日起就具有实用价值的生活方式。在青藏高原世居少数民族中，宗教信仰具有普遍性。宗教生活构成了该地区世居少数民族社会生活的基本形式，其在生态保护方面的基本要求构成了该地区有关生态保护的地方性知识的重要方面。青藏高原地区的藏族、蒙古族和土族普遍信仰藏传佛教，而回族和撒拉族普遍信仰伊斯兰教。在宗教信仰和特殊的自然环境的影响下，五大世居少数民族的生产生活中形成了独特的生态文化。

一　藏族民族文化中的生态观

（一）宗教文化中的生态观

在藏传佛教的影响下，藏族、蒙古族和土族的生产生活中广泛流行着以自然崇拜为重要内容的生态文化。在藏文化中，很多山、水、树木、动物都被神化成为人们崇拜的对象。就神山而言，在青藏高原地区可谓形成了庞大的体系。在西藏自治区境内就有冈仁波钦、雅拉香波、念青唐古拉、工布本日、泽当公保山等；在青海省境内的主要有阿尼玛卿、年保叶什则等。除了崇拜山体之外，崇拜水体、动物和植物也是藏族自然崇拜文化的重要组成部分。在藏族生活地区，分布着大大小小数以千计的湖泊。其中比较著名的，位于西藏自治区境内的主要有当雄县境内的纳木措湖、羊卓雍措湖和玛旁雍措湖；位于青海省境内的主要有青海湖和孟达天池。

　　佛教自传入中国以来，为维护人类的和平和创造良好的生态环境做出了巨大贡献。佛教戒律中的"不杀生"曾使无数的生物得以存活。道教、伊斯兰教及其他宗教有戒杀、护生放生的戒律、观念和斋月制度以及植树造林的传统。藏传佛教的神山神水观念，也在客观上保护了生态环境。如藏传佛教有许多护法神，这些护法神是佛教与苯教冲突的结果，在这场冲突中，苯教以失败而告终，苯教的神也就成了佛教的护法神，念青唐古拉山神就是一个例证。这些护法神的职能除了佛教所赋予的保护佛教教法以外，还兼有保护自己所在山上的各种生物的职能。

　　藏传佛教专门制定了有关爱护生物的戒律或正确处理生命主体与生存环境之间关系的基本准则。如在《律藏注疏》中描述的比丘、比丘女之五犯罪中有：不得在未得僧伽开许的情况下，便于蟹藏动物、有净、有灾三种不净之地营造度量超越十八肘、宽十肘半的房舍，营造容纳四比丘以上人数的大房舍；不得饮用有鱼类动物在内的水泽而伤它们；不得在树茂草丰的地方重建房舍；不得乱砍滥伐花草树木；不得故意杀生；不得自己或启动别人去挖掘实地四指以上或取土一摄以上；不得进行伐树割草以及炒青稞等损坏植被和种子现象。① 如《毗奈根本论》中载："除病者外，此丘不得站立弃大小便、唾液、口痰及呕吐物于水中；不得站立弃大小便、唾液、口痰及呕吐物于青草上。"② 诸如此类防止污染的戒条体现了治理污染的朴素生态思想。藏医典籍《四部医典》中也说："在最后百年末期劫分衰退，气候失常，大众福尽，遭受贫穷磨难，地熬被垦荒，牧场

　　① 那巴·西热桑布：《律藏注疏》，见桑杰端智编《佛学基础原理》藏文版，甘肃民族出版社1997年版，第104、109、112、113、114页。

　　② 同上书，第114页。

变为耕地，水熬被翻搅，草池变为池泽，木熬被摧毁。石熬被亘翻、屠场血腥，江河污浊，大地不净，人们不修法术、乱翻地熬，触怒龙神，口中毒气侵袭人畜，麻风广为流行。"①

藏族原始宗教——苯教中就包含有神山崇拜和人与自然和谐共处的朦胧意识，佛教传入后，佛教的行善、不杀生、因果轮回等观念，与藏族的原始宗教信仰相结合，就形成了以神山崇拜为核心的生态保护文化。神山崇拜的出现，与松赞干布有关。据史料记载，松赞干布曾到黄河与白河合流处察看，见森林毁坏严重，便下令把山林分为两类：一类为神山，归佛祖所有，由寺院负责看管，严禁任何人侵犯，如有违者，格杀勿论；另一类为"公林"，属各部落共同管理使用。随着佛教的普及，松赞干布在佛教徒眼中的地位越来越高，被尊为三大法王之一。他所制定的这两条规定也被神化，成为"佛"的旨意，被后来的藏区地方政府遵循不逾，有力地制止了破坏行为，保护了森林和生活于其中的野生动物②。

在藏族传统文化中，"三因说"作为认识论与思维方式的基础，奠定了藏族认识世界的方法论。"三因说"体现在藏族传统文化的诸多方面，然而最根本的是指自然、神（佛）与人的三因相统一。藏传佛教认识论强调的是："自然生存环境与生命主体依正不二，相依相融；宇宙万物诸法无我，自他不二；自然万物依据各自业力，互为轮回转生，同为一体生命链上的环节；物质生命与精神生命互为融合，心色不二。"突出宇宙万物的统一性、同一性和整休性。在藏族传统文化中，人与其他生物是同生共存的，人与环境是共同发展的。③佛教是一个充分尊重生命、尊重自然的宗教，而且，这一观念从最初起，即通过佛教的教义和戒律得到传播与实践。佛教把生命状态分为两种，即有情众生与无情众生。人与动物等属于有情众生，植物乃至宇宙山河大地属于无情众生。有情众生又依生活的世界分为六类：天道有情、阿修罗道有情、人道有情、畜生道有情、饿鬼道有情、地狱道有情。尽管在佛经之中强调，佛陀乃是出现于人间，在人间成佛，所以六道之中，最尊贵的是人道。但是，佛教确立"六道轮回"的观念，说明如果生活在人道的有情造恶业的话，将来仍然会堕落到饿鬼

---

① 宇妥·云丹贡布：《西部医典》藏文版，西藏人民出版社 1982 年版，第 190 页。

② 格勒、刘一民等：《藏北牧民——西藏那曲地区社会历史调查》，中国藏学出版社 1993 年版，第 253 页。

③ 参见尕藏才旦《藏传佛教》，中国宗教出版社 2003 年版。

或者地狱之中，并非一成不变。所以，佛教虽然肯定人在六道中的特殊性，但并没有"唯人独尊"，其他万物都是为我所用、必须无条件为我服务的观念。

在藏区的民宅、各寺院的壁画和传统的卷轴画即"唐卡"里有一幅常见的图画，叫"四兄弟图"，即：大象、猴子、山兔和羊角鸡。佛语又称之为"和气四瑞"，按照传统的说法，这四种动物互相尊重，互救互助，和谐相处，能够使地方安宁，人寿年丰。① 此外，藏族民间还广泛流传着"六长寿"的故事。"六长寿图"与"四兄弟图"一样，流传广泛。六长寿即：岩长寿、水长寿、树长寿、人长寿、鸟长寿、兽长寿。② 这幅图画形象地告诉人们：人类应该与一切生物和动物、与大自然和谐相处，就能健康长寿，颐享天年。佛法经典《宝鬘论》中说"杀生者寿命短，多行不义者多苦难"③。古代藏区社会是深受藏传佛教影响的社会，"因果报应"的"业报"思想则直接唤起了古代藏族人民自觉进行生态保护的意识。

藏族居住的青藏高原，山高水险，地势高寒，人们常在山崩、泥石流、冰雪、风暴等自然灾害威胁下生存，生活条件较之其他民族更加艰苦与严峻，因此对很多人类无法了解及抵达的雪山、草地及湖泊普遍地进行自然崇拜，几乎是每座山峰都有一位山佛，每一位山佛几乎又有一个动人的传说。故藏族神话中又以圣山圣湖的神话最为丰富。

对自然界的禁忌产生于对自然的崇敬、感激、畏惧和顺从之情。许多禁忌的对象是藏族所崇敬的自然神，如神山、神湖、神鹰、神牦牛等。认为神山是全藏人或全部落的保护神；神鹰也被看作众鸟之王，天葬的尸体靠鹰来吞食升天。出于对神的尊崇而产生了对诸多自然物的崇敬性禁忌。

有些禁忌出于对自然的感激之情。牛羊是藏区牧人的主要食物来源，又是牧人的伙伴；狗忠心耿耿守护牛羊，是牧人放牧之帮手；土地草山养育着一切生灵；泉水湖泊是高寒干旱之地珍贵之物。出于对大自然和相依为命的动物伙伴的感激，从而产生了对它们的保护性禁忌。

另有些禁忌出于对自然的畏惧之情。狂风暴雨、大雪严寒、雷鸣地

---

① 《藏汉大辞典》（上册），民族出版社1980年版，第1212页。

② 《藏汉大辞典》（下册），民族出版社1980年版，第2283页。

③ 杨士宏：《藏族传统法律文化研究》，甘肃人民出版社2004年版，第88页。

震、蝗虫鼠害、疫病肆虐，都会使生活于大自然中的藏人感受到极大震动。将自然灾害与人类行为联系起来，于是格外注重对人的行为，尤其对触及自然界的行为的约束，用禁忌的手段使人们顺从自然，不触犯自然。这些禁忌来自对自然及自然灾害的畏惧，认为如果挖掘了神山或采集神山上的草木带回家去，家中便不平安；如果在湖中或泉边小便，那么阴部就会肿烂；如果往神湖扔脏物，便受龙神惩罚，其标志是得皮肤病；如果打猎，就会受山神惩罚。

　　佛教的行善、惜生、因果轮回等观念，与藏族的原始宗教相结合，形成了独特的生态伦理观念。藏族认为一般自然界的一切都具有生命，都是神圣不可侵犯的。各种动植物都是有生命的，狩猎、砍树是杀生行为，要进行严格的控制。动植物多了，家畜与人的疾病将大大减少。藏传佛教以寺庙为中心的地区，方圆十多公里只要能听得见寺庙钟鼓声的地方，不能砍一棵树，打一只鸟，否则便会受到神灵的惩罚。因此，在"文革"前，寺庙周围方圆数十里，古树参天，百鸟争鸣。此外，每年农历正月初一到十五，有条件的地方藏族都要种树，认为种一棵树，可以延长5年寿命；反之，损一棵树，就要折寿5年。生孩子时请喇嘛取名，人生病时请喇嘛祛病，喇嘛都会让你去种树，并且规定你必须种多少棵树。藏族很少有人愿意当木匠、铁匠，因为人们相信万物有灵且灵魂会转化，人会变成树，树会变成人，当木匠注定要砍很多树，但砍到的这些树，就难免有人变成的树，因此，木匠死后就会有人用锯子来锯他的脖子等。正因为藏族人民具有以神山崇拜为核心的包括寺院周围的生态保护意识和生态保护行为，才在极其严酷的自然条件下保护了青藏高原的生态环境。

　　对神山神湖及有关动物与植物的禁忌，保护了青藏高原许多珍贵的兽类、鸟类与鱼类等生灵，保持了高原生物的多样性，维持了生物界正常的食物链，使生物的多样性优势得到发挥，维护了自然生态环境的平衡发展。近代以来，人们在愚昧的急功近利观念驱使下，大量捕杀野生动物，使野生动物数量急剧减少。我们看到，随着经济开发及文化交流的加强，青藏高原边缘地带传统的文化观念日趋淡化，对野生动物的捕杀到了疯狂的地步，现在只有在高原腹地青南藏北还为野生动物保留着一块地盘，但已被大量外族偷猎者所侵扰。对当地藏族人来说，保护自然生态环境及野生动物不是靠法令，而是靠人们的自觉禁忌行为。但是，对大批到藏区谋生的外地人，禁忌是起不了多大作用的。

　　课题组在青海省玉树州当卡扎西尼姑寺①调查时了解到，藏区寺院目前都是按照教规来宣讲环保的。藏民族保护环境的观念以前就有，比如神山的草木土石都不能动，如果动了，家里就会出现人生病、牛羊死掉等情况。一般寺院周围山上的一草一木，一石一土都不能动，只能植树绿化，破坏了环境自己就要受到惩罚。一般神山上的虫草都不能挖，寺院周围的山都是神山。挖虫草一般不会破坏环境，但是有些牧民、富人根本不去挖虫草，认为挖虫草对环境的破坏还是很严重。曾经称多县尕多乡挖虫草的人被雷劈了，后来那个县的人都不去了。

（二）《格萨尔》史诗中丰富多彩的生态文化

　　藏族史诗《格萨尔》产生、发展、演变于民间，蕴含了丰富的生态文化事象，给我们再现了一种丰富多彩、独具特色的古代藏民族生态文化的基本轮廓。藏传佛教对藏民族的经济生活、文化生活、思想观念、行为规范、价值取向等都产生了深刻的影响。藏传佛教"众生平等，视众如母"的思想是《格萨尔》史诗中生态思想的重要基础。其中对山神水神的崇拜、对动植物与草场森林资源的保护更是古代藏民族独特生态文化的重要体现。

　　《格萨尔》史诗在描写嘉擦协嘎尔动员岭国勇士上战场时的唱词表明了主动保护山林生态的必要性。破坏了山林生态对于一个古代藏区部落来讲就等于是对整个部落的彻底毁灭。说明对山林等生态系统的保护已从一种宗教行为的无意识结果上升为一种与本部落前途攸关的自觉的生态保护行为，这与山林生态保护意识的代代相传、不断强化有关。

　　　　　　白岭神部落头领，请把嘉擦话来听！
　　　　　　白帐霍尔太猖狂，肆无忌惮欺白岭。
　　　　　　囊俄小弟被残害，还专挑杀勇士们。
　　　　　　仅仅这些不为足，又在山谷扎兵营。
　　　　　　茵茵绿草全踩死，清清溪水被弄浑，

---

　　① 当卡扎西尼姑寺属于白教。寺院里有250多信徒，18—40多岁，基本都是本地的藏族。住持称我们是到此调查的第一批人。

林木被砍被烧光，所有坏事都干尽。①

在《格萨尔》中，辛巴梅乳孜对装扮成渔户的格萨尔进行指责的唱词中这样唱道：

狂妄大胆的渔夫，你们心中可清楚？
霍尔大川大河水，全属霍尔流本土，
水中鱼儿无其数，跟霍尔人共生息。
其中三条金眼鱼，是霍尔三王寄魂鱼。
我们霍尔山野里，禁止人们来打猎，
我们霍尔河水中，禁止人们来捕鱼。
谁若打猎捕鱼类，依法严惩不放生！②

古代藏民族认为水中万物，如鱼、虾、蟹等皆属于龙族，它主司人间424 种疾病，是一种随时给人类带来灾难的水中精怪，得罪它们意味着灾祸来临。③ 由畏惧到膜拜，龙神后来成了水神或湖神。对龙神的崇拜客观上极大地保护了水生物的多样性，促进了水生态的平衡。《格萨尔》中还体现了生态保护的部落法规：

我们霍尔山野里，禁止人们来打猎，
我们霍尔河水中，禁止人们来捕鱼。
谁若打猎捕鱼类，依法严惩不放生！④

由此可见，史诗时代藏区社会已有了为维护本部落利益而制定的关于禁止人们滥捕滥猎、破坏生态的部落法令。

在这美丽草原上，
丛丛青草已结籽，弄撒要拿酥油赔。

---

① 王兴先：《格萨尔文库·降霍篇》，甘肃民族出版社 2000 年版，第 174 页。
② 同上书，第 451 页。
③ 周锡银、望潮：《藏族原始宗教》，四川人民出版社 1999 年版，第 61—63 页。
④ 王兴先：《格萨尔文库·降霍篇》，甘肃民族出版社 2000 年版，第 451 页。

　　　草上露珠一滴滴，踩落要拿绸子赔。

　　　草茎根根在喷香，折断要拿金簪赔。

　　　百花盛开颤巍巍，撞花要拿松石赔。

　　　溪水清清起涟漪，弄浑水头用奶赔。

　　　树枝交蔽像拉手，砍断树叶用马赔。

　　　……石头砸破用铅粘，开辟道路用金赔。

　　　吃草就要掏草价，饮水就要掏水税。①

　　只要毁坏了草原上的一草一木，那么就得以"油"、"绸"、"簪"、"奶"、"马"、"羊"来赔，即使是把石头毁坏了都得用铅黏合起来，这强调了自然生态在藏族人民心中具有的极其重要的地位。

　　《格萨尔》中通过舆论习俗来进行生态保护的作用也是不能忽视的。在角如母子因滥杀而被流放玛域时，总管王有这么一段唱词：

　　　触犯王法必当受惩罚，你们离开白岭上路时，

　　　百名喇嘛吹螺来驱逐，百名青年射箭来驱逐，

　　　百名姑娘撒灰来驱逐……

　　　对于撒灰这件事，协嘎心中不乐意。

　　　糌粑本是青稞灰，就以糌粑来代替。②

　　由上可以看出，凡是毁灭生灵、破坏生态者，无论是谁都将要受到整个部落的鄙夷，要遭到部落习俗最严厉的惩罚（撒灶灰习俗在藏区由来已久，是对人格的极端侮辱）。

　　《霍岭大战》篇中对黄河的自然美景是这样描写的：

　　　浩浩荡荡的黄河，一泻千里穿过万山，

　　　怒涛奔流汹涌澎湃，好比石山妖魔狞笑，

　　　犹如狼群豪声震天。潮水飞腾，

　　　好比龙魔怒吼，势如山崩地陷。

---

①　王兴先：《格萨尔文库·降霍篇》，甘肃民族出版社 2000 年版，第 451 页。

②　王兴先：《格萨尔文库·诞生篇》，甘肃民族出版社 1996 年版，第 101 页。

怒涛翻滚，好比无数鳄鱼翻跳，

好比一条铁打的连环，簇拥群象奔腾一般。①

史诗通过对藏区雪山、草原、河流等湖光山色自然环境的描写，使人看到了人的自由在自然生命中得到充分的表现和肯定，人们从大自然的生命力中看到了人与自然和谐共生的重要性。

登上雅拉赛吾山巅，万单山河映入眼帘，

峰峦如云，犹如跳跃的白狮。

湖水盈应盈，像飘落草原的一角蓝天。

远山近水争奇竞艳，湖光山色是一幅梦幻般的画卷……②

藏民族是个极为注重宗教信仰的民族，但随着现代文明的不断渗透，使得部分藏族群众，尤其是年轻人的宗教传统观念开始淡漠，这更使得基于宗教信仰与禁忌习俗的传统生态文化在新的历史时期显得有些力不从心。因此，我们在建设当代与时俱进的生态文化过程中既不能一味地奉行"拿来主义"，也不能忽视这种传统的生态文化在历史发展过程中所起的卓有成效的实际作用。

（三）生活方式中的生态实践

生活在青藏高原上的藏族先民首先面对的是高耸入云的雪山、广袤无垠的草原、壮丽无比的自然景观，还有高寒缺氧的严峻的生存空间、瞬息万变的恶劣气候。他们无法理解、无法解释如此复杂的客观环境和自然现象，于是产生了各种幻觉、幻想、假设和想象。他们认为：日月星辰的时出时没是因为有一个超自然的神灵在主宰；山有山神，水有水神，风有风神，雷有雷神，各个村寨、各个部落也有各自的神灵。总之，世界万物都有主宰他们的神灵，对它们的信仰、依赖、崇敬或恐惧、憎恨、厌恶，逐渐演变成对自然的崇拜。在此基础上产生了许多禁忌。

1. 对神山的禁忌

藏族居住的青藏高原，是一个山的世界，生活其中的藏族人民对山形

---

① 《霍岭大战》（上部），中国民间文艺出版社1986年版，第63、65页。

② 同上书，第89页。

成了自己独特的认识，不仅赋予山以神性，而且对山的主宰者（山神）顶礼膜拜。在青藏高原，很多险峻的高山被藏族奉为神山，人们对神山充满虔诚和敬意，希冀它保佑部落人畜兴旺，因而定期进行祭祀。对神山的朝拜成为藏族人民的一项重要宗教活动。藏族同胞认为，神山充满神奇和灵性，绕神山转一圈可以消除一生罪恶，绕十圈可免遭地狱之苦，绕百圈可现世成佛，在转山途中死去则是一种福分。

对于神山，不管山有多高，路有多远，农牧民都要定期到神山进行"煨桑"活动，并唱赞歌："闪现着威严面容的圣山之神哟，您是万物之主，众生之尊。皑皑的雪峰，是您头上的银盔；茂密的森林，是您身披的铠甲；广阔的原野，是您顿足的金靴……圣山之神，请接受子民的跪拜。我向您祈求，我若行路，请馈我良驹；我若遇敌，请赐我胆力；我若跌倒，请把我拽起。我向您供奉，请佑部落吉祥常驻，永世幸福。"[①] 藏族的神山崇拜，明显地反映出他们对生态环境的认识，他们赋予大山以神性，并使这种神性的光芒普照万物，禁止破坏神山的任何动植物，使神山成为天然的自然保护区。忌在神山上挖掘；忌采集砍伐神山上的花草树木；忌在神山上打猎；忌伤害神山上的兽禽鱼虫；忌以污秽之物污染神山；忌在神山上打闹喧哗；忌将神山上的任何物种带回家去，等等。

2. 对神湖的禁忌

青藏高原以星罗棋布的高山湖泊闻名于世。在藏北羌塘一带，就有大小湖泊上千，湖面即达30000平方公里，在喜马拉雅山麓也有湖泊60余个。高原上著名的湖泊有青海湖、纳木措、羊卓雍措、玛旁雍措、普莫雍错以及黄河源头的扎陵湖和鄂陵湖等；另外还有雅鲁藏布江、金沙江、怒江、玛曲（黄河）、澜沧江等东亚著名大河发源于青藏高原。这些湖泊与江河，同那些崇山峻岭一样，对世居于此的藏族先民，无论是在生活或是生产劳动等方面，都有着十分密切的关系。牧民们认为江河之中都有神灵，为了祭祀这些水中的神灵，他们把祈祷文写在布条上，然后用绳子将其系好，拉在大河、小河上，以期神灵佑护。青海湖一直为人们尊为神灵加以崇拜。每逢藏历羊年，数以万计的人来此转湖朝拜。湖中海心山最高处曾有两座小庙，是安多藏区著名的修行圣地，常有僧尼在此闭关修炼。青海湖不仅为藏民族尊奉为保护神，而且也被历代中央王朝所重视，唐玄

---

① 仇保燕：《在那遥远的地方》，广东旅游出版社1999年版，第190页。

宗、宋仁宗、清雍正均加封于它。至今共和县倒淌河还保存有清朝修的海神庙，以祭祀海神。忌将污秽之物扔到湖（泉、河）里；忌在湖（泉）边堆脏物和大小便；忌捕捞水中动物等。

3. 对土地的禁忌

藏族把土地分为牧区和农业区，各有不同的禁忌，在牧区，严禁在草地上胡乱挖掘，并禁忌夏季举家搬迁，另觅草场。在农业区，不动土是不可能的，但是出于对土地的珍惜，又有另外的禁忌。动土前要先祈求土地神，不得随意挖掘土地，而且要保持土地的纯洁性，不能在地里烧破布、骨头等有恶臭之物。动土须先祈求土地神。随意挖掘土地是禁止的。比如西藏山南地区的农村有这样的禁忌：不准在田野上赤身裸体；不能在地里烧骨头、破布等有恶臭之物。

4. 对生命的禁忌

藏族是一个几乎全民信藏传佛教的民族，其最大的禁忌便是杀生。出于受藏传佛教的影响，藏族善待自然界万物，在藏区，对以打猎为生的人以及乱捕乱杀的人均予以鄙视和谴责。在牧区最忌捕杀鹰鹫和门犬，因为天葬离不开神鸟鹰鹫，保卫羊群和自家财产离不开门犬。为了体现不杀生，很多寺院还专门设有"放生节"，凡放生节放生的牛马，不得驱赶、乘骑，更不得捕杀伤害，让其自然死去。因崇信藏传佛教，在寺院周围，特别禁止砍伐树木、破坏森林、打猎杀生。也特别禁止进入神山圣水砍伐、打猎、采集和渔猎。藏族对土地神、湖神、水神、龙神等也崇拜祭祀。土地神藏语称"丹玛"，《十万白龙经》里有叙述他管理着地上生长的一切植物，包括花、草、果树等，是大地之主①。藏族的禁忌宗教色彩浓厚，但也反映了藏族的自然观、生态观，对维护生态平衡起到了很重要的作用。忌捕捉任何鸟禽；忌惊吓任何鸟禽；忌拆毁鸟窝，驱赶鸟；忌食用鸟类肉食（包括野外的和家养的）；忌食用禽蛋；忌打猎，尤其坚决禁止猎捕神兽（兔、虎、熊、野牦牛等）、鸟类及狗等，另外忌侵犯"神牛"与"神羊"（即专门放生为神牛羊者），神牛羊只能任其自然生死，忌陌生人进入牛羊群或牛羊圈；忌外人清点牛羊数；忌牲畜生病时，别家妇女来串门做客；忌食用一切爪类动物肉（包括狗、猫等，一些牧区也禁食猪肉）；忌食用圆蹄类动物肉（驴、马、骡等）；忌在宗教节日时

---

① 袁本朴：《长江上游民族地区生态经济研究》，四川人民出版社 2001 年版，第 108 页。

（正月十五、五月十五、六月六日、九月十一等日子）宰杀牛羊，同时每月十五、三十日也禁止杀生；忌故意踩死打死虫类。和汉民族等其他民族"踏春"的习俗不同，藏民族有一种习俗叫"禁春"。到了春天，劝人们不要到户外去；对僧尼大众，还要求他们"闭关静修"。因为，春天是生长的季节，嫩草吐绿，万物蓬生，幼虫蠕动，而它们的生命又是最柔弱的时候，应该得到很好的保护。如果这个时候，人们都去郊游，会践踏这些柔弱的生命。

藏族群众大都禁食驴、马、骡、狗、猫以及所有食肉类的猛禽和异兽。除牛羊肉、面食等食品外，蔬菜消费较少，饮食相对单一。但这种习俗在客观上起到了调节生态平衡的作用，因为，它们属于大型食草动物，禁食意味着这类动物不可能进行大规模的养殖，无疑具有积极的生态维持功能。从文化类型的角度来看，由于畜牧类型文化不是用代偿力去使所处的生态系统暂时改观。

世俗物质财富的追求是多数人的生活目标。但是，在藏区，人们更注重对精神生活的向往。游牧人常年维持清贫生活。一壶清茶、一碗青稞炒面，是长期的饮食结构；一件羊皮袄，白日当衣穿，夜里作被盖；一顶帐篷是全部家产，长年累月在高寒草原与牛羊为伴。世人认为其苦不堪忍受，而牧人却视为正常生活。而且，这并不是低贱人的生活，它是整个部落社会成员的共同生活，人们心甘情愿维持普遍的清贫生活，并不刻意追求财富，过奢侈生活。这已成为做人的准则，普遍认可的道德规范。

据课题组调查，这些禁忌在当代藏区生态保护中仍然发挥着重要的作用，每年的 5 月 11 日是寺院的大型宗教活动日，活佛到村子里搞活动。活动没有固定的场所，视人数而定。佛教教义中有关于环保的规定，活佛口头宣传环保知识。活佛向居民宣传环保，保护野生动物的知识：把经文写到经幡布上，让山、水、风来读，以求山、水、风神的保佑。禁忌：活佛说少吃肉类。藏历每月的 15 日和 19 日两天禁肉。寺院不组织去挖虫草，因为虫草也被视为一种生命。[①] 各个寺院都保护野生动物，寺院有权惩罚偷猎者。惩罚措施：让他们发誓，如若再犯，就是背叛自己的信仰。没有比背叛自己的信仰更严重的惩罚了。要是抓住偷猎的人，村民们就会

---

① 青海省玉树州玉树县当代村访谈记录。被访谈者：仁青卓玛，女，35 岁，牧民，小学文化。访谈人：荣曾举、王欢欢。访谈时间：2008 年 1 月 15 日。

骂他们。①

（四）生产方式中的生态实践

藏族部落每年从冬季草场迁往夏季草场前夕，要请喇嘛诵经，并选择吉日统一搬迁。因为一个部落所有牛羊大举迁移，肯定要惊动山神、土地神，也会对水草产生影响；在西藏农区，秋季庄稼丰收后，人们要举行仪式向神灵表示感激之情。如"望果节"就是感激诸守护神的护佑使本地青稞获得丰收的一种仪式。青藏地区的牧民一般都过着"逐水草而居"的游牧生活，其"轮牧制"的生产方式对草原生态的平衡十分有益，牧民们在自然形成的一定的草场范围内，按季节不同和牧场好坏，有组织、有规律地在不同的放牧点之间进行循环式地来回移动。藏北牧民的游牧方式可分为三种类型：一是"逐水草而居"的大范围游牧。牧民没有永久性的安居点，一年四季都在较广阔的草场内流动，在一个放牧点居住的时间不超过两个月，短则几天移动一次，有的牧户一年搬迁达三四十次，流动性较大。二是半定居的小范围游牧。因牧场有限，只能以一个常年固定的草场为中心，向四周有限度地移动，其移动一般在二五公里左右。三是季节性游牧。此种方式严格按照季节的变化，从一个牧点迁到另一个牧点，一年内少则搬迁两次，多则四次，但冬季总是回到原来的住所。这种周期性的轮牧，较好地解决了草场使用与牧草再生的问题，使一些牧场在轮体期内得以恢复，从而很好地保护了高寒草原的生态。

夏季牧民不搬家，是因为夏季是牧草生长季节，不能让牲畜践踏；不在草地上挖水渠，是因为水道易于形成水土流失，破坏草场；挖掘采集山上草木会造成草山沙化。自然界禁忌的核心是不能触动自然，保持自然的完整，进而保护自然的生命力，维护自然生态环境的和谐平稳发展。按照高原牧人的观点，凡未被挖掘破坏的原始草地是"活地"、"健康的地"，即有生命力的土地，而已被挖掘、铲了草皮的是"死地"，因为剥去了大地之皮肤。因而牧人们严格遵循着不能触动自然的禁忌，尤其是对神山神湖的禁忌。这样保护了大片草原千百年来未受破坏。禁忌使牧民只能有限

---

① 青海省玉树州玉树县当代村访谈记录。被访谈者：达瓦，男，67岁，没有上过学，懂藏文，共产党员。访谈人：荣曾举、王欢欢。访谈时间：2008年1月15日。

度地按自然规律使用草场（四季轮牧法），绝不敢挖掘毁坏草场。①

　　不触动自然的禁忌使青藏高原有大片草场处于自然的、原始的自生自灭状态，而这正是遵循了自然生态界的一条重要规律：生态环境的自然生长是维护生态平衡、促进生物繁荣的重要条件。在高寒草原，生物生长极为艰难。千百年来，牧人通过禁忌保护了草原，使草原生态维持了较好状态；而禁忌松弛或被取消的近 30 年，草原生态急剧退化。我们从中可知自然禁忌的意义。我们看到，青藏高原凡有神山神湖的地区，或者是佛教寺院周围地区，这些地方林木茂密，牧草丰盛，山清水秀，风光美丽，自然生态一直处于良好的状态。这是千百年来人们一直保护的结果。

　　藏族游牧方式是对自然环境的谨慎适应和合理利用。这种方式限制了家畜数量的增长，使其不超出草原牧草生产力的限度。牧人保护草原一切生物的生命权与生存权，既养家畜又保护野生动物；既要放牧又要保护水草资源，从而维护了高原生物的多样性。按季节、分地域进行游牧使草地得到轮休生养。而节俭节约的消费生活方式使自然资源得以保存和更新。为了不对自然资源造成破坏性的开发利用，游牧社会与外界建立贸易关系，以畜产品交换生活消费品作为维持畜牧生态系统运转的必要条件。总的说来，这种游牧方式是对高原环境的适应，而不是破坏和干扰，使得千年来高原自然生态环境未受大的人为破坏。对青藏高原高寒牧区来说，游牧方式不仅过去，而且在目前仍然是最适宜的方式，因为只有这种方式才能保护自然生态环境，同时保持优良的民族传统文化。

　　随着时代的进步，藏族社会正在快速地向现代化发展，与此同时，青藏高原的生态环境也面临严重影响和破坏，应该引起我们高度重视和关注。随着生产力的进步，社会的变迁，游牧文化的基础——游牧方式、组织形式、价值观念等与草原生态系统密切相关的本土文化已被动摇，新的技术和观念正在进入高原牧区。以前女人们上下提打一千多次才能换来一块酥油的历史，开始被手摇式酥油分离机代替。转场放牧时汽车、摩托代替了牛、马驮。更重要的冲击在观念方面，提高牛羊商品率、出栏率等经济发展目标，将牛羊等原本被牧人视为同伴的角色变更为现代社会视角下人类可以任意征服、使用的资源性工具，牧人们总结出一整套发展牛羊的

----

① 　南文渊：《论藏区自然禁忌及其对生态环境的保护作用》，《西北民族研究》2001 年第3 期。

生产技术和技巧，但藏民族普遍具有的理念是动物与人同生同长，因此在牧业生产中惜杀惜售。自古以来，牦牛、藏羊等青藏高原特有畜种生活于高寒草原，作为牧人，只希望维持这种自然选择的结果，并不想为谋得经济利益而人为控制某种动物，所以在各个牧户畜群中都是绵羊、牦牛、山羊、马等牲畜按一定比例共同存在。虽然牧民们都知晓山羊绒经济价值高，但为保证草场质量，依然理性控制山羊数量。每年出售的牛羊数量也控制在一定数量中，单纯追求商品率本非牧民本意。在追求经济发展的现代化背景中，惜杀惜售观念被批为落后的旧观念，鼓励牧户发展牛羊、提高出栏率、商品率是从乡政府到牧业队都强调的工作重点。虽然可能会使部分牧民短期内发财致富，但会永久破坏草原生态环境，从而根本上动摇了游牧文化的基础，传统游牧文化如今面临着何去何从的困境。

行为的背后必定要有理念认同的支撑，当牧民们开始追求畜群规模，加大出售比例时，必定需从内心认同新的理念。这样，原本深存于内心的草场—牲畜—牧民的平衡链条由于片面强调其中牲畜一环而被打断。以谋取经济利益为目的的现代生产观念如果缺乏可持续发展的理念，将成为盲目追求增长数字的非理性行为，随之而来的人性恶化、社会正义衰落、进而将导致本身脆弱的高原生态环境恶化，也将动摇游牧社会的观念基础。这正是造成高原游牧生计方式尴尬境地的主要原因。

（五）制度、法规中的生态理念

历史上，为了贯彻人与自然和谐相处的生态文化观念，在青藏高原地区逐渐形成了三个层面的法律法规：一是地方政府制定的生态环保法规。青藏高原政教合一的地方政府都先后制定并颁布了一系列生态环保法规。如早在吐蕃王朝时期，青藏高原就已经有了以佛教"十善法"为基础的法律，其中规定要信因果报应，杜绝杀生等恶行，也有严禁盗窃部落牛羊的规定。二是各地区各部落制定的生态环保法规。三是藏区寺院为维护其所属林木草地而制定的保护措施。无论是从历代藏族宗教史籍、民族史籍，还是从民间百姓口碑中，均可知：在青藏高原，凡修建寺院的地方都成吉祥状态，都是神圣之地因而也成为藏人重点保护之地。对于寺院所拥有的森林，寺院制定了严格的制度，严禁僧人和俗人破坏、砍伐。目前，这些法律法规虽然没有得到国家的正式认可，但已经成为高原藏族民众生产生活习惯的重要组成部分，仍对青藏高原地区生态环保活动起着很强的制约作用。

佛教"十善法"为基础的法律，其中规定要信因果报应，杜绝杀生等恶行；也有严禁盗窃部落牛羊的规定。同时，对藏区生态环境保护也有规定。

公元1505年法王赤坚赞索朗贝桑波颁布文告："尔等尊卑何人，都要遵照原有规定，对土地、水草、山岭等不可有任何争议，严禁猎取禽兽。"

达赖喇嘛作为藏区的最高宗教领袖曾颁布了许多专门保护生态环境和生物的法旨：公元1648年，五世达赖喇嘛颁布禁猎法旨："教民和俗民管理者、西藏牧区一切众生周知：……圣山的占有者不可乘机至圣山追捕野兽，不得与寺中僧尼进行争辩。"

公元1932年，十三世达赖喇嘛发布训令，提出："从藏历正月初至七月底期间寺庙规定不许伤害山沟里除狼以外的野兽，平原上除老鼠以外的动物，违者皆给不同惩罚。总之，凡是在水陆栖居的大小一切动物，禁止捕杀。文武上下人等任何人不准违犯。……为了本人的长寿和全体佛教众生的安乐，在上述期间内，对所有大小动物的生命，不能有丝毫伤害。"①

17世纪初由西藏噶玛政权发布的《十六法典》中说：为了爱护生灵，施舍肉、骨、皮于无主动物。为救护生命重危之动物，使他们平安无恙，遂发布从神变节（正月十五）到十月间的封山令和封川禁令（即禁止进山狩猎、禁止下河川捕杀水栖陆栖大小动物）。②

17世纪后期由五世达赖喇嘛制定的《十三法典》中说："宗喀巴大师格鲁派教义对西藏地方政教首领曾颁布了封山蔽泽的禁令，使除野狼而外的兽类、鱼、水獭等可以在自己的居住区无忧无虑地生活。"这个法令与其他根据"十善法"而颁布的法令一起实行。同时，《十三法典》又重申了封山蔽泽禁令，明确规定："在假日的五个月发布封山蔽泽令。"③

上述法规中有一明显的时间界限：即春夏季节要封山蔽泽，以保护生长中的植物与动物，表明对自然规律的尊重与服从。

---

① 中国社会科学院民研所：《西藏社会历史藏文档案资料文献集》，中国藏学出版社1997年版，第56页。

② 周润年译注：《西藏古代法典选》，中央民族大学出版社1994年版，第88—89页。

③ 中国社会科学院民研所：《西藏社会历史藏文档案资料译文集》，中国藏学出版社1997年版，第56页。

　　青海刚察部落内部规定：一年四季禁止狩猎。捕杀一匹野马罚白洋10元；打死一只野兔或一只哈拉（旱獭），罚白洋5元。川西理塘藏区部落内部规定："不准打猎，不准伤害有生命的生物。若打死一只公鹿罚藏洋100元；母鹿50元；雪猪或岩羊一只罚10元；獐子、狐狸罚30元；水獭罚20元。"甘南甘加部落规定："在甘加草原禁止打猎。若外乡人捕捉旱獭，罚款30元；本部落的牧民被发现捉旱獭，罚青稞30升（每升5市斤）。""夏克家划定山林牧场为神山、'禁地'，不准牧民进入，并有晓谕牧民的告示，如：罗布麻山上林木系不可侵犯的神林，不许在此砍一根柴。倘敢违犯，吊九次外，并罚白银25两。"

　　色达部落在19世纪初由阿握·喇嘛丹曾大吉制定"黄皮律书"，内容包括封山禁谷，严禁狩猎，严禁使用猎枪猎狗捕杀野生动物等，对这些禁令当地僧俗都必须严格遵守。木拉地区不准砍神树，也不准到其他头人辖区内砍柴，对上山砍柴者，罚藏洋12—30元，越界砍柴者除罚藏洋10元之外，还得退出所砍的柴，并没收砍柴工具。①

　　青海果洛莫坝部落法规定：引起草山失火者，罚全部财产的1/10；超过草山界线放牧者，罚牛一头。② 兴海县阿曲乎部落习惯法规定：牧户按小亲族每10户编为1个"日郭尔"（账户圈），每个"日郭尔"设一个"求德合"（执法者）。共20个"求德合"，分属8个"求宦"（执法官）统领。具体由各"求德合"依照部落俗规和千户的意志安排四季轮牧，包括迁圈的时间、落帐地点、使用草场的范围等。违背"求德合"宣布或通知的迁圈日期，擅自早搬或拖延搬迁者要受"日求"（账户搬迁约束）的处罚，一般是罚牛1头。误越草场界线，则罚"杂交"（用草约束），一般是放牛、马者罚牛1头，放羊者罚羊1只。如因越界用草引起争执，还要罚马1匹，叫作"尺门达"（犯科马）。造成草原失火，要罚以"尼求"（失火约束），一般是罚牛1头。外地牧户来该部落草山放牧要求得千户的允准。一外来牧户得到人居许可后，须遵守该部上述迁圈、用草规矩。③

　　① 张济民等：《青海藏族部落习惯法资料》，青海人民出版社1993年版，第56页。
　　② 张济民主编：《渊源流近——藏族部落习惯法法规及案例辑录》，青海人民出版社2002年版，第17页。
　　③ 同上书，第65页。

刚察部落习惯法规定："千白户对下属部落和帐圈的草山有调整权和因草山纠纷引起争斗的裁决权，对气候温和、水草丰美的草山有优先使用权。禁止越界放牧，各帐圈之间越界放牧，按下列规定罚款：1头牦牛或1匹马越界吃草罚银币2元，2头牛或2匹马越界吃草罚银4元，以此类推：1群羊越界放牧，罚揭羊1只；在草原上生火取暖，罚揭羊1只；草原失火，罚牛2头；属民的牲畜越界到头人的草场范围吃草，从严处罚。搬迁帐房，由头人择日统一行动，迟搬、早搬或乱搬，罚1只羊或几斤酥油。①"历史上，这些部落习惯法在解决天然草场利用不平衡、不合理放牧等方面发挥了较为重要的作用，一定程度上促进了草场的合理利用。

西藏藏族封山禁令规定："禁止狩猎，如发现随便狩猎者，没收猎物、枪支，然后鞭打，或罚款。"西藏部落土司制度规定："不能打猎，不准伤害有生命的东西。否则罚款。打死一只公鹿罚藏洋100元，母鹿罚50元，雪猪（或岩羊）罚10元，獐子（或狐狸）罚30元，水獭罚20元。②"康牧区还在夏秋两季不定期搜山，主要任务就是侦察有无偷猎者、破坏封山禁令者、盗贼等。

藏区生态习惯法，作为一种自发社会规范为基础的社会生态秩序和社会生态规则，它贴近普通牧民的生活，与国家环保制定法相比较，它在普通牧民中影响更大，对普通牧民民众的生态规范更直接。习惯法中的生态禁忌对藏区牧民来说是良心的命令，违反这种命令会引起一种可怕的负罪感。这种自明的负罪感往往表现为自我行为的约束和精神强制，亦即心灵强制和神力强制。也就是说，违禁的后果将可能是心灵的恐惧和神秘力量惩罚的强制执行。

二　蒙古族、土族民族文化中的生态观

（一）佛教对蒙古族、土族生态文化的影响

蒙古族、土族人民在长期的生产劳动中，逐渐创造了一整套适应草

---

① 张济民主编：《渊源流近——藏族部落习惯法法规及案例辑录》，青海人民出版社2002年版，第84页。

② 陈庆英：《藏族部落制度研究》，青海人民出版社2001年版，第218页。

原、河谷自然环境条件的独具特色的生产生活方式、社会制度、风俗习惯以及哲学观念和宗教信仰。蒙古族游牧文化的根基是游牧生产生活方式。游牧生产生活方式是以保持草原生态系统平衡为基础，创造了以游牧文化为主的生态文化。土族则适应湟水河谷半农半牧的自然环境与生产方式，以不破坏生态为前提，在物质生产和精神生活中，将人与自然和谐相处当作行为准则和价值尺度，以求达到人与自然和谐发展。

蒙古族是一个游牧民族，在藏传佛教的影响下，蒙古族也形成了与藏族相似的自然崇拜文化。例如，蒙古族认为，火既能带来巨大的益处，也能带来重大灾难，火像人一样，有灵性、善良，是光明、洁净的化身。火是日常生活中不可缺少的，既被看成是家庭一切幸福、平安的保护神，又被当作传宗接代的源泉。再如，蒙古人把水看作一个神灵。在他们心目中，水同人一样有思想、意志和感情。为了不冒犯水神，理所当然要屈从、感激、膜拜，提出很多禁忌。不允许在河里洗澡，禁止水中洗涤。蒙古族还有许多自然禁忌在生态保护方面发挥着积极作用。如忌挖堵泉眼，忌在泉水处便溺；禁止人们从井水口迈过，已打出的井水不准再倒回去；忌在深山乱喊乱叫，忌在深山打猎、污染、喧哗①。

蒙古族敬畏生命：认为大自然及其万物是其最基本、最主要的组成部分。因此包括人在内的无论何种生命形式都同样重要，"五畜里最高大的是骆驼，世界上最宝贵的是生命"这句谚语对此表达得恰如其分；在大自然这个"背景"、"终极依据"中，生命是平等的、相互依赖的，作为一个整体的生命只是这个"背景"的一部分，是与自然界中的其他部分依存的，不存在高低贵贱之别，是神圣而值得尊敬的。虽然由于生存需要，他们也要牺牲其他形式的生命，如宰杀牲畜、猎取野生动物等，但对这些生命形式人们则怀着敬畏之心，比如他们为几乎每头牲畜都取了恰当的名字，就像对待家庭成员一样，当由于某种原因失去这些牲畜时，人们会用眼泪及哀伤的歌曲来怀念他们。

崇拜自然：大自然是游牧人衣食住行的源泉，是其生存之根基，应当得到人们的爱护，使之进入信仰领域，赋予其神性而加以崇拜，于是就有了敖包崇拜、圣山崇拜、大江大河崇拜等。人们希望草原丰盛繁茂，希望

---

① 南文渊：《可可淖尔蒙古走向边缘的历史》，辽宁人民出版社 2007 年版，第482—483 页。

无灾无害人畜平安，为此从行动上到精神上都在做着不懈的努力，在人们的思想与行动中，大自然始终是一个核心。人们一直实践着人与自然和谐相处，尊重自然，适应自然规律的原则。这一原则指导着人们的生产和生活方式。例如，在萨满教的许多祈祷词中，人们祈求上人、祈求大地、祈求具有神性的圣山等赐福消灾，帮助人们战胜恶魔，战胜困难，最终获得幸福。在这种祈求期盼中，表现出的恰恰是人要与大自然和谐，要适应自然环境的要求，按自然规律办事的观念。另外，从一些日常生活习俗中，也能见到这些适应环境、与自然和谐相处的观念与行为。例如：有关蒙古包的搭建，古代蒙古人认为宇宙及大地是圆的，因而作为人们生活中心的蒙古包也要搭成圆形的。在蒙古人的命名方式中，有不少是以自然物命名的，诸如以日月星辰、大江大河、动物、植物、金属矿石等命名。无论是仿照人（宇宙）的样子搭建蒙古包，还是以自然物来给人命名，都表现了蒙古人适应自然、与之和谐相处的观念。蒙古族的敬畏生命、崇尚自然、尊重自然为基本特征的生态文化，对于调整人们在工业化过程中形成的人与自然的对立关系，克服草原生态环境的恶化，无疑有极其重要的意义。

（二）蒙古族史诗《江格尔》中的生态观

蒙古族长篇史诗《江格尔》，反映了远古蒙古族的哲学思想、宗教信仰和伦理道德、生活习俗，体现出以游牧业为主的草原民族始终保持着与人与自然的高度和谐的草原文明的鲜明特征，特别是史诗中蕴含的草原生态意识和蒙古民族顺应自然，"崇天"、"敬天"，不仅与草原、动植物保持着密不可分的关系。蒙古族传统的生产方式是以狩猎和畜牧两种类型为主，为了生存的需要，马背民族以尊重和敬畏的心态对待自然，他们深知，草原就是他们的生命，蒙古族的这种生态智慧在史诗《江格尔》中得到充分体现。

1. 对大自然的赞美

> "这里是水草丰美的牧场，
> 这里有八千条清澈的河流，
> 潺潺流过四百万奴隶的家门前，
> 年年月月灌溉着这里的牧场，

芳草萋萋，四季常鲜

这里有青山绿草，似锦的繁花

乌鲁善巴山绿草如茵，

勇士的战马在那里啃青。

起伏的丘陵花红草绿，

像玛瑙像翡翠，随风依依

这里有起伏的山峦，丰富的宝藏，

那金山、银山，

巍然耸立于宝木巴的心脏。"①

2. 追求人与自然和谐一体

"早晨，从东方升起红艳艳的太阳，

翡翠般的嫩草上露珠晶莹，

草原像波光闪闪的绿色海洋。

中午，金色的太阳光辉灿烂，

禾苗肥壮，茁壮成长。

宝雨唰唰下降，

雨后太阳又露出笑脸，

清风吹荡。

这里没有衰败，没有死亡。

没有孤寡，人丁兴旺，儿孙满堂。

没有贫穷，粮食堆满田野，牛羊布满山冈。

没有酷暑，没有严寒，

夏天像秋天一样清爽，冬天像春天一样温暖，

风习习，雨纷纷，百花烂漫，百草芬芳。"②

---

① 《江格尔》，色道尔吉译，人民文学出版社 1983 年版，第 6 页。
② 同上书，第 308—309 页。

3. 保护草原、爱护森林、保护野生动物，就是有道德，行善事

在《江格尔》诗句中，英雄江格尔居住的地方是四季如春，如

> 江格尔的宝木巴地方，
> 是幸福的人间天堂。
> 那里人们永葆青春，
> 永远像二十五岁的青年，
> 不会衰老、不会死亡。
> 江格尔的乐土，
> 四季如春，
> 没有炙人的酷暑，
> 没有刺骨的严寒，清风飒飒吟唱，
> 宝雨纷纷下降，百花烂漫，百草芬芳。

4. 而破坏植被，开垦草原，残害野生动物是缺德的恶事

在《江格尔》诗句中，英雄江格尔居住的地方是四季如春，而敌人蟒古斯居住的地方则是：

> 炙人的热风，越吹越热，越吹越猛。
> 萨纳拉和红沙马，
> 找不到润喉的一滴水，
> 找不到充饥的一棵树，
> 红沙马瘦弱疲惫，
> 咬了一棵地构叶，
> 摇晃倒在路旁的荒坡。[①]

（三）生产、生活方式中的生态实践与制度法规

在世世代代的生产生活实践中，独特的自然环境和生存条件使蒙古人懂得了如何与自然相处，如何保持生态平衡，逐渐形成了蒙古民族尊重自然，敬畏生命，与自然和谐共存的生态伦理观。这种"天人合一"的生

---

① 《江格尔》，色道尔吉译，人民文学出版社1983年版，第136页。

态观体现在蒙古人生活习俗、伦理道德等生产、生活的方方面面。然而，保护生态仅靠风俗习惯等道德手段是不够的，随着蒙古社会经济的发展，蒙古人逐渐把生态保护上升到法律制度层面，积极通过立法的形式具体规定对草原、牲畜的保护，以此有效地规范和制约人们行为，保证生产生活的正常进行。就法律制度层面而言，蒙古族从习惯法时代就非常重视生态保护，以后各个时期颁布的成文法典：《大札撒》、《元典章》、《阿勒坦汗法典》、《白桦法典》、《蒙古—卫拉特法典》、《喀尔喀吉鲁姆法典》等，均有关于生态保护的相关规定。

《成吉思汗法典》第五十七条规定："在牧民迁出的游牧地方扑灭（残）火者，予以羊一头的褒奖（遗火者给灭火者羊一头）。"逐水草而游牧的蒙古民族，草原是畜牧业发展的基础。牧民要根据季节的转化和草场的盛衰而随牲畜移动迁徙，迁徙是蒙古人生活的常态。在迁徙时，如不灭掉遗火，很可能导致大规模的草原火灾，直接破坏草原生态环境，危害人畜等生命财产安全，所以，《成吉思汗法典》特别强调草原对遗火者的惩罚和对灭火者的奖励，以防止草原火灾的发生。早在大蒙古国时期，为了保护牧场，法律规定"草绿后挖坑致使草原被损坏的，失火致使草原被烧的，对全家处死刑"。[①] 这一条是整个《成吉思汗法典》（《大札撒》）中对犯罪给予最严厉惩罚的法律法规。此后的《阿勒坦汗法典》、《白桦法典》等法典因受藏传佛教的影响，虽然没有像《成吉思汗法典》一样严厉，但亦明确规定了对草原遗火的灭火者及肇事者的赏罚。由此可知，《蒙古—卫拉特法典》对草原防火的规定既是对蒙古族草原保护法的历史继承，又有着强烈的现实需要。

蒙古族是"马背上的民族"，对马有着特殊的感情。马与蒙古人的生产生活息息相关，它既是生活资料，也是生产资料，尤其是在游牧生产生活和对外战争中起着不可替代的作用。蒙古人不把马当成一般家畜，而是认作朋友、伙伴，在祭祀占卜、生活礼仪、语言文学中随处可见其崇拜马的情结。例如，在蒙古史诗《江格尔》中，骏马的形象占有重要的地位，是仅次于主人公的第二位英雄形象。因此，马受到法律的保护顺理成章。

《成吉思汗法典》第二十四条规定："拒绝替换疲劳之马者，科以三

---

① 内蒙古典章法学与社会学研究所：《〈成吉思汗法典〉及原论》，商务印书馆 2007 年版，第 9 页。

岁母马一匹之财产刑。"① 马作为蒙古社会的主要交通工具，在运输货物和传递信息中发挥着重要的作用。为了不使马过于疲劳，蒙古人有替换疲劳之马的义务。蒙古人更不准打马头，《成吉思汗法典》第七十二条规定："当着高贵者的面，殴打其马头者，科马一匹。"这些法律规定既有出于公务、宗教等的原因，更是蒙古人尊马、爱马习俗的法律表现。

《成吉思汗法典》第五十七条规定："从火灾或水灾中救出人者，领得（牲畜）五头。从火灾中救出若干畜群者，则（数量）多的得（牲畜）两头，（数量）少的得（牲畜）一头。"②《成吉思汗法典》第八十二条规定："从泥泞中救出骆驼者，得三岁母马一匹；救出马者得羊一头；救出母牛者得箭五支；救出羊者得箭两支。"草原上的灾害是经常的，也是无法抗拒的，严重的火灾、水灾等往往可以吞噬数以万计的牲畜，对草原生态具有毁灭性的破坏。

《成吉思汗法典》第八十条规定："从咬羊的狼中救出羊者，取得羊的所有主的活羊一头和为（狼）所咬死的羊，救出的羊不及十头者得箭五支。"草原上狼和羊是生物链上的两个环节，但在此链条中作为家畜的羊明显处于劣势，如果没有人为的干预，不但牧民要遭受损失，生态的平衡也极易破坏，所以《成吉思汗法典》才有此规定。③

蒙古族还出台了保护野生动物的法律，如元朝的《刑法志》规定："诸每月逆望二弦，凡有生之物，杀者禁之。诸郡县正月五月，各禁杀十日，其饥懂去处，自逆日为始，禁杀三日。"④ 此外，还禁杀野生动物母畜、仔畜、禁杀母羊、禁私宰马牛。《阿勒坦汗法典》规定：偷猎野驴、野马者，以马首罚五畜；偷猎黄羊、雌雄狍子者，罚绵羊等五畜；偷猎雌雄鹿、野猪者，罚牛等五畜；偷猎雄岩羊、野山羊、獠者，罚山羊等五畜；偷猎雄野驴者、罚马一匹以上；偷猎貉、獾、旱獭等，罚绵羊等五畜。但允许打杀鱼、莺、大乌鸦等。⑤

蒙古族对禁杀的范围和时日等还作了规定。《大元通制条格》中说：

---

① 戈尔通斯基译（俄文），罗致平转译：《1640 年蒙古卫拉特法典》，中国社会科学院民族研究所历史室油印本，1978 年。

② 同上。

③ 多元共存。

④ （明）宋濂等：《元史·刑法志》（卷 105），中华书局 1976 年版，第 683—685 页。

⑤ 苏鲁格：《阿勒坦汗法典》，《蒙古学信息》1996 年第 2 期。

"自正月至七月，为野物的皮子肉歹，更为怀羔儿上头，普例禁约有。"
"那其间里围场呵，肉瘦，皮子虫蛀，可惜了，性命无济有，野物呵也尽
了去也。"① 清朝时期蒙古族的《喀尔喀法典》同样规定了禁杀的范围和
时日。该法典的《三旗法典》134 条规定："在二库伦执法范围外，临近
的北面色楞格到北陶勒必、纳木答巴、那仁、鄂尔浑、昌答哈台的吉热、
吉巴古台的吉热、仑金答巴、朝勒鬼拉这些地方以内的野生动物不许捕
杀。如捕杀，以旧法惩处。" 136 条又规定："不许杀无病之马、鸿雁、
蛇、青蛙、黄鸭、黄羊羔、麻雀、狗，谁看见捕杀者，罚要其马。"这一
范围的划定，实际上是建立了野生动物保护区，而且把禁杀的范围大大扩
大了，包含了蛇、黄雀、麻雀等，都列入了禁杀的范围之内。更为可贵的
是，元朝时期的蒙古族统治者把蒙古族传统生态保护意识带到了中原王朝
的法律制度中，尤其是对野生动物保护意识，是历代中原王朝中最突
出的。

喇嘛教在蒙古地区兴起后，蒙古族多实行野葬，即将死者不入棺、不
掩埋，直接放在指定的草地上，任鸟兽吃掉或风化。这种丧葬方式现在仍
在一些人畜稀少、地域辽阔的牧区存在。在草原上实行野葬，可以不动
土、不挖坑，有利于对草地植被的保护；不造棺材，不烧劈柴，有利于保
护草原上稀少的树木；不搞火葬，有利于空气的净化。而且，蒙古人还认
为，人本来就是以动植物为生的，死后应以自己的身躯报答养育他的大地
万物。这种丧葬方式看似简陋，实包含着朴素的生态伦理思想：人是大自
然的一部分，与自然万物不可分割，与大自然自始至终是融为一体的。

在藏文化的影响下，土族也是普遍信仰藏传佛教的民族。在藏传佛教
的影响下，土族亦形成了自然崇拜文化。青藏高原是山的世界，境内庞大
的山系纵横交错，随处可见。即使在土族比较集中的农业区也大多是地势
高峻、群山巍峨。土族一直相信这些山上有山神，并把此山作为神山加以
膜拜。土族为了祭拜这些山神，修建了一些象征性的建筑，如嘛呢堆、崩
康、俄博等，这些标志性建筑就成为人神联系、沟通的通道和中介，对山
神的所有祭拜都在这些地方进行。② 除了山神之外，土族对水体、部分动
物和植物也具有一定的崇拜心理。

---

① 郭成伟：《大元通制条格》，法律出版社 1999 年版，第 287—288 页。

② 金官布：《土族山神崇拜》，《青海民族学院学报》（社会科学版）2006 年第 4 期。

在自然资源开发与自然环境保护的关系上，蒙古族、土族更注重保护整体环境，保护一切生物，这也是其伦理道德和生活方式的出发点，因此，他们经济开发活动是局部的、有限的，以维持人的基本需求为目的，不鼓励高消费。经济开发以维持高原整体生态环境平衡为前提，力求顺应生态环境的要求。

在物质生活与精神生活的关系上，蒙古族、土族更注重对精神生活的追求，在物质生活需求得到基本满足后，便将大量时间、精力和财力投入到精神生活的追求中。呈现出注重精神需求而抑制物质生活的倾向，在清贫的物质生活环境中创造了丰富的精神文化产品。由于人们更注重信仰世界的追求，注重与自然环境的融合。从而保证了藏区绿色植物的生产量永远大于消耗量，野生动物与植物资源保持了多样性。

在个人与社会的关系上，蒙古族、土族传统文化中主张个人服从社会。认定自然的物产归自然，社会的则当归集体。个人无权占有支配自然界与社会中的物产。自然界是万物所共同拥有的，对它的管理也应该是社会统一管理。只有社会的统一管理和使用，才有效地控制个人由于私欲而对自然资源进行抢占破坏。全面地保护自然环境，是社会持续发展的基础。因此，服从社会组织与社会道德规范，以此来协调人与社会，人与自然的关系，是蒙古族、土族生态经济观的重要内容。

总之，藏区游牧方式能长期存在，且在保护高原生态环境中发挥了积极作用，是因为它已形成了适应高原环境的机制和策略：一是保持、维护一定区域面积的草地，使之能持续承载各类动物的生存；二是巧妙地利用草原生态系统发展规律、平衡规律确定合理放牧强度；三是控制草原载畜量，使之既不超出草场生产力总量限度，又避免与草原生态环境中其他生物争食；四是依据不同区域不同生态选择不同的畜群，合理搭配，轮换放牧；五是根据季节气候变化适时放牧，不能过早亦不能过迟。[1]

不仅如此，游牧方式也使牧人社会生活与自然环境相适应，保持游牧人口的稀疏与流动性；奉行勤劳、节俭的生活方式；与外界建立正常的商业贸易关系，以解决牧民食物与生活必需品，实现草原生态系统内物质循环的平衡。

---

[1]　苏多杰：《柴达木开发研究》2003 年第 6 期。

三　回族、撒拉族文化中的生态观

（一）伊斯兰教的生态伦理思想

生态伦理观是关于人们对待地球上的动物、植物、生态系统和自然界其他事物的行为的道德态度和行为规范的知识体系，伊斯兰的生态伦理思想主要表现在以下几个方面：仁爱万物；在伊斯兰教看来，自然界的草木、鸟兽等同人类一样，都是真主创造的生命体，仁爱万物就是对真主的爱，"见一物就是见真主，伤一物就是伤真主。"伊斯兰教将爱护自然万物视为"善行"，反之则为"恶行"。圣训中明确指出："谁砍掉一颗酸枣树，真主就让他进火狱。"① 又说："对任何有生命的东西，仁爱都有报酬。"《古兰经》也告诫人们："图谋不轨，踩躏禾稼，伤害牲畜，真主是不喜作恶的。"② 因此，在真主创造的生机盎然、协调有序的大自然中，人类应该以公正、友善、平等的态度对待自然界的其他物种。

伊斯兰教认为，世界上的万物都是真主精心创造的结果。因此人类与其他万物都是平等的，人不能离开自然环境而生存，也不能离开自然环境而发展。人与自然环境是相互作用、相互影响、作用力与反作用力的关系，也是辩证统一的关系。正如《古兰经》中所说："我创造万物，并加以精密的注定"，还说"灾害因众人所犯的罪恶而显现于大陆和海洋，以至真主使他们尝试自己的行为的一点报酬，以便他们悔悟"。③ 由此看来，人类与自然必须和谐统一，人类应顺应自然环境，而不能超越自然环境的法度。伊斯兰教又不崇拜自然环境，不滥用自然的基本规律，而是通过观察来接近自然环境，从而更好地把握宇宙的规律。

自然生态与人类始终是相互依存和制衡的关系。正如《古兰经》云："真主创造天地，并从云中降下雨水，而借雨水生产各种果实作为你们的给养；他为你们制服船舶，以便它们奉他的命令而航行海中；他为你们制

---

① 赵连合译：《艾布·达伍德圣训集·礼仪篇》，2004 年内部出版。
② 马坚译：《古兰经》，中国社会科学出版社 1981 年版，第 2 章第 205 节。
③ 同上书，第 30 章第 41 节。

服河流；他为你们制服日月，使其经常运行，他为你们制服昼夜。"①

在人类与自然生态的关系问题上，伊斯兰教坚持人类与自然生态应该相互协调、互相依存，主张用"人类与自然生态和睦相处、共存共荣"代替"人类是自然生态主宰"的观点，进一步确定了人类与自然生态平等相待的道德关系。伊斯兰教不仅将热爱真主所创造的自然生态环境作为"善功"，而且作为衡量是否顺从主命的标准。主张：凡是敬畏真主者，必须爱护自然生态。穆罕默德圣人曾说："聪明的人是自我清算而为后世准备善功者；愚蠢的人是顺从私欲却妄想真主饶恕者。"长期以来，人类总是过高地欣赏和估量自己的智慧和能力，遗憾的是，人类迄今为止，还没有找到一种可以脱离自然生态环境而独立生存的办法和途径。伊斯兰教认为，自然生态环境和人类一样是真主的创造物，与人类是平等的关系，而不是崇拜与被崇拜、支配与被支配的关系。

主张"两世兼顾"的思想，合理开发自然。伊斯兰教生态观既要求考虑现世，更要求穆斯林着眼于将来，确保子孙后代的繁荣昌盛。人类相对于自然而言，其生命是短暂的；而自然存在期则需要无数代人去遵循其运行规律，共同享受自然生态环境的恩赐。伊斯兰教主张，人类应该不断寻求自我发展与自然生态的平衡点，达到人类和自然的和睦相处、长期共存、共同繁荣。人类绝不能被纷繁复杂的自然生态所迷惑，也不能对自然生态环境简单地顶礼膜拜，而是要通过接近自然、观察自然、探索自然，了解自然的特点和规律，从而在各种科学研究上做出成就。

在欲望和理智之间，伊斯兰教主张要用理智战胜欲望，确立了伊斯兰教的生存道德观。理智者凭借着智慧，可以辨别和把握合法与非法、正当与不正当、有利与不利的界限。破坏我们周围的生态环境，就意味着人类自我毁灭。《古兰经》云："凡你所享的福利，都是真主降赐的；凡你所遭的祸患，都是你自讨的。"② 自然生态和人类一样，都来自真主造化，善待生态，就是善待人类自身；破坏生态，就是对真主恩赐的亵渎，对自身的虐待。《古兰经》云："行善者自受其益，作恶者自受其害。然后，你们要被召于你们的主。"③ 总之，伊斯兰教的生态观是和当今我们所倡

---

① 马坚译：《古兰经》，中国社会科学出版社 1981 年版，第 14 章第 32—33 节。

② 同上书，第 4 章第 79 节。

③ 同上书，第 45 章第 15 节。

导的科学发展观相一致、相协调的。在处理人类与自然生态的关系上，伊斯兰教坚决摒弃人类自我中心主义和狭隘的功利主义；在处理当代人类利益和长远人类利益的关系上，伊斯兰教坚决反对贪婪和短视；在物欲享受和理智之间，伊斯兰教主张用理智战胜欲望；在人类的个别利益与共同利益上，伊斯兰教选择团结协作和互相制约。这些主张，无疑会推动人类生态道德观和精神的高扬，是切中实际的生态保护观，是伊斯兰教生态智慧的集中体现。这些主张对推动环保工作，促进人类与自然的和谐发展，具有重要的理论意义。

对资源的消费要求有所节制，禁止浪费，认为浪费是犯罪。《古兰经》说："你们应当吃，应当喝，但不要浪费，真主确是不喜欢浪费者。"① "你们不要挥霍；挥霍者是恶魔的朋友。"② 要求人们适度消费："用钱的时候，既不挥霍，也不吝啬，谨守中道。"③ 对于自然资源，不但匮乏时需要节约，而且富余时也不能浪费。

穆圣禁止人们乱砍滥伐树木，乱捕滥杀野生动物，同时，还号召人们多植树，多造林，绿化、美化、优化环境。穆圣说："任何人植一棵树，并精心培育，使其成长、结果，必将在后世得到真主的赏赐。""当一个人手里拿着一棵枣树苗，明知明天就要死亡，也要把这棵树种下去。"④ 对生命的热爱之情充分地表现了出来。不允许人们把动物捆绑起来，不允许把动物作为练习的靶子，不允许捕猎动物，豢养为乐。无论何种动物，对人类无伤害的可能，人们都不能伤害它。《古兰经》和《圣训》反复倡导对动植物及一切自然之物应存仁爱之心，特别禁止人们无故宰杀幼畜、砍伐幼苗。还规定在斋戒期间和禁地内不准打猎，这在某种程度上也发挥了定期保护鸟兽的效果。伊斯兰教把爱护自然万物视为"善行"，反之则为"恶行"。《圣训》中明确指出："谁砍了一棵酸枣树，真主就让他进火狱，"又说，"对任何有生命的东西，仁爱都有报酬"。《古兰经》也告诫人们："图谋不轨，蹂躏禾稼，伤害牲畜，真主是不喜作恶的。"⑤ 因此，

---

① 马坚译：《古兰经》，中国社会科学出版社 1981 年版，第 7 章第 31 节。

② 同上书，第 17 章第 27 节。

③ 同上书，第 25 章第 67 节。

④ 马明良：《伊斯兰教生态伦理观与回族撒拉族环境保护意识》，《青海民族学院学报》（社会科学版）1999 年第 3 期，第 12—15 页。

⑤ 马坚译：《古兰经》，中国社会科学出版社 1981 年版，第 2 章第 205 节。

在真主创造的有序的大自然中，人类应该以公正、友善、平等的态度对待自然界的其他物种。

（二）回族、撒拉族生产、生活方式中体现出的生态智慧

生产、生活方式是人类最贴近自然环境的行为，人类要生存就必须通过特定的生产方式和生活方式作用于自然环境。居住和生活在不同地区的回族，在特定生态环境的影响和制约下形成了富有生态智慧的生产方式、饮食文化等。

青藏地区回族、撒拉族形成了半农半牧、农牧相依、农牧工（手工业）商相互依存的复合经济形态。撒拉族先民定居循化县，便根据当地的自然环境条件，因地制宜地形成了一种和谐的复合型经济形态。据老人相传：当时，撒拉族主要居住区的街子地区是农业区，"朝上看是个大平原（指街子河入黄河处的三角平坦地区），土地肥沃，河流水源充足，是个安家立业务农的好地方"，苏只地区是牧业区，草山草滩宽阔，是"养羊养羔的好地方"；孟达地区是狩猎区和副业区，"朝下看是一片大森林，是做山活的好地方"；清水地区是农副业地区，"朝上看是块大田地，往下看是大黄河，是扳筏子的好地方"。由此可以形象地看出，撒拉族人具有一种符合当地自然生态条件的复合经济形态：宜农则农，宜牧则牧，宜商则商。农商并重的生产方式与生态环境保护的方式相结合。在农业活动中，为了促进与自然环境的良性互动，回族在耕作方式上采取了许多积极措施，譬如，实行倒茬、歇地、换种、轮种、套种、歇种等方式；强调农作物生长的"物种多样性"的协调机制。

回族、撒拉族重视商业、善于经商，这一方面与伊斯兰教提倡商业、鼓励商业活动的价值观念有关；另一方面也是适应特定生态环境和资源条件的结果。西北土地贫瘠、干旱少雨、自然灾害频繁，生态系统脆弱，在如此恶劣的自然条件下，仅仅依靠农业生产难以维持生计。在土地资源稀缺、农业劳动回报率较低的条件下，从商业等非农业劳动领域获取生活资料无疑是具有生态学意义的选择，它有助于缓解人口增长与土地资源稀缺之间的矛盾，有助于在降低对自然环境破坏程度的条件下改善人们的生活。历史上，回族农商并重的生产方式也有利于游牧民族和农业民族地区的环境保护。回族的商业贸易活动有利于农耕经济区与牧业经济区互通有

无，商业交换满足了牧业民族对粮食、茶叶和生产工具的需要，从而可以避免对脆弱的草原生态环境的破坏；对农业民族来说，通过农畜产品交换，可以获取肉食所需。而不必在人口密集的农耕区域大规模的养殖牲畜。

通过分析回族饮食文化，我们不难发现，饮食文化有利于回族聚居区域生态环境保护。《古兰经》等宗教经典中对穆斯林饮食——可食之物与不可食之物有较为明确的界定，一般禁食猪、驴、骡、狗等家畜和狮、虎、狼、豹等野生动物；可食的动物有牛、羊、鸡、鸭、鹅等，其中以牛、羊为主。对于可食的植物与不可食的植物，回族更注重从"是否清洁"的角度而不是从"是否有营养"的角度来选择食物，那些通常被很多人视为美味佳肴的山珍海味在回族人家庭的餐桌上很难见到。这种饮食习俗在客观上却起到了维护生态平衡的作用。回族饮食习惯中的可食之物一般处于食物链的较低等级，数量多；不可食之物多处于食物链的较高等级，数量少，是需要加以保护的珍稀动物、植物，这在维护生态平衡方面起着重要的作用。逐渐形成了自己的禁忌习俗，如回族虽然视动物为"喑哑畜生"，但认为它们与人一样，都是真主创造在天地间的生命体，只是没有言语而已，对待动物应该同人一样善待，所以，在回族的禁忌行为中，有将动物捆绑、作为射击靶标的禁忌，有以动物来取乐和耍物谋利的禁忌，有宰生时避开其他动物的禁忌等。对于植物，回族群众认为它们虽然不能自由活动，但与人一样是有疼痛感觉的"有性无命"之物，所以，禁忌乱折树枝、毁坏树木，禁忌给树木泼脏水、对树木大小便等，回族也提倡植树造林，种草养花。回族实行土葬，在丧葬中禁忌使用棺木，禁忌有陪葬品，禁忌给亡人穿华贵的服饰，只需白布裹身，禁忌摆宴席、使用乐器和仪仗出殡等，主张"生没带来，死不带去"的入土归真的丧葬习俗。回族的这些对动植物的禁忌习俗和丧葬习俗体现了一定的生态学价值和意义，有利于对自然界动植物的保护和节约。

可以说，少数民族社会发展史，就是少数民族与自然环境的关系史。少数民族在其生态伦理的规范下，不断调整着自己的行为，不断调整着人与自然的关系。尽管少数民族生态伦理道德观念不够系统，但生态保护理念，从总体上说已经从自发阶段过渡到自觉阶段。少数民族生态伦理起着保护自然生态环境、维护民族凝聚力、推动着民族地区发展等作用。中国不能走西方发展的老路子，是全民的共识。我国少数民族文化生态经济模式的构建应结合自身的民族特色，在民族文化与生态学理论的基础上构筑经济发展框架，更好地彰显个性，实现我国区域经济的可持续性发展。建立"少数民族文化生态村"、修建少数民族文化博物馆、培养少数民族文化继承者、提高少数民族族民素质、记录汇编少数民族神话与传说、提倡生态旅游以及防范异质文化的侵扰等，这些措施有利于少数民族文化生态的保护，有利于强化少数民族文化的原生性，也有利于以文化生态为资源的少数民族经济的循环发展。

四　青藏地区民族生态观的历史价值

（一）规范行为、保护自然

少数民族在长期的生产生活实践中，通过宗教禁忌、生产生活习俗、乡规民约、习惯法等形式规范着少数民族的行为，反映了少数民族对人与自然的关心。无论是崇拜、禁忌还是乡规民约、习惯法都是少数民族社会生活的一种伦理原则，人们把其中的一些社会伦理原则和道德要求提升、规定为制度，又从制度体系中汲取道德观念和伦理意识，形成伦理制度化和制度伦理化双向互动的有机统一。从而，习惯法、生活禁忌和宗教义理中演化而来的生态伦理，以制度化的方式规范着人们改造自然的言行和目的，把自然变成和人的需要相一致的客观环境。就精神而言，他们从自然环境中摄取的是与自然始终保持一份和谐、融洽的关系。习惯法则往往在特定的伦理环境中起着伦理价值导向的作用，其具有的权威性，使其在少数民族生产生活当中起着保护环境的规范作用。其作用表现为：各民族的生态文化与其所处生态环境形成了良性的互动模式，各有其积极有效的生态保护功能，应当充分研究其科学、合理的成分，这既有实践意义上的合理成分，也有科学意义上的合理成分。不同地区的宗教生态文化有其特定的生态平衡保护理念，维持着其特定的生态经济平衡系统。如果我们找出某一生态文化与所处社会生态经济系统的内在联系，就可以科学地指导我们的实践活动，"通过卓有成效的调查研究，认知一种地方性文化，进而发掘其广泛意义乃至普遍价值，使其成为大范围的文化重构（或制度创设）的潜在资源"。① 如《我们共同的未来》所指出的，特定地区的民族"保持着一种与自然环境亲密和谐的传统生活方式。他们的生存本身一直取决于他们对生态的意识和适应性……这些社区是使人类同它的远古祖先相联系的传统知识和经验的丰富宝库。它们的消亡对更广大的社会是一种损失，否则，社会可以从它们那里学到大量的对十分复杂的生态系统进行可持续的传统技能"。②

山神生态文化的教育是指藏族山神崇拜及其祭祀活动的形式和范围。每一个村寨都有供奉的山神，并在规定的时间进行祭祀活动。人们对山神除了祭祀之外，还禁止在神山上乱砍滥伐、高声喧哗，把山神视为禁忌之地加以保护，这对生态环境的保护起到了很大作用。藏族居住在大山深谷，雪山草地，自然条件相对恶劣。正因为他们世世代代生活在山区以及草原，目睹着群山在不同时期的种种变化，所以能感受到群山发出的种种信息，体验着与群山交流的情趣。他们认为山在保护着他们，山在养育着他们，有时感到山又在惩罚着他们，对山捉摸不定，认识不清，认为山是神秘之物，从而对山产生崇拜之情。人们到处命名着山神，凡被命名有念神和拉则神的山或地方，都不能伐木割草，不能拾柴引火，更不能开垦种地，始终保持生态的原样，这对于避免自然灾害起到了一定作用。藏区保留着大面积的受山神信仰而得以受到爱护的原始森林。受山神信仰的保护，许多神的领地形成了封闭的天然生态系统，这些天然生态系统既调解着区域内整体的自然环境，又使高原稀有物种及矿产资源得到保护，神山区内的每座山真正成了一座座"生命山"。人们通过对神山的崇拜，使神山的自然景观与人文景观得以高度和谐，且具有极高的审美价值和应用价值。

藏族将自然环境看成是神灵的载体，而神则依附于自然环境，敬畏神灵，实际上是敬畏自然。在丰富多彩的大自然中，处处有神灵，因而处处需要特别小心，不触犯自然，也就不会触犯神灵，这是藏族神灵观念决定藏族人行为的最重要的标志。人类必须顺从自然，遵守自然规律，这样才能保护人类自己。

---

① 高丙中：《居住在文化的空间里》，中山大学出版社 1999 年版，第 92 页。
② 世界环境与发展委员会：《我们共同的未来》，王之佳译，吉林人民出版社 1997 年版，第 143 页。

　　藏族群众对神灵的崇拜，已经融入思想观念和伦理道德中，无论搞什么活动，首先考虑的是对山神的尊重，不能违背山神的意志。这种观念不断地影响着藏族人，使藏族男女老少无论处在什么状态都用敬畏的心态来维护山神和保护山神，把对山神的崇拜和信仰纳入伦理道德范围，并不断地加以完善，形成了爱护山神的统一认识，并且一代代流传下来，这为保护生态环境起到了重要作用。

　　水神生态文化的教育功能：鲁神是人们普遍信仰的水神之一，无论在山上，还是在山沟、草原，凡是有水的地方几乎都称为鲁神之地。鲁神的祭祀活动一般随时举行，多者全部落、全村人，少者一家一户，数量不限。通过对鲁神的崇拜教育活动，人们更加敬畏鲁神周围的环境，也从不敢随便乱砍滥伐鲁神环境中的树木等，因此凡有鲁神的地方均保留了青山绿水的美丽景色。鲁神生态文化是指通过对水神的祭祀活动来自觉保护泉水、湖泊、河流等，这种敬畏活动，是藏族民间普遍盛行的一种习俗。人们认为鲁神居住在河水、泉水、湖泊里，人们不能随便挖土开垦，否则会污染了水源、破坏了环境、激怒了鲁神，会给人类带来灾难。

（二）增强民族凝聚力，促进民族地区的发展

　　少数民族生态观念是其精神生活的重要组成部分，是形成民族心理、民族精神的重要思想因素之一。少数民族生态伦理作为一种民族文化的认同，对于增强民族凝聚力、促进社会发展产生了积极的作用。民族文化是在社会历史进程中形成并不断发展的，其形成与民族的生产生活、宗教习俗等息息相关，是维系全民族的共同心理、共同追求的思想文化基础，并由此激发民族自尊心和自豪感。少数民族"敬畏自然、尊重生命、与自然和谐相处"的生态伦理意识，以处理人与自然关系为核心，规定着人生的态度，规范着人们认识自然、利用自然和改造自然的行为，从而形成共同的认知和心理意识，上升为一种民族意识，使各民族人民自觉维护着本族的整体利益。共同的宗教意识、哲学观念、风俗习惯也是少数民族生态伦理的载体，是民族认同的一种具体体现，同时也是少数民族凝聚力的文化和思想基础。少数民族在长期的与自然做斗争的生存过程中所形成的生态伦理观念，来源于民族性格和信念的支持，从而保护了民族的繁衍生息和社会的不断进步。

（三）保护生物多样性，维护生态的动态平衡

少数民族生态伦理与原始宗教信仰的观念结合在一起，极大地强化了人们对自然界的原始道德心理和情感，从中衍生出对自然界的敬畏、守护、祭祀、崇拜等原始伦理意识，有效地保护了生物多样性，维护了人与自然关系在原始状态下的平衡。

由于我国少数民族大都聚居在偏僻的边远地区，自然条件恶劣，对他们而言，自然的恩赐比什么都重要，自然形成了他们对生存环境的依附性，所谓"靠山吃山，靠水吃水"就是他们传统生活方式的真实反映。所以他们十分注意不能只向自然界索取，还要对自然界加以守护，特别是在处于前工业社会的农业民族中，以自然保护和自然崇拜为特征的生态伦理思想具有普遍性，正是以这种思想和意识为基础，在中国少数民族中，我们看到了许多具有鲜明的生态保护特征和生态保护意识的生产方式和生活方式。他们懂得如何善待山林土地，如何让山林土地休养生息，使自然生态环境得到有效恢复。

由于少数民族生态伦理承认自然万物的存在价值与权利，尊重和保护它们的生存，认为人类应该确保生物多样性存在的价值。在少数民族的历史上，无论是水源林、防护林、寨神林、坟林、防火林等神山森林系统都受到不同程度的保护，利用率较低，较好地保持了原生态的森林景象。由于其中的动植物都被赋予神性而得到保护，实际上形成了现代意义上的自然保护区，从而较好地保护了生物多样性的存在。

人类之所以面临越来越严重的生态危机，其根本原因就在于过度的贪欲，不知满足地追求物质财富和感官享受，在少数民族的价值观中，节制贪欲是一种美德、一种习俗，而放纵贪欲则是一种恶行。由于少数民族人民竞争的淡化促使人们形成一种互助、互让、协商、合作的道德风尚。这种节制贪欲，注重精神修养的价值观，对于规范人们的行为，促进人际关系的融洽、维护社会的安定团结都有重要意义。要构建和谐社会，仅仅依靠行政的、法律的手段是远远不够的，必须辅以道德和精神的力量。在和谐社会建设的今天，人们开始寻求人与环境、经济发展与环境相协调的出路。与此同时，人们开始注意到少数民族生态伦理中所包含的合理利用自然资源、最大限度地保护自然资源、与自然和谐共处的思想，与和谐社会中生态和谐的提出有惊人的相似。少数民族传统生态伦理与现代生态伦理

观的共同点就在于人与自然和谐，它不仅在历史上发挥过巨大的作用，也是当今世界珍贵的文化资源，对于构建和谐社会有着重要的理论意义和实践意义。

五　民族传统生态文化的继承与创新

（一）民族生态文化的当代困境

自 20 世纪 50 年代以来，由于受频繁的政治运动影响，受追求短期经济利益和人口迅速增长等多种因素的冲击和影响，青藏地区少数民族传统生态伦理及与之相适应的自然资源管理模式日趋淡化、衰退，甚至流失，不同程度地失去了其对民众的规范和整合作用。面对外来文化的冲击时无所适从，没有足够的力量来保护自己生态伦理的价值取向。一些民俗习惯、宗教活动被当作"四旧"破除了，使部分少数民族人民不再相信自然界中有神的力量存在，随之也不再崇拜自然。与此同时，对环境进行保护的新机制还没有建立起来，从而引发了少数民族地区生态行为的失调与失范。随着西部开发带来的外来文化的冲击和经济生产方式的影响，民族地区人民逐渐加大了对自然的索取，乱砍滥伐，过度放牧，人们在向自然进军、征服自然的同时也在破坏着自然。

由于政策因素和不当开发，仅青海省就遭遇过三次较大范围的生态环境破坏活动。第一次是 50 年代国家动员内地青年来西部进行大规模垦荒种地，结果不但没有使草场变粮仓，反而破坏了大面积的优质草场。玉树州巴塘乡、海南州塔拉滩的垦荒地到现在不农不牧，仍难以恢复原有植被。第二次是"文革"期间的学大寨运动。当时条件下，脱离了青海南部的实际，生搬硬套大寨经验，结果再一次破坏了大面积的原生植被。第三次是在改革开放初期，受泡沫经济影响和利益驱动，无序的采挖沙金，既破坏了草原生态，又浪费了宝贵的矿产资源，造成的生态危害远远大于当时所取得的经济效益。据调查统计曲麻莱县沙金矿过采区面积约 75 万亩，要恢填、垫土、种草、围栏四统一的治理，需资金 5.9 亿元。白地沟3.4 万亩，需资金 2661 万元。

1. 1958 年 4 月 7 日，中共青海省委二届六次扩大会议上通过加强畜牧业社会主义改造的决定，在牧区实行民主改革，成立牧业合作社。1958

年8月后，青海省牧区陆续兴起政社合一的人民公社，草场归国家所有，集体使用。1959年，青海省委提出"以开荒为纲，牧区成为主要粮食基地"的农业发展战略。1958—1960年，除动员本地农牧民开荒，还从河南、山东移入近10万青年，并调派在押犯人，在全省建立了约40个农场，开荒600多万亩，其中有100多万的天然牧场也被开垦成耕地，150多万亩森林灌木被砍伐。"以开荒为纲"的口号导致人们滥伐森林、滥垦优良草原种粮。这期间遭到破坏的草原面积达1000多万亩，砍伐森林灌木138万亩，破坏沙区植被2000万亩①。环青海湖区域草原开垦开始于50年代末60年代初，海北州在青海湖周围开垦种地近110万亩，总耕地面积近150万亩，而到2000年耕地只有80万亩，其余全部撂荒，这些撂荒地常年荒芜，无法恢复到草原状态，经过土地裸露风蚀沙化的过程，最终形成了大量的沙地、沙丘、沙漠。可以这样说，开荒运动是造成青海省50年代末60年代初经济严重困难的最主要原因；是造成环湖地区沙漠带和生态环境恶化的重要原因之一；是造成其他草原生态环境恶化的原因之一。

　　1958年4月8日青海省委连续通过了《关于发动群众五年开垦荒地200万亩的决议》和《关于由国营农场开荒1000万亩的决议》，在《关于发动群众五年开垦荒地200万亩的决议》中说："为增加更多的粮食，在提高粮食单位面积产量的同时，应当大力组织群众开垦荒地扩大耕地面积。"决议中给各州县分配了垦荒任务，海南12万亩，海北13万亩。柴达木3500亩，海西10万亩，黄南43500亩，玉树100万亩，果洛10万亩，西宁8万亩，湟中10万亩，湟源3万亩，化隆4万亩，循化5万亩，民和5万亩，乐都6万亩，大通6万亩，互助10万亩，共计206.7万亩。要求各州市县作出垦荒的具体规划上报省委。在《关于由国营农场开荒1000万亩的决议》中提出："为了坚决贯彻执行多快好省、鼓足干劲、力争上游的建设社会主义的总路线，实现五年改变青海面貌的宏伟规划，必须以移山填海的革命毅力，破除一切困难，开垦荒地1000万亩，为国家增产更多的粮食。"在决议中给各州地分配了具体任务，海南地区开荒386万亩；海北地区开荒320万亩；海西地区开荒168万亩；柴达木地区

---

① 周华坤：《青海省生态环境现状、演变及对策》，载张忠孝《青海地理》，科学出版社2009年版。

开荒 27 万亩；黄南地区开荒 65 万亩；农业区开荒 4 万亩，上述开荒均要求 1962 年全部完成并种植。[①]

但青海大部分地区海拔高气温低、无霜期短，有的地方甚至终年有霜。在这种自然环境下，人们进行粮食生产更是艰难，如位于海北藏族自治州的尕曲农场，平均海拔 3300 米，年均气温在摄氏零度以下，作物生长期间的平均气温只有六七摄氏度，无霜期三四十天，没有绝对无霜期，在 1958 年开荒建场当年，就遭到了 32 次霜冻，以及一系列的自然灾害。在这种条件下，人们一次次开荒，该农场一次次遭到破坏，其他农场在垦荒的过程中也都遭到不同程度的自然灾害，青海当年的垦荒过程异常艰难。50—60 年代青海大垦荒运动，使得资源和生态环境遭到严重破坏。当时青海开垦的土地大部分分布在牧区和山区，开垦之后地表原生植被和土层结构被翻耕破坏，土壤风蚀大大加剧，成为不断向周边提供大量流沙的沙源，造成了大面积的土地沙化，水土流失加剧，导致了不可逆转的生态灾难，给生态环境带来了严重的影响。长远看来，有碍于青海社会经济进一步发展。

开荒需要人力，青海本身就是人力小省，如何增加劳力，一是挖潜，动员全省各族人民参加到超负荷的劳动之中。各州、地、市均抽调出大批人员参加到开荒之中。二是移民，可以说伴随着开荒的另一主张就是移民。

如果说 1956 年少量的移民青海的经济，特别是粮食还能承受的话，那么两三年之后的大量移民却给青海经济，特别是粮食带来了雪上加霜的恶果。1958 年 9 月 18 日，青海省委作出了《关于在牧业区安置 65 万屯垦青年的决议》，决议中指出："在第二次五年计划期间，从河南省动员65 万青年来我省参加社会主义的开发和建设工作。""关于这 65 万人的迁移和安置任务，决定在两年半内完成。即：今冬明春完成 15 万人（今冬1 万明春 14 万），明年下半年完成 20 万，1960 年完成 30 万（上半年 15万下半年 15 万）。按地区分配时：玉树 10 万人，果洛 8.5 万人，柴达木（海西）12 万人，黄南 8 万人，海南 10 万人，海北 8 万人，农垦厅 8.5万人。"[②]

---

① 中共青海省委党史研究室：《中国共产党青海省历次党代表大会重要文献汇编》（1950年 8 月—1983 年 3 月）上，青海人民出版社 2006 年版，第 191 页。

② 同上书，第 264—265 页。

　　大开荒运动给青海社会带来的另一个危害是生态环境的恶化。在青藏高原，生态系统面积最大的是草原，这也是青藏高原的特色之一。由于自然条件的限制，草原畜牧业成为青藏高原经济的基础。牧区平均海拔高3000 米以上，基本上都是天然牧场。青海藏区为我国五大牧区之一，草原面积为 5.5 亿亩，其中可利用草场面积为 4.74 亿亩。由于高寒性、干旱缺氧的气候特征，其生态系统表现出较差的稳定性，从而容易破坏原有的生态平衡状态，使生态系统表现出一定程度的恶化和倒退。青藏地区本来就因为地质灾害、气象气候灾害、水土流失等原因，草原已经开始退化。而 50 年代末 60 年代初的大开荒则加重了青海牧区生态系统的恶化。可以这样说：大开荒是造成环湖地区沙漠化和生态环境恶化的重要原因之一；是造成其他草原生态环境恶化的原因之一。

　　20 世纪 50 年代末 60 年代初根据省委、省政府的要求，要在短时间内完成大量的开荒任务，所以各州各地均寻找最好的草原进行开荒。如海北州选择了青海湖开荒，海南州选择了当时草况较好的塔拉滩等地。根据当时省委的文件，先后有 1000 多万亩草原被开荒，而遭到破坏的草原面积更大。这些被开荒的草原土地绝大部分被撂荒。随着日积月累原来的植被没能恢复，造成了现在青海湖周边地区和相当多的草原沙漠化。

　　对于开荒又撂荒给草原带来的危害，早在 1961 年初就已经感觉到了，如 1961 年初省委第一书记高峰和省委常委统战部长冀春光、副省长扎西旺徐等人到海北刚查县进行了调研，尽管调研中高峰不承认开荒给刚查带来的灾难，认为开荒对刚查的破坏不严重。对此冀春光明确说："这次到刚查一调查……草原开光了，三个部落的草原，五个半部落的牲口吃，山上放不下。实际开荒 70 万亩，今年种了还不到一半。庄稼不长，草也不长，劳力浪费了，牲畜草也不够吃。"① 这里明确了这样几点：（1）仅仅海北州的刚查一个县就开荒 70 万亩。（2）70 万亩中当时就撂荒的超过了一半多。（3）就是种了庄稼的，庄稼不长，草也不长。（4）可以推理出种了庄稼的这一半地也将撂荒。这是海北州、玉树州如何呢？在同一次会上，省委常委、副省长孙君一说："牧业区能变成青海的粮食基地？不顾实际情况乱开荒，玉树有些农场二年来平均亩产二三两，平均每斤成本高

<hr />

　　① 中共青海省委党史研究室：《中国共产党青海省历次党代表大会重要文献汇编》（1950年 8 月—1983 年 3 月），青海人民出版社 2006 年版，第 65 页。

达一百多元。"省军区副政委王文英在会上也说：青海省委"所定方针是脱离实际的，也是违背中央指示原则的。不顾客观情况和实际可能，盲目大量开荒，提出把牧区业变成农业基地，要牧业区粮食自给。结果，多数地方种不出粮食，反而破坏了草原，严重影响了畜牧业的发展"。[①]

2. 伴随着社会经济发展的需要，1978 年以后的 70 年代末和整个 80 年代是矿产资源探勘开发的鼎盛时期。当时青海省探明矿产资源有 100 多种，在全国占有十分重要的地位，其中以盐湖矿产和石棉等资源在全国占有绝对优势。青海省已经探明的几个较为集中成矿区带分别为：北部的北祁连以铜、铅、锌、铬、金、煤炭和石棉等矿产潜力较大；中西部的柴达木盆地成矿区，分布有能源矿产、金属矿产、盐湖矿产和非金属矿产等多种矿产类型；南部的"三江"成矿带主要以铜、铅、锌、钼、金、银等金属矿产为主，是全国最有潜力的矿区之一。青海省矿产资源的绝对储量，为该区社会经济的可持续发展奠定了雄厚的物质基础。雄厚的物质基础为青海省的矿产资源大开发打下基础，但是青海省的矿产大多数所在地区自然条件恶劣，基础设施落后、资源消耗高、开采程度低、综合利用率低、产值低。矿山企业较多，但企业规模较小、比较分散，使得矿产资源的规模优势无法得到充分发挥，严重制约了矿产资源的集约利用。长期以来，青海省矿产资源开发大部分是初级产品，精深加工不足，产业链条短，产品附加值低，科技含量不高，开发模式较为粗放。在这种模式下进行的矿产资源大开发，对生态环境造成了严重影响。在矿产资源开发的过程中，人们只注重生产，忽视了生态环境的保护和科学治理，再加上受当时发展观念的束缚、技术水平落后，人们没有形成要保护自然生态环境的意识，造成了对生态环境的严重破坏。如草场退化、土地沙化、水土流失严重、土壤盐渍化等问题十分突出。据统计，仅柴达木盆地土壤沙化面积就达 1213 万亩，每年都有大量土地由于沙化和土壤次生盐渍化而被废弃。另外，矿山开采引起的山体滑坡、泥石流等地质灾害也逐年增加，导致经济损失严重，对生态环境造成了难以挽回的破坏。

3. 20 世纪 90 年代一味追求 GDP 的增长。90 年代在世界浪潮的推动下，中国经济迅速发展，生产总值进一步增加。青藏地区从 20 世纪 90 年

[①]　中共青海省委党史研究室：《中国共产党青海省历次党代表大会重要文献汇编》（1950年 8 月—1983 年 3 月），青海人民出版社 2006 年版，第 71 页。

代起快速发展，生产总值的增加促进了经济的发展，缩小了地区差距。扩大了就业、增加了居民收入、改善了民生、维护了社会稳定，但从长远看来还是存在着一些问题，如投入大、消耗高、污染重、效益低等一系列问题。经济增长是以生态环境为代价，由于技术手段落后和人们保护资源环境意识薄弱，忽视了生态环境的保护和自然资源的节约，造成生态退化、环境污染严重等现象。可以说，青藏地区 GDP 的快速增长中有相当大的比例是靠"透支"资源存量和以生态环境为代价而获得的。从长远来看，这种以资源和生态环境为代价的发展，并不能够促进青藏地区社会经济的长久发展。恩格斯早就告诉我们："我们不要过分陶醉于我们对自然界的胜利，对于每一次这样的胜利，自然界都报复了我们。每一次胜利，在第一步都确实取得了我们预期的结果，但是在第二步和第三步，却有了完全不同的、出乎意料的影响，常常把第一个结果又取消了。"① 在民族地区经济、社会加快发展的过程中，一些急功近利的开发手段加剧了少数民族生态文化资源的破坏与流失。

改革开放以来，随着市场因素和广播、电视、电影、互联网等现代传媒对青藏地区的影响不断加深，各种流行文化、都市文化进入民族地区，少数民族传统文化生活的结构和环境发生巨大变化，少数民族生态文化资源不断流失，许多重要的少数民族乡土知识面临失传。

在少数民族地区禁忌、习惯法的伦理约束力减弱的同时，少数民族的行为更多地受到国家有关政策的影响，因而，有必要从生态学的角度对国家有关政策的制定和执行对民族地区的影响作分析。可以说，青藏地区的生态危机与国家政策的负面影响是分不开的。新中国成立以来，国家政策左右着民族地区人们的思想意识和行为。由于有的政策与少数民族地区的实际情况不相符合，加上政策执行者在执行过程中的急功近利思想，单纯追求数量的发展模式，导致了对自然资源采取掠夺性、毁灭性的开发和利用，从而造成生态环境的恶化和整体失调，生态保护意识薄弱，导致民族地区生态危机的产生。

青藏地区在民主改革之前，虽然部落地域大小不等，但都以部落为单位在无边的草场上逐水草而居。民主改革之后的国家政权建设进程中，青

---

① ［德］恩格斯：《自然辩证法》，《马克思恩格斯全集》第 20 卷，人民出版社 1985 年版，第 519 页。

藏地区逐步建立起基层政权体系，基层组织形式的变化直接影响到草场使用、放牧方式等。曾经的大范围牧场逐渐变成以乡、队、小组等阶梯式分割；游牧社会原有的部落、特殊技能者、老人等组成的权威中心，由国家行政中心取代。对自然资源的获取、分配和使用权力转移到了权力更集中、规模更大的国家或国家代表机构——县、公社、大队手里，权力中心运用国家赋予的力量在过去从未有过的规模上干预自然生态系统。

以青海省海西州唐古拉乡为例，新的社会组织形式的出现，一方面使当地资源获取方式发生改变。到 2000 年，本地草场彻底实现以户为单位。按照每人 60 亩标准划定的草场范围，将牧民与他们的牛羊牢牢绑定在一块不足 600 亩的地域中（按照一户十口人计）。草场范围不断减小及人口持续增加，直接影响到草场的利用方式，造成现存的本地草场季节性超载，并在本地以缓慢而不可阻挡之势发展。随之，牧民的资源观念、资源行为也逐步发生变化。部落传统习惯法和宗教信仰的约束能力随着原有社会组织形式的消失而逐步弱化，过去由习惯法和宗教信仰约束的行为，改为国家相关法律法规制约。在制度的意义上，原有传统社会秩序和价值标准已经弱化，而新的文化价值观和道德准则体系却没有建立起来，新成长的一代人既不懂得原有传统社会秩序，又不能完全理解并遵循新的道德准则，随着市场经济的发展而带来的负面效应便开始影响牧民的社会生活。

由此看来，尽管各民族传统中对自然的保护是不自觉的、潜意识的，但其传统文化对生态环境的保护的影响却是实实在在的。所以保护民族文化的多样性，开发和利用少数民族文化中的朴素生态观，是一条积极有效的生态保护途径。文化多样性保护对保护生态环境的实践价值也在于此。

（二）优秀的民族传统生态文化是民族地区生态文化建设的重要资源

人类地域文化的不同特征和差异，追本溯源，往往在于自然环境的不同。黑格尔曾深刻地指出："助成民族精神产生的那种自然的联系，就是地理的基础。"① 显然，在黑格尔看来，自然环境或地理环境是造就人类文化的基础、前提和摇篮，它为民族精神的形成提供了一种可能。尽管我们不赞同"地理环境决定论"，但却无法忽视自然环境对民族文化的重大影响这一铁的事实。地域不同，民族、社会发展程度往往就不同，从而使

---

① ［德］黑格尔：《历史哲学》，上海书店出版社 1999 年版，第 86 页。

世界文化具有多样化的特点。文化的多样性记录着各民族历史发展的轨迹和特殊性。

生态文化作为文化的有机组成，同样具有民族性和地域性特征。"从具体情况来看，世界上各个时期各个地区各个民族的生态文化无论就其表现形态还是内在意蕴来说，都是各不相同的，或者是不尽相同的。这种情况一方面表明了在不同的自然生态条件下各民族生态文化的丰富性和多样性，另一方面也表明了不同地区不同时代的不同民族在处理人与自然关系时的选择性、能动性和创造性"。[1] 在历史的长河中，每个民族都形成了属于自己的独特生态文化和生态技能。"各民族文化中储存的生态智慧与技能则不同，其构建的源头与文化和人类社会的萌生同步。在文化延续的全过程中，不断进行的生物适应都积淀在这些生态智慧与技能之中。"[2] 因此，我们应该对不同地域、不同民族经历漫长岁月积淀下来的生态经验、生态技能给以足够的尊重。现代生态实践也证明，"借助地方性的生态智慧和技能可以找到生态恢复的便捷途径，避免了烦琐的技术操作"。[3] 其实，有利于生态恢复只是少数民族优秀传统生态文化的基本功能，我们还应充分认识其多重价值。如图4-1（安颖，《少数民族生态文化之理想思考》，《野生动物杂志》2008年第5期，第275页）所示。因此，民族地区优秀的传统生态文化是我们今天建设现代生态文化体系的宝贵资源。

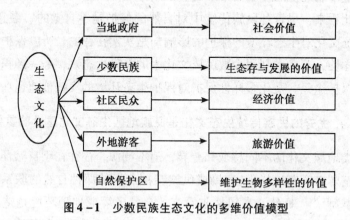

图4-1　少数民族生态文化的多维价值模型

---

① 袁国友：《中国少数民族生态文化的创新、转换与发展》，《云南社会科学》2001年第1期，第66页。

② 杨庭硕：《生态人类学导论》，民族出版社2007年版，第99页。

③ 同上书，第103页。

（三）民族地区传统生态文化需要发展和创新

历史表明，"民族及其文化都处于动态的发展之中，并非一成不变。在人文社会和生态环境的互动中，过去与生态环境相适应的文化因素可能受到影响以至消失。可见民族文化与生态环境之间具有适应和矛盾的现象"。① 随着科学技术的进步，一方面，人类改造自然的能力也日益提高，生态环境问题日益严峻；另一方面，长期积淀在民族文化中的生态文化和生态技能却正在遭到遗忘。这不能不引起我们的思考和焦虑。不可否认，中国是一个人口大国，也是一个环境大国，但人口整体的思想文化素质不高，尤其是在现代化过程中，在市场经济条件下，传统生态文化中"尊重自然、天人合一、知足常乐"等观念正被遗弃，人与自然和谐的伦理价值观被扭曲，一些地方和一些企业片面强调经济增长，追求经济效益，加大了人对自然的征服力度，以过度掠夺自然资源为价值取向，导致水土流失、物种灭绝、环境污染、生态失衡，加剧了人与自然的对立和冲突，也招致了大自然的报复与惩罚。

中国少数民族的传统生态文化是建立在相对较低的生产力水平和相对较小的经济活动规模之上的，人类物质生产活动与自然生态环境之间维持着一种低水平、低层次的脆弱平衡。而一旦生产力发展水平和经济活动规模超过了这种层次和水平，这种脆弱的平衡状态必然要被打破，生态危机的出现自然也就难以避免。有学者指出："改革开放以及西部大开发促使民族地区社会生态经济系统从封闭转向开放，从而导致社会生态经济系统的演替的快速度与传统生态文化的自然演替的慢速度之间的不协调，这种不协调只有通过对传统生态文化的改造才能解决。"② 如果一个民族或一个地区的生态文化与生态环境能始终保持基本适应，是该民族的大幸；如果产生了矛盾，便是危险的信号，便要采取措施。如果坐视不管，视而不见，那后果可能是严重的、毁灭性的。因为"文化与所处生态环境和谐关系的解体，必然会以人为生态灾变的形式爆发出来"。③

同时，我们也要辩证地对待民族地区的生态文化，不能只看到其有效

---

① 王世仁：《理性与浪漫的交织》，中国建筑出版社 1987 年版，第 108 页。

② 闵文义等：《民族地区生态文化与社会生态经济系统互动关系研究》，《湖北民族学院学报》（哲学社会科学版）2005 年第 1 期，第 39 页。

③ 杨庭硕：《生态人类学导论》，民族出版社 2007 年版，第 2 页。

性而看不到其局限性。我们必须承认，"虽然中国少数民族传统生态文化中包含着许多科学的辩证的自然生态观的思想因子也即包含着许多科学合理的成分，但从严格的意义上来说少数民族传统的自然生态观毕竟是一种直观朴素的经验性的前科学时代的自然观。按现代科学的实证性和精确性要求来看，少数民族传统生态文化是不可能对人与自然之间的复杂关系作出全面准确的科学解释和说明的，为此少数民族的传统自然生态观必须在继承其中所包含的科学性合理性因素的基础上实现向现代的科学的自然生态观的转换，使新时期的少数民族生态文化真正建立在现代科学的基础上"。[①]

　　如前所述，西藏和蒙古的藏传佛教以及苯教、萨满教对草原生态平衡起着维护作用，伊斯兰教则有对水、土地等资源的节约和种草植树的习惯等。以上分析是基于少数民族传统社会生态经济系统特征之上的，也就是说，发生的条件是：少数民族传统经济以农业、牧业为特征，以自然可更新生态资源为生产对象，生产力水平低，人口规模小，社会经济发展缓慢，处于一个封闭的生态经济系统内，这就迫使少数民族自发形成有利于其生态经济系统可持续的生态文化。而生产力水平快速发展的当今，青藏地区的社会生态经济系统已发生重大变化。民族地区虽然还是处于传统农牧业生态经济系统之内，但是过去维持其可持续的条件已不存在。

　　据进藏 20 多次的中科院研究员高登义介绍，一亩人工草场的产草量相当于一亩自然草场的 10 倍，完全可以提高草料饲料的数量和质量；而对草场进行围栏轮牧，则可以减轻天然草场的压力，也有利于草场资源的恢复。于是，游牧民的定居、半定居，以及草原生态的保护就顺理成章地提出来了。2006 年，西藏开始实施农牧民安居工程，计划使 80% 以上的农牧民住进安全适用的新房，游牧定居即隶属此项工程，其内容包括人畜饮水、棚圈设施、草场建设等。

　　从生态经济系统来讲，其生态经济系统既不是一个封闭的系统，也不再是一个单纯的农业生态经济系统，外来经济文化类型，尤其代表现代社会发达程度的工业将对其影响巨大。第一，从生态资源的需求和供给来讲，由于先进生产力的引入，以及社会发展所带来的少数民族本身人口的

①　袁国友：《中国少数民族生态文化的创新、转换与发展》，《云南社会科学》2001 年第 1 期，第 70 页。

高速增长，对生态资源需求急剧增长；还有新的科学技术手段使资源的开发能力大大提高，将大大刺激少数民族地区生态系统的生态资源供给，而当开发力度一旦超过生态系统的供给能力，必将导致生态系统失衡，造成生态危机，如大量森林的砍伐、草地资源的超载过牧等；对其生态环境内不可再生资源的开发，以及由此带来的环境污染和生态破坏将降低生态系统可再生资源的供给能力。一方面生态系统的容量将越来越小，而经济系统对其资源的获取需求又越来越大，就会形成生态与贫困之间的恶性循环关系；同时，市场经济主导下的利益最大化原则以及现行价格体系决定了，人们（尤其是贫困地区）只对急需的稀缺资源高度敏感，对生态资源的生态功能稀缺并不敏感。使生态文化面临着来自市场经济利益最大化原则的压力，尤其是贫穷的压力。生态生产力更新的长周期与社会生产力更新的短周期矛盾日益突出，在生态容量减小和对生态资源的强烈的需求所产生的越来越强的经济压力下，传统生态文化对于过去的社会生态经济系统来讲是强文化约束，对于现在的社会生态经济系统来讲，很明显就是弱文化约束。

　　青藏地区经常发生生态资源被破坏、环境被污染的恶性事件，说明没有不合理的行为，只有不合理的制度约束，如果对处于这种社会生态经济系统的人不予以制度约束，必然无视其他人的利益，而选择有利于个体的行为。从事矿产的人必然会以矿产的开采量为第一需要，而不在乎对生态环境所造成的破坏；从事旅游业的，必然以接待的游客量为追求目标，而无视过多游客对当地生态所造成的影响；白色垃圾的出现；民用建筑用材增加；公用设施所占的土地资源；生态资源维护艰难，以及水体受到生活废水的污染等环境问题。对从事这些行业的人来说，传统生态文化对他们的现实约束力（不以生态资源的可持续利用为生存手段）已没有，从长远期看，生态环境尽管对某些新兴行业有影响，但对现实经济利益的获得，更容易刺激某些地方部门和个别利益获得者无视生态环境。经济利益获取渠道的改变和制度的缺陷，必然使传统生态文化失去了在传统经济文化类型下的约束力。

　　所以，我们要审慎地对待民族地区的生态文化，精华部分要挖掘继承，具有合理因子的部分要创新转换再继承，对个别落后的、不合时宜的部分应该加以剔除。建设民族地区的生态文化，就是要在了解和反思本民族传统生态文化的基础上，把传统与现代、继承与发展、借鉴与创新相结合，建立科学的现代生态文化体系；就是要让民族优秀传统生态文化扎根于现代文化之中，获得更强大的生命力。这个过程本身就是民族地区生态文化建设的重要任务和内容。

（四）青藏地区必须有继承民族优秀传统生态文化的自觉

青藏地区是我国重要的民族地区，其生态文化建设既有民族地区生态文化建设的一般特殊性，又有青藏地区独有的特殊性。青藏地区生态文化建设的整个过程，既要有继承传统优秀生态文化的自觉，也要有改造民族传统生态文化的认识和良好心态，还必须从青藏地区的实际现状出发。

人类地域文化的不同特征和差异，追本溯源，往往在于自然环境的不同。黑格尔曾深刻地指出："助成民族精神产生的那种自然的联系，就是地理的基础。"① 显然，在黑格尔看来，自然环境或地理环境是造就人类文化的基础、前提和摇篮，它为民族精神的形成提供了一种可能。尽管我们不赞同"地理环境决定论"，但却无法忽视自然环境对民族文化的重大影响这一铁的事实。地域不同，民族、社会发展程度往往就不同，从而使世界文化具有多样化的特点。文化的多样性记录着各民族历史发展的轨迹和特殊性。

所以，在青藏地区生态文化建设中，要充分挖掘、整理并有效利用当地传统的生态文化资源。否则，就会使生态文化建设失去根基，影响建设成效。

（五）青藏地区要有改造传统生态文化的认识和良好心态

不可否认，我国少数民族的传统生态文化是建立在相对较低的生产力水平和相对较小的经济活动规模之上的，人类物质生产活动与自然生态环境之间维持着一种低水平、低层次的脆弱平衡。而一旦生产力发展水平和经济活动规模超过了这种层次和水平，这种脆弱的平衡状态必然要被打破，生态危机的出现自然也就难以避免。在改革开放的进程中，在西部大开发的号角声中，生态异常脆弱的青藏地区发生的环境与生态问题充分说明了这一点。

历史表明，"民族及其文化都处于动态的发展之中，并非一成不变。在

---

① ［德］黑格尔：《历史哲学》，上海书店出版社1999年版，第86页。

人文社会和生态环境的互动中，过去与生态环境相适应的文化因素可能受到影响以至消失。可见民族文化与生态环境之间具有适应和矛盾的现象"。①随着科学技术的进步，一方面，人类改造自然的能力也日益提高，生态环境问题日益严峻；另一方面，长期积淀在民族文化中的生态文化和生态技能却正在遭到遗忘。这不能不引起我们的思考和焦虑。中国是一个人口大国，也是一个环境大国，但人口整体的思想文化素质不高，尤其是在现代化过程中，在市场经济条件下，传统生态文化中"尊重自然"、"天人合一"、"知足常乐"等观念正被遗弃，人与自然和谐的伦理价值观被扭曲，一些地方和一些企业片面强调经济增长，追求经济效益，加大了人对自然的征服力度，以过度掠夺自然资源为价值取向，导致水土流失、物种灭绝、环境污染、生态失衡，加剧了人与自然的对立和冲突。近些年，这些情况在青藏地区也非常明显，反映了传统生态文化约束力的弱化，暴露了文化与自然生态之间的失调，实在令人担忧。因为"文化与所处生态环境和谐关系的解体，必然会以人为生态灾变的形式爆发出来"。②

所以，青藏地区在面对生态和生存的双重困扰时，我们必须审慎地对待民族传统生态文化，既要克服民族虚无主义，也要反对狭隘的民族主义心态下的抱残守缺和不思变革；对其精华部分要挖掘继承，具有合理因子的部分要创新转换再继承，对个别落后的、不合时宜的部分应该加以剔除。正如有的学者所言："改革开放以及西部大开发促使民族地区社会生态经济系统从封闭转向开放，从而导致社会生态经济系统的演替的快速度与传统生态文化的自然演替的慢速度之间的不协调，这种不协调只有通过对传统生态文化的改造才能解决。"③

（六）青藏地区生态文化建设必须从自身的现实条件出发

生态文化建设不可能孤立地进行，不可能不受当地实际条件的制约和限制。我国的民族地区大多都处于欠发展状态，民族构成复杂，宗教民族问题交织，多元文化并存，同其他地区相比较，发展水平、发展特点和区域特色差异很大，就是不同的民族地区之间，也不尽相同。这种不同表现

---

① 王世仁：《理性与浪漫的交织》，中国建筑出版社 1987 年版，第 108 页。

② 杨庭硕：《生态人类学导论》，民族出版社 2007 年版，第 2 页。

③ 闵文义等：《民族地区生态文化与社会生态经济系统互动关系研究》，《湖北民族学院学报》（哲学社会科学版）2005 年第 1 期，第 39 页。

在自然地理状况，经济社会总体发展水平以及人民的风俗习惯、文化传统等方方面面。从生态文化建设的操作层面看，这些差异决定了各个地区生态文化建设的基础不同、条件各异。基础不同、条件各异，对策和思路就应该有所区别，不能照搬一个模式；具体措施也应该有所差异，重点和着眼点也应该有所区别，不能脱离实际。比如，在经济比较落后的地区，在西部大开发中，应极力限制和禁止污染输入，并充分考虑生态文化带来的经济效益，以效益带动生态文化发展，要最大限度地提高生态文化建设的经济绩效；在经济发展水平高的地区，如东部沿海的发达地区，应努力制约污染物和污染企业的输出以及对其他区域的生态侵害，并将生态文化建设主要着眼于满足群众精神需求上。

青藏地区作为人类独特的地域单元，作为少数民族的聚居区和欠发达地区，生态文化建设既有自己的优势，也有劣势。在整个生态文化建设的过程中必须时时从实际出发，想办法，找思路。总之，要搞好青藏地区的生态文化建设，要求我们不仅要抓住各地生态文化建设的共性，更要充分考虑青藏地区建设生态文化的各种特殊性，科学对待民族传统生态文化，从现有的条件入手，每一个步骤和每一个环节都不能脱离实际，采取科学的对策与措施，务必追求实效。

第五章

青藏地区生态文化建设现状的 SWOT 分析

要明晰青藏地区生态文化建设的目标和思路，制定行之有效的对策和措施，就必须对青藏地区生态文化发展现状和建设条件进行一个相对完整和系统的分析。本章运用管理学的主要分析工具——SWOT 分析方法，对青藏地区生态文化发展现状进行剖析，为青藏地区生态文化发展思路与对策确立提供依据。

"SWOT 分析法即自我诊断法，于 20 世纪 80 年代初提出，是一种能够较为客观而准确地分析和研究实际情况的方法。SWOT 即：Strength（优势），Weakness（劣势），Opportunity（机遇）和 Threaten（挑战）。从整体上看，SWOT 可以分为两部分：第一部分为 SW，主要用来分析内部条件；第二部分为 OT，主要用来分析外部条件。"[1] 运用这种分析方法，就是要将与研究对象密切相关的各种主要的内部优势、劣势、机会和威胁等因素列举出来，动用系统分析的思想，把各种因素相互匹配起来加以分析，从中得出一系列相应的结论。从而根据研究结果制定相应的发展目标、计划以及对策等。因此，SWOT 分析法是分析青藏地区生态文化发展现状不可或缺的重要方法。

一 青藏地区发展生态文化的优势因素

青藏地区的生态文化建设不是从零开始，而是有一定的基础和相当的优势，把握和利用好这些优势，生态文化建设就能起到事半功倍的效果。

---

① 冯子标、焦彪龙：《文化产业结构传统产业》，社会科学文献出版社 2006 年版，第 51 页。

（一）生态文化资源优势

青藏地区蔚为壮观的自然景观与历史文化资源的丰厚多样性交相辉映，形成了这个区域独特的高原风貌。各种奇特的高原风光、雪山草地、江河湖泊、民族风情、宗教文化、特色建筑、历史遗存等自然景观和人文景观，为青藏地区发展生态文化及生态文化产业建设提供了丰富资源。这些生态文化资源优势主要体现在以下两方面：

首先是以美轮美奂、多彩多姿的高原风光作为基础和依托的绿色自然资源。青藏地区群山连绵，江河纵横，湖泊点缀，是全国的五大牧场之一，草地资源十分丰富。这里具有天然的资源优势，自然风光具有浓郁的高原特色。这里的著名景区数不胜数，主要有以喜马拉雅山脉为主的雪山风光区域、藏北羌塘草原为主的草原风光区域、藏东南森林峡谷为主的自然生态风光区域、阿里神山圣湖为主的高原湖光山色风光区域；湖泊类有阿里神山圣湖为代表的高原雪山湖泊，纳木错为代表的草原湖泊和以巴松错为代表的高原森林湖泊，以及高贵大气的青海湖为代表的中国最大的咸水湖等。此外，青藏地区还有诸如珍稀动物野牦牛、藏羚羊、白唇鹿、藏野驴、雪豹、雪鸡、野颈鹤等以及高原珍稀植物雪莲、人参果、冬虫草、大黄、佛手参等资源。这些都是极为重要的自然生态资源，无疑可以成为生态文化建设的构成要素。

其次是青藏地区十分丰富的人文资源。青藏高原是藏、回、汉、土、蒙古、撒拉族等多民族共同居住的地方，这里不仅拥有丰富多彩的民族风情，而且人文景观众多。例如，西藏现有 1700 多座保护完好、管理有序的寺庙，形成了独特的人文景观。主要有以拉萨布达拉宫、大昭寺为代表的藏民族政治、经济、宗教、历史、文化中心人文景观区；以山南雍布拉康、桑耶寺、昌珠寺、藏王墓群为代表的藏文化发祥地人文景观区；以日喀则扎什伦布寺、萨迦寺为代表的后藏宗教文化人文景观区；以藏北"古格王朝古都遗址"为主的文物古迹人文景观区；以昌都康区文化为代表的"茶马古道"历史文化人文景观区等。全区现有国家优秀旅游城市 1 座：拉萨市；世界文化遗产 1 处：布达拉宫及其扩展项目大昭寺、罗布林卡；国家级历史文化名城 3 座：拉萨、日喀则、江孜；一年有 14 个风俗各异的民间重大节日。随着青藏地区考古事业的发展，越来越多的文化遗产也揭开了神秘的面纱。"在青藏高原辽阔的土地上，人类璀璨的文明星罗棋布，史前文化遗存十分丰富，文化类型多种多样，青海已成为史前文物最丰富的省份之一，有着极其广泛的历史文化内涵，蕴藏着巨大的开发潜力和多种多样的效益。"① 总之，青藏地区的生态文化资源涉及自然的、地理的、民族的、宗教的、历史的等各领域，不仅与国内其他地方相比独具特色和魅力，而且从世界范围看很多也是举世无双的。例如"世界屋脊"青藏高原，"地球之巅"珠穆朗玛峰，雅鲁藏布大峡谷，"中华水塔"三江源，中国最大的咸水湖青海湖，班禅、达赖的故乡，集宗教美、艺术美、建筑美于一体的布达拉宫、塔尔寺，号称"亚洲热带天然植物园"的藏东南，与 5 个国家毗邻的长达 4000 多公里的边境线，多民族及其异彩纷呈的代表性文化。

当然，从理论上讲，任何文化资源只是文化资源地的一个基础因素，还不是真正意义上的文化。把生态文化资源转变为生态文化或生态文化产品，需要人的参与和建设。

（二）民族传统生态文化优势

难能可贵的是，自古以来世世代代生活在高原上的各民族，尤其是藏族和其他少数民族，对高原生态环境的脆弱与自然资源的珍贵有着深切的感受，并创造了与高原自然环境基本相适应的生态文化，这种生态文化固然与现代生态文明有很大差异，但因为它很好地适应了高原自然生态环境，在许多方面有可以汲取的合理价值。比如藏族的传统生态文化中就有节制、适度、保护生态环境的突出特征。有学者指出："藏族生态文化是统一完整的文化体系，它建构了人、神与自然为一体的宇宙与人、神与自然相互依存，同生共存的自然、人文生态系统；人们的社会活动与行为方式也与这个自然、人文生态系统相一致，使社会活动、人文活动与自然环境高度和谐。"② 青藏地区的传统优秀生态文化散见于青藏地区的各种传统文化、自然禁忌、宗教信仰等文化组成元素之中，也渗透在青藏地区广大群众的生产生活方式之中。作为藏族文学重要代表作的《格萨尔》，"蕴含了丰富的生态文化事象，给我们再现了一种丰富多彩、独具特色的

---

① 贾彩萍：《大型电视文化专题片"三江源"的文化解读》，《青海师专学报》2008 年第 2 期，第 26 页。

② 南文渊：《藏族生态文化的继承与藏区生态文明建设》，《青海民族学院学报》（社会科学版）2000 年第 4 期，第 3 页。

古代藏民族生态文化的基本轮廓。其中对山神水神的崇拜、对动植物与草场森林资源的保护更是古代藏民族独特生态文化的重要体现"。① 伊斯兰教的根本经典《古兰经》之中，也蕴含着丰富的生态文化意蕴。"伊斯兰教生态观既要求考虑现世，更要求穆斯林着眼于将来，确保子孙后代的繁荣昌盛。人类相对于自然而言，其生命是短暂的；而自然存在期则需要无数代人去遵循其运行规律，共同享受自然生态环境的恩赐。伊斯兰教主张，人类应该不断寻求自我发展与自然生态的平衡点，达到人类和自然的和睦相处、长期共存、共同繁荣。人类绝不能被纷繁复杂的自然生态所迷惑，也不能对自然生态环境简单地顶礼膜拜，而是要通过接近自然、观察自然、探索自然，了解自然的特点和规律。"② 藏族以及其他民族创造的传统生态文化，尤其是其中的优秀部分，无疑是我们加强青藏地区生态文化建设的重要基础和优势所在。

民族传统文化和乡土知识在生态文化发展方面的作用和意义：少数民族对自然环境的认识和保护自然资源的行为是根深蒂固的民族传统文化的真实反映。神山、神湖、神林、封禁林是少数民族人民心目中的神圣之物，充分表达了他们对大自然的深厚感情，而且，这些少数民族的传统习俗确已成为广大少数民族人民约束自己的行为规范，对保护生态环境起到了积极的作用。藏族、门巴族、珞巴族等民族自古以来就形成了万物有灵的宗教观念，他们世世代代与大山、森林及各种动植物共同生活、相互依存，形成了他们对大自然的崇拜及对灵魂的信仰。产生了包含对神山的崇拜和与大自然和谐共处的朦胧意识。这些民族认为动植物都是有生命力的，狩猎和砍树是杀生行为，因此绝不可以乱砍滥伐。老一辈告诫青年人如果砍了不该砍的树，打了不该打的鸟，就会得到报应；反之，如果保护了动植物，就是救了一条生命。这种原始的生态伦理观念在青藏高原的民族中代代相传，与佛教结合，逐渐形成了以神山崇拜为核心的生态保护文化。事实证明，这种敬畏自然、不敢肆意破坏山林生态以免得罪各路神灵的思想和行为，在一定程度上约束着人类与环境的关系，在当代社会这种保护生态环境的意识融入传统的乡规民约之中，至今仍影响着他们对草

---

① 王景迁、于静：《〈格萨尔〉史诗中的生态文化及其现代转换》，《管子学刊》2006年第2期，第112页。

② 李智环：《浅论中国穆斯林民族传统生态文化及现代价值》，《青海社会科学》2007年第6期，第78页。

原、牧场的管理，促进了高原环境和生物多样性的保护。

苯教对森林是非常崇拜的，认为有神灵在里面栖息。村寨靠山一面的护林则是禁地，而护林里的大树则往往被看作是山神爷的化身，人们在大树下建造插箭台，每年宰杀羊鸡，进行献祭活动。除了当地人每年进行祭祀外，平时人们不得入内进行采集、拾柴等活动。苯教的图片、经文形象地向我们说明了苯教对神树的崇拜，图片中的树木非常高大，长在一座石山的山顶上，树上分散栖息着 5 只大鸟，姿态各异，分别代表东、西、南、北、中 5 个方向，并向这 5 个方向鸣叫，山下则是一片汪洋，这是苯教在安顿山神爷时用的法器之一。每年腊月十五要举行"贡巴会"，对山神进行祭祀和供养。这一天，斗部和卡部的所有贡巴头戴法帽，身穿法袍，手持法器，全副武装聚集在斗部的贡巴寺内，诵经作法，所诵经文为杀羊祭祀山神，感谢山神赐予雨水，免下冰雹，保护庄稼，保佑人畜平安，阖村康泰。在他们的带领和监督下，当地藏族民众形成了以苯教为核心的自觉保护生态环境的地方性知识，这种地方性知识的作用"能推动该族群高效地利用当地的生物资源，并使该族群的社会存在与所处自然生态系统相兼容，确保该族群获得最大的生态安全，具有长远的可持续功用"。[①]

调研中我们发现，青藏地区许多藏族村落，在保护生态环境传统禁忌和原有习惯法的基础上，经过本村落成员的商讨订立了村规民约，这些村规民约呈现出逐渐向国家法靠拢、补充国家法律或条例等特征。以藏族蒙古族村规民约为例："1. 未经批准开垦草原的，除责令限期恢复，植被处按产垦亩数，每亩处以开垦前年产值 10 倍的罚款。2. 未经批准在草原上砍挖灌木、滥挖药材和基础固沙植物，以及采砂、采石、采金、采土等，致使草原植被遭受破坏的，除责令恢复植被，赔偿损失外，并处以 50—200 元的罚款。3. 擅自在草原上挖草皮、掘壕沟等，除责令其停止违法行为，收取草原补偿费外，每亩罚款 100—300 元。4. 对破坏草原网围栏、水利工程和药浴池等生产、生活设施的，除赔偿损失外，并处以 50—500 元的罚款。机动车辆在草原上违反规定行驶破坏草原植被的，除赔偿损失外，并处以 20—100 元的罚款。5. 在草原防火期内，违反野外用火规定

---

① 丁汉儒、温华：《藏传佛教源流及社会影响》，民族出版社 1991 年版，第 27 页。

的，处以 10—50 元的罚款，引起草原火灾的，按有关规定处理。"①

二　现有生态文化建设成果优势

随着党和国家对青藏地区生态环境的日益重视，以及青海省实施生态省建设以来，通过开展各种形式的生态文化宣传、教育和研讨等活动，全社会生态环保意识有了一定提高，青藏地区初步具有了生态文化氛围，有些企业已开始自觉履行生态环境保护责任，有的已转向发展环保事业和环保产业。一些公众逐渐自觉对环境污染和生态破坏行为进行监督，主动举报环境污染和生态破坏行为。生态文化建设取得了一定的成绩，这些成绩主要表现为：

第一，在一定程度上拓展了生态文化建设的平台。据统计，截至2000 年底，青海省的各级各类环保机构达 70 余个，而且还建立了一批以环境生态保护为主题的网站。如西藏环保网（www. tibenp. com）、青藏高原生态保护网（www. qtpep. com）、可可西里（www. kekexili. com）、三江源生态环境保护协会、（www. snowland-great-rivers. org）、绿色拉萨（www. greenlhasa. org）、黄河源（www. huangheyuan. org）等。这些绿色环保网站的建立，为青藏高原生态文化的交流与建设拓展了空间，吸引了更多热心生态环境保护人士的积极响应。1997 年，一个长期致力于生态保护的民间组织"绿色江河"在可可西里建立了国内第一个民间自然保护站——索南达杰保护站，并开展了青藏公路沿线藏羚羊种群调查、长江源生态环境状况调查、中国城市青少年环保教育等一系列工作。2003年，"绿色江河"将索南达杰保护站移交给可可西里自然保护区管理局统一管理使用。

另外，近些年来，青、藏两省区积极实施文化工程，也为生态文化的发展提供了舞台。如西藏自治区通过实施"西藏文化走出去战略工程"、"重点文物保护工程"、"乡镇文化设施建设工程"、"文化信息资源共享工程"、"非物质文化遗产保护工程"等一系列文化建设工程，使自治区文

---

① 王佐龙：《生态习惯法对西部社会法治的可能贡献》，《第一届全国民间法、民族习惯法学术研讨会会议论文集》，西南民族大学法学院编印，2006 年。

化事业得到迅猛发展。这些工程的实施，必将对生态文化的发展起到促进作用。全区共有自治区群众艺术馆 1 座、地市群众艺术馆 6 座，自治区公共图书馆 1 座、地区公共图书馆 3 座，自治区藏戏艺术中心 1 座，县级综合文化活动中心 44 座、乡镇综合文化站 66 座、行政村文化室 300 余座，初步形成了区、地、县、乡、村五级文化设施网络。① 青海省也通过举办青海国际唐卡艺术与文化遗产博览会、三江源国际摄影节、民族文化旅游节等活动，为民族生态文化的发展建立了诸多平台。

　　第二，一大批自然保护区的建立。据统计，到目前为止，青藏地区建立的国家级自然保护区已达 8 个：青海省主要包括青海湖自然保护区，为湿地生态系统和野生动物自然保护区（面积 49.52 万公顷）；可可西里自然保护区，为荒漠生态系统及野生动物自然保护区（面积 450 万公顷）；三江源自然保护区，为荒漠生态系统及野生动物自然保护区（面积 3180 万公顷）；青海玉树隆宝滩自然保护区，为湿地生态系统和野生动物自然保护区（面积 1 万公顷）；孟达自然保护区，为森林生态系统自然保护区（面积 1.729 万公顷）。西藏自治区主要包括珠穆朗玛峰自然保护区（面积 338.1 万公顷）、雅鲁藏布江大峡谷自然保护区（面积 91.68 万公顷）、藏北羌塘自然保护区（面积 2980 万公顷）、拉鲁湿地自然保护区（620 公顷）、芒康县滇金丝猴自然保护区（18.53 万公顷）。此外，青藏地区还建立了一批省级和自治区级的自然保护区，其数量和规模也相当可观。青藏地区近些年相继组织和建立 20 多个自然保护区，面积占地区面积的 1/3以上，湿地、森林、湖泊、荒漠自然保护区维持和改善了青藏地区基本的协调；动物、植物保护区在拯救和保护珍稀动植物资源方面做出了巨大贡献。青海省拥有国家级和省级 8 个自然保护区总面积 21.73 万平方公里，占全省面积的 30%。青海省的 5 个国家级自然保护区为：可可西里自然保护区、三江源自然保护区、孟达自然保护区。青海省 3 个省级自然保护区：格尔木托拉海自然保护区（野生植物自然保护区）、柴达木梭梭林自然保护区（野生植物自然保护区）、克鲁克湖—托素湖自然保护区（湿地生态系统和野生动物自然保护区）。

　　西藏拥有国家级自然保护区 3 个、自治区级自然保护区 14 个，总面

---

① 王莉、于敏：《舞动腾飞的旋律——西藏文化事业发展巡礼》，西藏网，http：//culture.tibet. cn/whbb/gndt/200909/t20090917_ 503627. htm。

积 3819 万公顷，占全区国土面积的 32.7%。珠穆朗玛峰国家级自然保护区：综合类型，主要保护对象为生态系统及珍稀动植物；聂拉木樟木自治区级自然保护区：综合类型，主要保护对象为野生动物及森林生态系统；吉隆江村自治区级自然保护区：综合类型，主要保护对象为野生植物及森林生态系统；林芝巴结巨柏自治区级自然保护区：植物类型，主要保护对象为巨柏林；类乌齐长毛岭马鹿自治区级自然保护区：动物类型，主要保护对象为马鹿及其生态环境；墨脱国家级自然保护区：综合类型，主要保护对象为珍稀动植物及生态系统；羌塘国家级自然保护区，综合类型，主要保护对象为野生动物及草原生态系统；察隅自治区级自然保护区：综合类型，主要保护对象为珍稀动植物及生态系统；芒康盐井滇金丝猴自治区级自然保护区：动物类型，主要保护对象为滇金丝猴及原始森林生态系统；波密岗乡高产云杉林自治区级自然保护区：植物类型，主要保护对象为高产云杉；林芝东久赤斑羚自治区级自然保护区：动物类型，主要保护对象为赤斑羚等珍稀动物及生态系统；申扎黑颈鹤自治区级自然保护区：动物类型，主要保护对象为黑颈鹤及湿地生态系统；林周澎波黑颈鹤自治区级自然保护区：动物类型，主要保护对象为黑颈鹤及其栖息地；拉萨拉鲁湿地自治区级自然保护区：生态系统类型，主要保护对象为湿地生态系统；日喀则群让球壳状、枕状熔岩自治区级自然保护区：地质遗迹类型，主要保护对象为熔岩、地貌；札达土林自治区级自然保护区：地质遗迹类型，主要保护对象为土林；昂仁塔格架地热间歇喷泉群自治区级自然保护区：地质遗迹类型，主要保护对象为地热喷泉群。

第三，生产方式生态化转变初露端倪。青藏地区生产方式的转变从整体上看，举步维艰，困难重重，但不是不能转变。2005 年 10 月，国家正式批准柴达木为全国第一批开展循环经济试点的产业园区。这是我国最西部的，也是最大的循环经济实验区。《环境保护与循环经济》杂志 2008年第 6 期曾以"中国最大循环经济区崛起青藏高原"为题，称赞柴达木地区在西部率先走出了一条资源开发可持续发展的科学之路。这里的一批资源类明星企业必将对整个高原地区产生广泛影响，必将促使更多的企业成为生态型企业。这种企业是生态文化发展的结果，其数量越多，企业生态文化发展就越有后劲。

在农牧业生产方式转变方面，2008—2009 年，以转变经营模式、寻求草畜平衡为核心，青海省在 6 个民族自治州不同条件牧区选择了 7 个牧业村开展草原生态畜牧业试点，探索了不同形式转变生产经营方式的新路子并取得显著效果。通过推行牲畜和草场股份制经营模式，以草场流转、大户规模经营、分流牧业人口促进资源配置为特点的发展模式和以联户经营、分群协作为特点的牧民专业合作社发展三大模式，试点地区取得了牧区综合生产能力和牧民群众收入的双增长。从 2010 年起，青海将在 7 个试点村的基础上，在全省牧区全面推行生态畜牧业发展模式。① 近年来，青藏地区党和政府从国家利益和青藏地区的文化与自然特性出发，结合对区域经济发展方式的评价，提出青藏地区近期发展的基本战略，在深入分析青藏地区战略实施的重要驱动力——国家扶持政策及其效果的基础上，提出了调整国家政策的建议，为青藏发展目标的实现提供体系的 3 个支柱产业系列（以旅游为主体的文化产业系列、绿色生态和特色农牧业系列、以民族工业和当地土特产品加工业为主的轻纺工业系列）的发展重点。

青藏地区资源丰富独特，有青海湖、珠穆朗玛峰、雅鲁藏布江大峡谷、三江源等自然景观，也有集宗教、艺术、建筑魅力之大成的布达拉宫、扎什伦布寺、塔尔寺和号称亚热带天然植物园的藏东南以及与五个国家毗邻的长达 4000 多公里的边境线，这些都对海内外旅游者有着极强的吸引力。随着青藏铁路的全线贯通，青藏地区旅游经济步入快速发展期，青海省旅游局副局长徐浩谈道："毫无疑问，青藏铁路的通车将极大推动沿线社会经济发展，对青藏地区旅游产业也将产生巨大的带动作用。"据了解，"十五"期间，借助西部大开发战略的实施，青海省累计接待国内外游客 2341 万人次，是"九五"期间的 2.5 倍，年均增长 14.2%，累计实现旅游总收入 88.8 亿元。旅游业已渐渐开始成为青海第三产业的龙头和支柱，在拉动投资、促进消费、扩大就业、带动脱贫、促进区域经济社会发展等方面，发挥了积极的作用。西藏的人文旅游资源优势非常大，几乎全区的每个地方都是国内外关注的旅游热点。甘肃省委党校经济社会发展研究所所长李含琳认为，西藏过去是以小群体旅游为主，随着铁路通车大众旅游将成为西藏旅游的主体。2004 年西藏的旅游收入达到 13 亿元，今后每年的旅游收入增速在 30% 左右，到 2010 年，西藏旅游收入期望值可达到 60 亿元。

第四，一系列生态保护法律法规颁布。近年来，青海省和西藏自治区

---

① 多元共存和谐共生——青藏地区民族文化多样性研究。

除了贯彻落实国家的一系列生态环境保护法规之外，还结合地域实际颁布了一系列关于生态环境保护方面的法律法规。其中，青海省政府颁布了《青海省盐湖资源开发与保护条例》、《青海湖流域生态环境保护条例》、《湟水河域水污染防治条例》、《青海省野生植物保护名录》、《青海省矿产资源管理条例》、《黄河、长江源头重要生态功能和生态环境保护纲要》、《关于加强生态环境保护的决定》、《关于划分水土流失重点防治区的通知》等。西藏自治区颁布的相关文件有《西藏自治区环境保护条例》、《西藏自治区矿产资源管理条例》、《关于加强旅游生态环境保护工作的意见》、《西藏生态安全屏障保护与建设规划》、《西藏自治区"十一五"时期环境保护规划》、《西藏自治区"一江四河"流域污染防治规划》和《西藏自治区生态功能区划》等。这些法律法规蕴含着丰富的生态文化内涵，是生态文化制度建设的重要成果。这一系列的法律法规给青藏地区生态保护行为提供了依据和保障。同时在已经出台的生态环境保护法律法规体系基础上，地方人大和政府也正在积极制定生态保护的地方性法规和细则，以明确政府、地方和居民在推进生态建设中的责任和义务，规定生态建设的基本方针、基本原则以及具体的法律制度和责任。青藏地区生态保护的法律和法规不断完善发展，生态保护日益走上了法制化道路。

第五，青藏地区交通的改善。青藏铁路大部分是沿青藏公路走行，基本上没有新开辟通道，而且设计方案中还采取了一系列专门的环境保护措施，这就把对高原生态的扰动降到了最低程度。从长远看，青藏铁路的修建，不但不会破坏环境，反而对青藏高原大环境的保护具有积极的促进作用。铁路的建设，可以将西北地区丰富的煤炭、石油资源通过经济、便捷的通道运进西藏，满足西藏对能源的需求，从而为西藏改变能源结构、制止盲目砍伐森林草场、保护生态环境做出积极贡献，具有极其深远的意义。同时，青藏铁路投入运营后，必然会成为旅游及进出藏物资运输的主要方式，分流目前青藏公路庞大的运输车队，从而起到减少汽车尾气排放，进一步改善青藏高原大气质量。铁路的修建直接拉动青藏两省区经济的发展，加速城镇化和产业化的步伐，促进产业结构的进一步调整，这将使很大一部分牧民转变为工业、建筑业和其他行业人群，从而大大降低了草原和植被的负荷，既保护了生态，又实现了可持续发展，可以说是一举两得。

第六，生态文明理念逐步深入人心。在各级政府和社会各界的大力宣传下，青藏地区生态文明的理念逐渐深入人心，对地区绿色 GDP 的考察逐渐形成共识，对生态环境综合治理日益上升到议事日程内，绿色产品、高科技产业、低耗能项目深受人们欢迎和支持，关于环境保护的节日、会议不断唱响，挖掘如何构建生态和谐的要素也成为大中专院校、科研单位的新宠，他们把研究深入到民族文化、宗教信仰、传统文化、生活习俗等不同的领域。

三　青藏地区发展生态文化的劣势因素

任何事物都是辩证的统一。青藏地区的生态文化建设虽有优势，但也有劣势。搞清楚这些劣势所在，是制定有效对策，促进青藏地区生态文化建设的必要环节。

（一）　生态意识不强，生态文明理念公众化程度不高

改革开放以来，从纵向看，青藏地区经济建设得到了快速的发展，经济实力明显提高。但遗憾的是，文化建设相对滞后，文化氛围不浓，发展理念落后。从州、县基层政府及企业单位来看，有的为了所谓的政绩，单纯追求发展速度、追求 GDP 的快速增长，而置环境生态承载能力于不顾；有的认为高原地大物博，自然资源"取之不尽，用之不竭"，任意开发；还有些人认为，"先污染后治理、先破坏后补偿"是不可逾越的定律，以为经济的发展必须以牺牲环境为代价。其实这些都是错误的发展理念，是缺乏生态意识的集中表现。在这样的发展理念下，造成了自然资源的极大浪费，出现了局部严重的环境污染和生态退化，留下了巨额生态赤字，雪域高原一度也出现了先污染后治理的现象。从普通群众层面来看，由于青藏高原地区特别是农牧区人民生活水平偏低，很多地方还处于自然经济状态，小农意识导致农牧民整体环保意识不强，缺乏全局观念，不少人甚至认为环境生态问题那只是政府的事情，对生态环境保护问题比较冷漠，参与程度低。当政府部门组织的环保活动给自身带来一些不便或需放弃一些既得利益或要进行一些必要投入时，大多数村民往往会选择放弃，甚至消极反对。

以上种种忽视环境与生态、把经济发展与生态环境保护放在矛盾的对

立面去认识问题的思想方法，以及"事不关己，高高挂起"、把自己置身于生态环境保护工作之外的态度，都势必影响生态文化的建设。

（二）青藏地区生态立法滞后

我们在调研中发现，三江源地区大都为国家贫困县，虽然国家建立了自然保护区，但由于财政投入不够，自然保护区执法人员的工作状况让人担忧。但"如果国家的环保制度建设能够与当地人民的环保理念、环保文化相契合，那么无疑将促进国家环保法制在当地人民心中的内在认同。"当环境保护成为人们的理念、意识和信仰时，环境立法就自然能得到人们不折不扣地执行。虽然当地民众环保意识较弱，许多人对保护环境的意义几乎一无所知，甚至无法理解环境法实施带来的眼前利益的损害，从而对环境立法产生抵触情绪，但当地环境习惯法对环境立法的支持和认同，有助于改变环境立法实施难的现状。要使环境保护成为当地人们的一种自觉行动和精神追求，就应当从少数民族环境习惯法中寻求力量。环境立法只有成为当地习惯法意义上的行动规则，才能得到人们的共同维护，同时无须太多执法成本。

立法的目的在于法律的实现，而法律的实现又受一定因素的制约，如立法指导思想、基本原则、立法模式、立法环境等。当前，我国生态立法模式主要是管理型立法和保护型立法，采取的往往是中央立法和地方性立法相结合，以地方立法的形式为补充。多种立法模式一方面促进生态保护法律法规实施，另一方面又突现出了一系列弊病，如忽视了对政府的责任设置，忽视了民众的参与，忽视了中央和地方立法。由于各地的生态环境状况与生态保护的具体要求不一，因此地方往往根据中央生态法的指导思想和基本原则来拟定地方性生态法律、法规。但在操作程序和执行效果上往往存在一定的问题，在青藏地区特殊的生态环境和生态保护任务下，青藏地区生态立法状况更为复杂，也更容易存在问题。

1. 生态立法的地方性特色不足，生态法的实效难以充分发挥。地方生态立法的重要特点是要和地方的具体生态环境相联系。与全国其他地区相比，青藏高原地区在生态保护方面主要呈现出以下特征：一是生态地位重要性；二是传统生态文化的助益性；三是社会发育的滞后性。从这些特征出发来审视，传统的生态保护立法模式在青藏高原地区生态保护中的不足是极为明显的，主要表现为忽视了地方性生态文化在生态保护中的积极意义。这在生态保护立法中是一个很现实的问题，因此直接关系到生态立法的效用。

2. 单一立法模式制约了生态保护法律法规的实效性。从当前已出台的生态保护法律法规来看，青藏地区生态保护法律法规制定时所依据的主要是以管理型模式为主。管理型的生态立法模式主要表现在：一是偏重政府管理；二是缺乏政府问责机制；三是忽视了社会力量的积极作用。这一立法模式与管理型政府相适应，只强调政府对生态环境的管制，对民间力量在生态保护中的作用没有给予足够的重视，从而使得生态保护立法的实效性大打折扣。[①]

历史和地理的原因，再加上宗教信仰的影响，藏区传统习惯法的环境保护规范至今为止仍受到藏族人民长期的遵守和认可，有着非常深厚的群众基础。因此，青藏地区地方环境法制建设应该肯定那些符合国家环保法律基本精神的藏区习惯法，根据青海地方环境保护的特殊需要，通过合理有效的途径将二者衔接起来，比如在自治条例和单行条例中加入藏区习惯法的某些环保内容，或者肯定民族风俗习惯和部落法规的内容制定基层的环保民约乡规，使本地保护环境和利用资源形成详细具体的规范，通过地方立法和村民自治形成立体的青海地方环境保护法律体系。

（三）经济发展滞后，经济实力薄弱

从横向上看，青藏地区经济状况十分落后又是客观的现实。加之认识水平不高等主观条件的限制，青藏地区特别是农牧区的不少地方政府和官员，虽然也能看到环境生态问题的存在，但是在实际工作中往往只把发展经济、增加农牧民收入和村容村貌整治作为新农村建设与和谐社会建设的中心任务，甩掉"落后"帽子的愿望十分强烈，而没有意识到或没有高度重视文化因素对这些工作的推动作用，所以，文化建设涉及较少。即便是在一些重视文化建设的地方，也只是热衷搞一些投入少、难度小、看得见的"硬件"（诸如图书室、阅报栏等）建设，或者组织几次政绩色彩浓厚的"送文化下乡"活动，少有涉及变革观念、改变生产方式和生活方式等深层次的文化建设，而这正是生态文化建设的重要内容和关键点。这

---

① 苏永生：《青藏高原地区生态保护立法模式的确立——以藏族生态文化为视角》，《河池学院学报》2008 年第 4 期，第 108 页。

种现状，不仅制约着青藏地区精神生态文化建设，也制约着物质和制度生态文化建设。

从精神生态文化来讲，我们知道：文化的发展一般与社会经济的发展紧密关联，社会的物质生活是进行文化活动的基础。经济上的落后必然制约着青藏地区文化教育水平和居民文化素质的提高，制约着文化基础设施的建设，也影响广大人民特别是农牧区人民的文化消费水平，进而影响青藏地区生态文化建设。"据调查，青海藏区州一级的文化馆和图书馆设施几乎是空白；至今尚有 294 个行政村未通广播电视；5 个州 30 个县没有一个标准的体育场。有的农牧民至今没有看过一场电影，不知文化馆、图书馆为何物"。① 在这种状况下发展生态文化，谈何容易。

从物质生态文化建设来看，青藏地区面临着生产生活方式生态化转变的巨大压力。尽管青藏地区局部的生产和生活方式现在已经取得了一定的成绩，但就整体而言，青藏地区目前的生产和生活方式与生态之间的矛盾仍十分突出。从工业生产来看，目前西藏工业化程度仅为 7% 左右，比较 47% 的全国平均水平差距甚远，各类工业产品结构单一，产品科技含量不高，精深加工能力不足、附加值低；而且资源和环境约束日益突出，工业发展方式迫切需要转型，利用高新技术改造提升传统产业的任务繁重。青海同样面临工业生态化转型的任务。"湟水流域是青海省人口密度最大，工矿企业最集中，经济发展速度较快的地区之一，地面污染源多，造成湟水河水环境质量逐年下降"②。从农牧业生产来看，我们发现青藏地区长期以来一直延续着粗放型生产经营方式，农牧民的增收仍然以传统的农业、畜牧业为主，产业结构十分单一。随着人口的快速增加，土地开发强度逐渐加大，牧场超载日益严重。青藏大部分农村海拔相对较高，全年无霜期较短，气候寒冷，大部分农牧民习惯了以木材作为燃料取暖、做饭。2009 年，有记者就冬季取暖防火安全事项对拉萨市的几个社区进行调查，团结新村社区居委会党支部书记云登扎西告诉记者："我们社区有 1000 多户居民，有 70% 的居民都准备了很多木材、煤炭供冬天取暖，有很多家庭还是习惯

---

① 马志伟：《关注青藏高原先进文化建设促进区域经济社会的协调发展》，中国政协新闻网，http://cppcc.people.com.cn，2008.04.23。

② 曹文虎、李勇：《青海省实施生态立省战略研究》，青海人民出版社 2009 年版，第 74 页。

用木材、煤炭取暖，只是少数家庭会使用电暖器取暖。"① 这说明，青藏地区特别是广大农牧区的生产方式和生活方式亟待实现生态化的转型。而这种转型单靠宣传教育是难以奏效的，它需要相应经济实力的支撑。2003 年，全省民族地区城乡收入差距为 4914.90 元，而 2004 年，全省民族地区城乡人均收入分别为 7319.67 元和 2004.6 元，差距为 5315.07 元。显然，这种差距在呈现扩大趋势的同时，也表现在年度的增长速度有所不同。经过统计和调查发现，社会经济越不发达的地区，这种差距越大。

民族地区内这种城乡收入分配差距的存在，给地方政府协调民族分配政策带来一定的压力。2003 年，在六个民族自治州，城乡居民收入的平均差距为 4896.67 元，而 2004 年，这一平均差距则扩大到 5355.08 元，整个民族地区的城乡居民收入差距也由 2003 年的 5089 元扩大到 2004 年的 5280.4 元。2004 年，青海六个民族自治州和东部地区的五个民族自治县社会居民人均收入水平分别为 3585.22 元和 2340.33 元。在六个民族自治州中，社会居民人均收入差距较大，最高的海西藏族蒙古族自治州，2003 年人均收入为 5605.18 元，2004 年达到 5945.66 元，远远高于全省民族地区的平均收入水平；最低的黄南州和玉树州分别为 2236.66 元和 2405.20 元。2003 年，黄南地区的居民平均收入是海西地区收入水平的 0.39 倍；2004 年玉树地区的收入水平与 2003 年同期相比，下降了 6.36%。东部地区的五个民族自治县的人均收入水平要低于六个民族自治州的收入水平，甚至低于整个民族地区居民的平均收入水平。从生态制度建设来看，由于缺乏资金支持，一些好的制度只能被"束之高阁"，不能得到有效落实。总之，青藏地区生态文化建设与当地经济实力薄弱的矛盾十分突出。

（四）人口增长过快，群众文化素质较低

青藏地区人口增长过快，资源环境承载力压力增大。青藏地区属于典型的高寒区，气候干旱寒冷，单位地区人口承载率在整个西部民族地区最低，西部民族地区人口的增长速度较快，造成人地矛盾紧张，人们为了种粮和取薪，大肆开荒伐林，大面积的地表植被被破坏殆尽。青藏地区人口增长过快，资源环境承载力压力增大，形成"越穷越生，越生越穷"的

---

① 马明明：《木材煤炭空调冬季取暖方式多过"暖"冬》，中国西藏新闻网，http://www.china tibet news.com，2009.11.25。

恶性循环。资料显示，"从西藏和平解放到 2008 年，不到 60 年的时间里，西藏总人口由 1959 年的 122.8 万人增加到 2008 年的 287.08 万人，当地的藏族人口从 100 万左右快速增长到 2008 年的 270 万人。中国内地广泛开展的计划生育政策并没有在西藏广大农牧区实施，相关统计机构对西藏自治区 1% 的常住人口抽查结果显示，近十年西藏常住人口的年增长率一直保持在 10‰以上，远远高于全国平均水平"。[①] 青海也是全国人口自然增长率比较高的地区，形势不容乐观。"2007 年末，全省总人口 551.6 万人，人口自然增长率为 8.8‰，与 2006 年相比，自然增长率下降 0.17 个千分点，但仍高于全国同期水平 3.83 个千分点。"[②]

对于经济欠发展的青藏地区而言，人口的过快增长对经济社会的发展及就业文化、资源和环境问题都会产生较大影响。因此，实行计划生育，控制人口数量，提高人口质量，减轻人口对土地的压力，是青藏地区缓解人地矛盾，防治水土流失和土地荒漠化，保护和改善生态环境，实现可持续发展战略不可缺少的重要举措。

人口分布不合理是导致生态失调的又一原因。以青海为例，2000 年全国第五次人口普查，青海省总人口为 5181560 人。平均人口密度 7.2 人/平方千米，是全国地广人稀的省区。人口分布极不平衡：全省人口集中分布在东部农业区，该区面积不到全省总面积的 5%，却居住着全省 75% 的人口，人口密度约为每平方千米 170.3 人。西部牧业区的面积占全省总面积的 95% 以上，但居住的人口只有全省总人口的 25%，人口密度每平方千米 1.6 人，其中海西州每平方千米还不到 1 人，玉树、海西两州有的地方几百平方千米以内荒无人烟，成为高寒无人区。[③] 区域人口分布的不平衡，一方面造成了人口稠密区域生态系统的巨大压力；另一方面，不平衡带来的人烟稀少区的基础设施和建设的不到位，又影响该地区的经济发展和生态的治理。因此，人口的合理分布也是协调青藏地区人和自然和谐相处的重要一环，人口的合理分布应当是建立在对青藏地区宜居

---

① 中国藏学研究中心：《西藏经济社会发展报告》，新华网，http://news.xinhuanet.com/news center /2009 - 03/30/content_ 11098904. htm。

② 曹文虎、李勇：《青海省实施生态立省战略研究》，青海人民出版社 2009 年版，第 100 页。

③ 《青海人口普查报告》，中国广播网青海分网，http://www.cnr.cn/wcm/qinghai/qhdl/t20031107_ 142265。

环境和民族地区群众生活习性的科学调研基础之上的。

从人口对资源、环境、经济承载力来看，人口适度迁移是完全必要的。但人口迁移应以内部流动为主，外部迁移为辅。内部迁移主要是资源相对贫瘠地区或生存环境差的地区，向农业综合开发区、资源重点开发区或生存环境较好的地区。关于人口的迁移，学界试图从外部因素、经济因素、环境因素探索人口迁移规律。就青藏高原而言，内部迁移可以吸收具有相同或类似特质的人口，生存能力和适应性变化不大，但必须采取政府疏导、个人自愿或经济杠杆等多种手段。外部迁移主要是外地干部、人才和技术工人等，并与外地产业和技术转移结合起来。

青海省和西藏自治区现总人口约 1000 万，但由于经济的、宗教的和其他原因，青藏地区的教育事业发展相对滞后，人民受教育程度偏低，文化素质相对不高。"据统计，西藏农村居民家庭劳动力中不识字或识字很少的人的比例约为 58.42%，青海则为 32.56%。西藏文盲、半文盲人口比重高达 54.86%。2000 年，全国儿童入学率为 99.1%，西藏小学学龄儿童入学率仅为 85.8%，比全国平均水平低 13 个百分点，为全国最低；全国小学生毕业升学率仅为 94.9%，西藏同样全国最低，比全国平均水平低 40 个百分点。青海藏区到 2005 年底，还有 18 个县尚未实现'两基'目标，青海牧区六州'两基'人口覆盖率仅为 37.5%，人均受教育年限仅为 2.7 年，比全国平均年限少 5.8 年，小学生适龄儿童入学率最低的现只有 68%，初中适龄儿童入学率最低的现仅为 16%，文盲率在 15% 的县有 11 个"。[①] 人口增长过快，群众文化素质较低，无疑对生态文化建设构成了制约。

限制本地区社会发展的主要原因

原因	自然地理条件	自然资源	政策的限制	文化教育	宗教
人数（%）	612（41.1%）	240（16.1%）	204（13.7%）	652（43.8%）	144（9.7%）

当问题涉及限制本地区社会经济发展的主要原因时，43.8% 的人选择了文化教育，41.1% 的人选择了自然地理条件。首先，青藏高原地处西部边陲，海拔高，气候条件恶劣，空气比较干燥、稀薄，太阳辐射比较强，气温比较低，交通不发达等诸多原因，严重限制了农作物的生长，妨碍了

---

① 马志伟：《关注青藏高原先进文化建设促进区域经济社会的协调发展》，中国政协新闻网，http://cppcc.people.com.cn，2008.04.23。

人们的信息交流与沟通，这些因素首先成为了限制本地区社会发展的客观原因。其次，经济的落后导致教育资源的缺乏，各民族的群众相对来说享受不到比较优越的教育资源，加上各少数民族的传统思维观念、风俗习惯的影响，导致部分学龄儿童辍学，成为文盲，并且这一现象形成恶性循环，各少数民族文化教育水平一直以来都相当低。

（五）文化管理体制改革缓慢，难以形成共建生态文化的合力

生态文化建设是一个系统工程，需要完善的文化管理体制作保障。建设生态文化，使之渗透于社会的各个领域和方方面面，不光是文化部门的事情，而是需要包括文化部门在内的教育、宣传、环保、工商、信贷、经济、立法等社会各部门的通力合作。任何一个部门都无法单打独斗地完成生态文化建设这一浩大工程。但是，各部门在生态文化建设方面应该做哪些工作，承担哪些责任，建设成效如何考量，都还不够明确。这就在客观上要求改革过去的文化管理体制，建立适应生态文化建设的管理体制。从上到下，从地方到基层，要成立相应的组织机构，配备相应的人员，以加强统筹规划，科学分配任务、厘清责任，加强督促，落实检查。只有这样，社会各部门才会结合生态文化的丰富内涵和本部门工作实际，自觉为建设生态文化建设创造条件，亮起绿灯。

与其他发达省、市和地区相比，青藏地区适应生态文化建设的管理体制还未建立，目前主要依靠的还是计划经济时期建立的文化管理体制，很难适应生态文化建设的需要。这主要表现为：文化体制管理僵化、管理部门过多过滥，管理责任不明，投融资渠道单一、政企不分、文化市场发育滞后、缺乏完善的文化管理法规体系；文化人才流失，文化原创力降低，整体实力和竞争力受到削弱。以青海为例，尽管近年来，文化产业发展较快，并涌现出了一批有较强实力的文化企业。但是，"我省文化产业发展远远落后于西部其他省份，与发达省份的差距更大"。"究其原因，主要有以下几方面：在认识上……其规划、管理、发展，均由政府包办操持；在文化产业体制上，改革创新不到位，政策倾斜扶持力度不够，文化产业立法有待进一步加强"。① 另外，由于青藏地区生态文化建设还处于起步

---

① 苏雪芹：《青海民族文化产业化发展对策研究》，《青海民族学院学报》（社会科学版）2007 年第 1 期，第 78 页。

阶段，对生态教育、生态宣传、生态保护团体及生态文化普及基础设施等生态文化建设的资金投入不足，使得生态文化建设管理工作落实难度加大。

（六）民族及宗教问题对生态文化建设的影响

青藏地区是多民族聚居的地区，各民族间不同程度地存在着文化传统、宗教信仰、风俗习惯之间的差异和矛盾。

一是少数民族与汉族、少数民族之间的矛盾。改革开放以来，东西部经济发展的不平衡直接影响到少数民族地区，经济发展的差距必然带来利益分配的差异，进而引发民族之间的一些显性和潜性矛盾。另一方面，在风俗习惯和语言文字等方面存在较大差异，有时会引发一些误会和矛盾。这些矛盾往往在生态文化建设中以不同的形式表现出来，成为制约青藏地区生态文化发展的软瓶颈。

二是不同宗教信仰群体之间的矛盾。青藏地区的少数民族占青藏地区总人口的 46% 以上，且大多数都信仰伊斯兰教或藏传佛教。这样，该地区就存在信教群众与不信教群众之间的矛盾，不同宗教信仰群体之间的矛盾。这种矛盾的存在，往往也会导致建设生态文化的力量趋于分散，难以形成强大合力。

调研中我们发现，由于地区之间经济发展不平衡，宗教信仰、风俗习惯各异，导致民族之间的冲突时有发生。这类事件一般发生在不同民族的个体成员中间，大多数为工商管理、社会治安、民事纠纷等方面的问题。

有的事件是极少数人别有用心地挑拨、教唆、煽动，把个人之间的恩怨、纠纷、不满上升为民族宗教问题，最终演变成为群体性事件，不仅造成人民生命财产损失，而且引发民族关系长期不睦与紧张。

有的事件是分裂势力、宗教极端势力、恐怖势力蓄意散布谣言，挑起事端以达到破坏民族团结、社会稳定的目的。

许多事件大多发生在青海南部藏族聚集区的藏族与回族、撒拉族之间，新中国成立直至改革开放以前该地区民族团结、政治稳定，民族关系基本上是平稳的。为什么在近年来会出现藏与回、撒拉等民族关系趋紧的情况呢？青海的回族、撒拉族主要居住在人口密集的西宁、海东等地区，他们有擅长经商的历史传统，许多回族、撒拉族农民在省内的其他地方或到省外积极开展以商业、运输业、饮食服务业等为主的经营（尤其以餐饮业居多）。而青海的藏族主要散居在牧区，游牧是其传统的生产方式，因而他们不善于经商，也缺乏市场经济的观念。目前，在藏族人口占95%以上的青南地区的一些县城里，经营商业、运输业、饮食服务业的绝大多数是来自青海东部地区的回族、撒拉族、汉族等，他们的就业机会比当地的藏族居民多，收入自然也高，这就引起了一部分藏族群众的心理不平衡，有些人甚至采取极端方式排斥其他民族的居民。这一状况极大地影响了各民族之间的关系，一定程度上引发了民族矛盾。

近年来，藏族中也逐渐出现了一些从事商贸活动的人员，但个别藏族商人不明白商贸活动相互依存、互通有无的道理，而是认为穆斯林商人在藏区的存在是与其争利，从思想上和行动上都反对穆斯林商人在藏区从事商贸活动。这不仅影响藏区市场经济的发展，而且导致藏族与信仰伊斯兰教民族之间的关系趋向紧张。

在社会主义条件下，广大劳动人民尽管民族、宗教信仰不同，但政治、经济上的根本利益的一致性，使民族、宗教信仰上的矛盾主要表现为人民内部矛盾，性质大部分为非对抗性的，主要表现在认识差异的矛盾以及由实际工作的失误而引起的矛盾，这些矛盾大都可以通过协商对话得以解决。但是，如果境内外敌对势力、敌对分子利用民族、宗教矛盾在后面挑动，制造混乱，而我们在处理相关问题时出现失误，往往就会造成群体性事件的发生，处理不当，就会使这类矛盾在形式上容易激化，即从非对抗性转化为对抗性；性质上也容易转化，即从是非问题转化为敌我问题。近年来，全国频繁发生的由人民内部矛盾引发的集体上访、冲击党政机关企事业单位、请愿游行、示威、罢工等群体性事件，数量多、人数多、规模大。据2005年中国《社会蓝皮书》公布的统计数据显示，从1993年到2003年间，我国群体性事件数量由1万起增加到了6万起。

"藏独"势力不会在短期内消失，也不排除境外敌对势力利用宗教问题和民族问题制造矛盾、破坏团结的情况。发生在西藏拉萨的"3·14"事件就是明证。稳定是青藏地区实现又好又快发展的前提，也是生态文化建设的基本保障。能否坚持好、运用好党的民族政策和宗教政策，解决好民族和宗教问题，是青藏地区各项建设包括文化建设顺利开展的前提。在漫长的历史进程中，我国各族人民密切交往、相互依存、休戚与共，形成了中华民族多元一体的格局，结成了血肉纽带和兄弟情谊，共同捍卫了祖国统一和民族团结，共同推动了国家发展和社会进步。历史反复证明，国家统一、民族团结，才能政通人和、百业兴旺。国家的统一，人民的团结，国内各民族的大团结，是中华民族的根本利益所在。凡是民族团结搞得好，我们的经济社会发展就快，各族人民得到的实惠就多；反之，凡是民族团结遭到破坏，就会导致社会动荡，发展停滞，各族人民遭殃。

四　青藏地区生态文化建设面临的机遇

从外部看，青藏地区生态文化建设面临着一系列机遇：全国上下正在落实科学发展观、要求实现生态文明、各地正在构建和谐社会、加快西部开发已是国家的既定战略。此外，还有以下难得的机遇。

（一）居民文化需求日益提高

2004 年，我国国内生产总值超过 1 万亿美元，人均 GDP 突破 1000 美元。根据权威部门预测，居民消费结构将发生根本性变化，用于文化教育消费的部分将越来越大。根据国家统计局的数据，2005 年我国城镇居民消费支出中，教育文化娱乐服务类支出增长 6.26%，占人均消费性支出总额的 13.8%，达到 1097.5 元。农村居民消费支出中，教育文化娱乐服务支出增长 19.3%，占人均消费性支出总额的 7.16%，达到 295.5 元。2005 年城乡居民教育文化娱乐消费支出总量为 8372 亿元。2006 年全国居民教育文化娱乐服务消费总量为 9370 亿元，按我国城镇和农村居民家庭人均教育文化娱乐服务消费中教育支出占 50% 计算，2006 年我国城乡居民家庭文化消费总量为 4685 亿元左右。可以预计，随着中国和青藏地区经济发展水平的提高，文化消费品市场总量将急剧扩大，这将为青藏地区文化产业包括生态文化产业的发展带来机遇。根据国际经验，一定的 GDP 发展水平，与一定的恩格尔系数，以及一定的文化消费支出有内在相关性。2005 年我国人均 GDP 就已超过了 1700 美元，文化消费总量却只有 4150 亿元左右，与同等发展水平国家平均值的差距至少在 15000 亿元以上，中国居民的文化需求的满足程度仅仅不到 1/4。

根据国家统计局在第六届深圳文博会上发布的官方数据，2009 年中国文化产业全年增加值为 8400 亿元左右，占同期 GDP 的比重为 2.5% 左右。一般说来，一个产业成为"支柱产业"的底线是占 GDP 总量的 5%，因此，如果中国文化产业要在 2015 年成为支柱产业，就必须将在 GDP 中占比提升一倍。再根据温总理在报告中所说，"十二五"期间设定年增 7% 的目标，2015 年我国国内生产总值将超过 55 万亿元，那么这个 5% 就是 2.75 万亿元。以 2009 年我国文化产业 8400 亿元为起点，要实现 2015 年 2.75 万亿元的目标，每年必须实现 21% 以上的增长率。

2011 年温总理在政府工作报告中把培育新型文化业态提到了空前的高度，这是和我国经济快速发展，收入和消费水平迅速提升，以及数字化信息技术迅速普及，新技术大规模商用导致创新性的生产和消费形式层出不穷分不开的。在温总理的报告中，给予公共文化服务以更高的关注度，提出了诸如"增强公共文化产品供给和服务能力，重点加强中西部地区和城乡基层的文化基础设施建设，继续实施文化惠民工程"，"扶持公益性文化事业，加强文化遗产保护、利用和传承"等重大措施。我国目前已经形成了公共文化服务与文化产业两轮驱动的良好发展格局，公共文化服务体系建设不仅改善文化消费环境，提升城乡居民的文化消费能力，而且还通过改革扩大了公共财政以市场化形式购买服务产品的力度，对文化产业具有不可小视的拉动作用。

2009 年是中国文化产业发展历程中具有里程碑意义的一年，文化产业成为我国经济新增长点的态势愈加明显，其在转变经济发展方式、调整国民经济结构中发挥的作用在更大范围内获得了认可。2009 年中国文化产业继续保持较快发展态势：全年文化产业增加值为 8400 亿元左右，比 2008 年现价增长 10%，快于同期 GDP 的现价增长速度 3.2 个百分点，占同期 GDP 初步核算数的比重为 2.5% 左右。

2010 年，新兴文化产业快速发展，网络出版、手机出版、动漫网游和数字印刷等战略性新兴文化产业增长速度超过 50%。北京、上海、广东、湖南、云南、湖北等地 2010 年文化产业增加值占国民经济比重已超过或接近 5%。文化产业已经成为当地经济发展的支柱产业。

2009 年 9 月 26 日，新中国首部《文化产业振兴规划》出台，它是指导我国文化产业发展的纲领性文件。它的发布，表明文化产业作为国民经济新的重要增长点，已经上升到国家战略层面，标志着文化产业发展进入了一个新的阶段。2010 年 4 月 8 日，中宣部等九部委联合发布《关于金融支持文化产业振兴和发展繁荣的指导意见》，这是近年来首个金融行业全面支持文化产业繁荣振兴的文件，有助于推动文化产业与金融业的有效对接，满足文化企业发展的资金需求，促进文化产业的创新和繁荣。此外，我国文化产业界还可以直接参加公共文化服务体系的建设。随着我国社会管理体制改革的启动，文化体制改革必将进一步深化，在目前财政包揽的公共文化服务体系和市场支配的文化产业领域之间必然出现一个"非政府、非营利"的社会组织发展空间。

（二）中央政府的支持

1951 年西藏刚刚和平解放，中央政府就组织"政务院西藏工作队"，对西藏土地、森林、草场、水利和矿产资源进行科学考察和评价，提出了科学开发利用的意见，从而开启科学认识、主动保护和积极建设西藏生态环境的进程。中央政府高度重视西藏生态环境保护与建设，投资力度也随着综合国力的增强不断加大。"十五"期间，中央和自治区用于西藏生态环境保护与建设的投资达 24 亿元，实施了拉萨拉鲁湿地、纳木错自然保护区管护工程和那曲中部草地国家级生态示范区等建设工程。2007 年国务院批准的 180 个西藏"十一五"规划项目中，仅生态环保与建设的项目就占 23 个，投资达到 64.2 亿元。为了保护环境，西藏禁止发展造纸、化工等重污染、高耗能工业，并积极开展企业污染治理。"十一五"期间，国家投入 100 多亿元资金构筑西藏高原生态安全屏障。根据规划，这一项目涉及 2006—2030 年期间包括天然草地的保护、野生动植物保护及保护区建设、人工种草工程、防沙治沙工程、水土流失治理工程等共 3 大类 14 项工程。[①]

国务院近日又发出《关于印发青藏高原区域生态建设与环境保护规划（2011—2030 年）的通知》（以下简称《规划》），这是国务院印发的首个区域生态建设与环境保护规划。《规划》范围包括西藏、青海、四川、云南、甘肃、新疆 6 省（区）27 个地区（市、州）179 个县（市、区、行委）在内的青藏高原。这个区域地理位置特殊，自然资源丰富，是我国重要的生态安全屏障、战略资源储备基地、高原特色农产品生产基地和中华民族特色文化保护基地，也是重要的世界旅游目的地。加强青藏高原生态建设与环境保护，对于维护国家生态安全、促进边疆稳定和民族

---

① 《西藏生态环境受到政府重点保护和改善》，中国林业网，http://gtlh.forestry.gov.cn/portal/main/s/227/content - 27。

团结、全面建设小康社会具有重要战略意义。规划将青藏高原区域划分为生态安全保育区、城镇环境安全维护区、农牧业环境安全保障区和其他地区四类环境功能区。

《规划》提出，青藏高原区域生态建设与环境保护目标分为三个阶段：近期（2011—2015 年）的主要目标是着力解决重点地区生态退化和环境污染问题，使生态环境进一步改善，部分地区环境质量明显好转；中期（2016—2020 年）的主要目标是已有治理成果得到巩固，区域生态环境总体改善，达到全面建成小康社会的环境要求；远期（2021—2030 年）目标是自然生态系统趋于良性循环，城乡环境清洁优美，人与自然和谐相处。①

《规划》定位于综合性、宏观性和战略性，其总体考虑是：围绕一个目标，遵循两大战略，把握四个重点。一个目标，是以建设国家生态安全屏障为核心，将生态建设与环境保护作为青藏高原全面建设小康社会、维护社会稳定和民族团结的重要举措。两大战略，是指生态优先和空间优化战略，将保护生态环境作为青藏高原产业发展、资源开发的前提，通过空间优化引导经济社会与生态环境保护协调发展。四个重点，是指要重点解决的四个问题：一是要强化自然生态系统的保护和恢复，确保生态环境良好；二是要解决影响科学发展和损害人民群众健康的突出环境问题，保障和改善民生；三是要加强生态环境安全监管能力建设，创新机制、依靠科技，建立健全青藏高原生态建设与环境保护长效机制；四是要引导草地、矿产、水能和旅游等自然资源科学合理有序开发，促进经济发展方式转变。②

（三）国际社会的关注

"青藏高原长期以来一直吸引了国际学术界的注意，是国际科学技术合作的热点地区，而且中外双方均有强烈的合作愿望"。③ 事实上，国际社会对青藏高原的关注，不仅仅局限于科学界和学术界。2004 年 4 月，"野生动物植物保护国际"（FFI）与治多县人民政府联合启动了"索加地区民间雪豹保护区雪豹监测保护行动"项目。在雪豹栖息地社区成立监

---

① 《青藏高原生态环保规划》，http：//www. enorth. com. cn，2011－06－16。

② 《人民日报》2011 年 6 月 27 日。

③ 成升魁：《青藏高原在开放中发展与探索》，《学会月刊》2000 年第 4 期，第 5 页。

测小组，并划定了四个核心保护区，雪豹保护已列入当地的"村规民约"。4 年前，来自加拿大的"起步高原"组织同治多县政府展开了"人与野生动物冲突缓解"项目，雪豹保护工作也被列入其中。目前，索加乡墨曲大队常年有 10 位牧民在雪豹栖息地进行信息收集工作。伴随着全球气候变暖的趋势，气候问题、环境生态问题也逐渐成了国际政治问题的焦点所在。青藏高原以其独特而重要的生态地位也引起了许多政界人士的关注。这里风景绚丽多彩，多民族共同繁衍生息，多民族文化交相辉映。随着青藏铁路的开通和高原开放程度的扩大，青藏高原的神秘面纱逐渐褪去，越来越多的国际人士渴望一睹青藏风光，渴望了解这里的风土人情，渴望了解这里的历史文化。这里的原生态美吸引着人们的探究欲，引发着人们的新鲜感和新奇感。基于此，人们对这里的经济、政治、文化发展以及自然环境状况都产生了浓厚的兴趣。尽管这种关注有时变得很"过分"，他们甚至批评和指责我们某些工作不到位。但无论怎样，我们都应该把这种友好或非友好的关注变成进一步搞好青藏高原各项建设的动力。青藏高原生态环境的变化，日益引起了广泛关注，我们只有大力发展生态文化，建设好青藏高原的生态文明，才能赢得国际社会的更大尊重。

五　青藏地区生态文化建设面临的挑战

辩证法告诉我们：机遇总是与挑战并存。青藏地区的生态文化建设，既要把握好机遇，也要做好应对挑战的各种准备。只有这样，生态文化建设才能有条不紊，多出成果，出好成果。

（一）市场经济对生态文化的冲击

青藏大部分地区长期以来社会经济发展水平相对低下，人们的生活水平不高。伴随着改革开放的深入和市场经济体制的建立，青藏地区人民求生存、谋发展、要求提高生活水平的意识也在增强。目前，青藏高原生态文化还不够普及、人们的生态意识还未完全觉悟，发展经济与保护生态环境的矛盾在一定程度上有所激化，原有的一些有利于环境保护的生产方式、生活习俗让位于经济发展的需要而失效、失灵。伴随着改革开放的进程，青藏高原地区经济活动的强度和广度大幅度提高，每年数万人进入牧区从事采金、挖虫草、采药等活动，对生态环境和草原生态系统的破坏性很大。牧区草场承包后，受经济利益驱动，牲畜快速增加，草畜矛盾突出，草场超载，产草量下降，草场退化和沙化。在山区，一些农牧民为了解决口粮问题、生存问题，而广种薄收，难以从"越垦越穷，越穷越垦"的恶性循环中摆脱出来。"青海省玛多县在20世纪80年代曾经是全国闻名的富裕县，1998年全县草地退化面积达70%，使这一纯牧业县成为全国十大贫困县之一。"① 虽然农牧民有朴素的生态保护意识，有些甚至从生息之地环境生态的退化恶化中体会到环境保护的重要性，但面临生存、发展、致富的任务时，那些传统的优秀生态环境意识就被抛诸脑后了。少数民族的宗教禁忌、乡规民约、习惯法是具有可操作性的制度化的伦理约束。但是，对于当代的少数民族人民来说，并没有被他们自觉地加以运用。这就意味着当少数民族人民在受到"人定胜天"、"征服自然"的思想的强势影响下，面对外来文化的冲击时无所适从，没有足够的力量来保护自己生态伦理的价值取向。近60年来，由于受追求短期经济利益和人口迅速增长等多种因素的冲击和影响，西部少数民族传统生态伦理及与之相适应的自然资源管理模式日趋淡漠、衰微，甚至流失，不同程度地失去了其对民众的规范和整合作用，少数民族人民不再相信自然界中神的存在和力量，不再崇拜自然。而相应的，对环境进行保护的新机制还没有建立起来，从而引发了少数民族地区生态行为的失调与失范。随着西部开发带来的外来文化的冲击和经济生产方式的影响，民族地区人民逐渐加大了对自然的索取，乱砍滥伐，过度放牧，人们在向自然进军、征服自然的同时也在破坏着自然。

（二）发达地区生态文化建设快速发展带来的挑战

我国的生态文化建设不是某个省、某个市的个别做法，而是全国范围内的大动员、大行动。其他省市的生态文化建设对青藏地区来讲，既是机遇，也是挑战。机遇是指有了可学习、可直接参考借鉴的对象，挑战是因为青藏地区在经济、地理区位、人才储备等方面均不占优势。在某种程度上可以说，挑战大于机遇。因为，今天的生态文化建设不同于历史上传统

---

① 姜春云：《偿还生态欠债——人与自然和谐探索》，新华出版社2007年版，第29页。

的生态文化建设。传统的文化建设主要是观念、意识领域的建设，内容相对单一，容易操作；生态文化建设是包括精神生态文化建设、物质生态文化建设和制度生态文化建设的综合性文化建设，既涉及精神领域的变革，也涉及生产生活方式等物质领域的变革以及政策取向、制度和管理层面的变革，操作相对复杂。这就需要更多人力、财力以及制度上的保障与支持。其他省市尤其是东部和中部地区的省份，由于经济、文化相对发达，所以为生态文化建设提供了较好的基础，容易吸引生态文化建设人才和文化企业到这些地区进行创业和发展。这将使青藏地区的生态文化建设处于不利的地位。

同为西部民族众多的云南省，近几年在民族文化资源的开发、保护、利用方面走在全国前列，共制定了 40 多项有关生物多样性保护的地方法规和规章，初步形成了生物多样性保护的法规体系。近 5 年来，全省用于自然保护区建设和生态环境建设的投入上百亿元，共建立自然保护区 158 处，总面积 295.74 万公顷，形成了类别齐全、类型多样的自然保护区网络体系。"国家林业局西南生物多样性保育重点实验室"、"中国西南野生生物种质资源库"、"国家高原湿地研究中心"构建起云南省生物多样性保护和持续利用的高级研究平台，科技的力量提升着生物多样性保护的水平；与此同时，一批弘扬生态文化、生态文明的科普、教学、实验、创作场馆在全省各地蓬勃兴起，全民生态文明意识普遍提高。相比较而言，青藏地区的生态文明建设相对滞后。

同时，我国广阔的地域、复杂的自然地理类型、多样的生态系统，以及特色鲜明的地方风俗文化，为建设多元的生态文化提供了沃土。目前，伊春的红松文化、西双版纳的热带雨林文化、腾格里的沙漠生态文化、呼伦贝尔的草原文化、海南的岛屿文化都已纷纷登场，发出了耀眼的光芒。"藏族生态文化"虽然在全国有一定的影响，但作为生态文化建设的招牌还显得有些笼统和模糊。如何把青藏地区雪域文化、高原湿地文化、草原文化、布达拉宫和塔尔寺为代表的宗教文化等这些具有特色和招牌效应的生态文化品牌建设好、利用好，在众多的生态文化类型中脱颖而出，并在全国乃至全球产生较大的影响，也面临挑战，还需要创新思路，精心培养。

青藏高原独特的地理环境和特殊气候条件，不仅孕育了独特的生物系统，被誉为高寒生物自然种子资源库，同时各民族在几千年的高原生存发展中，也创造了与高原自然生态环境和谐相处的生存方式与民族文化。以藏民族为主的藏区人民简朴的自然生产方式、文化价值观念、宗教信仰、自然禁忌、风俗习惯、生活方式、经济形态长期维系了青藏地区自然生态系统和社会系统的和谐。青藏地区恶劣的自然环境在长期历史发展过程中依然保持着平衡，是和地方传统的生产方式和生活方式息息相关的。从这种意义上可以说，青藏地区宗教文化、价值观念、民族风俗是基本上适应和满足生态和谐的需求的。但是近几个世纪以来，随着青藏高原地区人口的繁衍和畜牧业的扩大，几次较大的天灾和气候的变迁以及人为的战乱导致了青藏地区自然条件的恶劣走势；新中国成立初期，全国的社会主义建设探索同样在该地区形成较大影响，盲目的发展导致了自然资源极大浪费和生态环境的巨大破坏，森林的消失、河湖的干枯、草原的退化、动植物的濒临灭绝等都是典型的写照；西部大开发再次把青藏地区的开发推向了高潮，市场经济的作用下人们根据自己的价值取向把草地、森林、生物等资源定位在生产、生活功能的层次，仅有对生态系统产品直接消费价值的认同和取向，而忽视其为自己提供的生态服务功能和价值，过多地向大自然索取物质和能量，生产消费活动超过生态系统承载限度和范围，系统结构失衡和服务功能弱化便成为必然。

（三）外来文化对青藏地区生态环境的影响

　　青藏地区传统生态文化受到的冲击主要体现在两个方面：一个方面是工业化改变了人们传统生态文化中的认知能力。机械化的大生产加快了对青藏地区自然环境的开发力度，从而一定程度上改变了在原有宗教观念、民族风俗和社会生活习惯上人们对大自然和人自身能力的认知。以前传统文化中人们对自然的崇拜部分出于当时人们对自然界改造能力低下或文化认知水平不高的缘故，这种"无能的认知"制约了人们对自然地开发力度，客观上保护了生态自然。另一方面是市场经济的价值观对青藏地区原有的价值观念有着诱惑力。市场经济是一把双刃剑，它可以调动和激活人们经济活动的激情，同时在市场经济的刺激下，占有欲、贪婪欲、个人主义、拜金主义、消费主义显现出来，这无形中打破了青藏地区传统文化中简单的生活方式和价值判断标准。

　　所谓乡土知识系统是指当地社区通过长期生产实践所积累的、世代相传的知识和技术。乡土知识系统既包括传统的生产技术和组织管理方面的经验，也包括信仰和人生价值观等。当地社区和人民不仅对其周围环境有着深刻的认识和广泛的知识，他们也在保护当地自然资源的工作中扮演着十分重要的角色。特别是，这些乡土知识系统在保护自然资源和生物多样性乃至文化多样性方面起到了积极的作用，也为维护生态平衡和自然资源持续利用做出了重要的贡献。此外，乡土知识系统也为自然资源的使用和生态系统的管理提供了重要的参考价值。

由于现代化生产和生活方式的演变，以及受外来文化的冲击，合理地存在了几千年的民族传统文化正在大量流失，乡土知识系统正面临着威胁并受到严重的挑战。民族传统文化和乡土知识系统被政府部门所忽视，许多具有重要价值、行之有效的利用乡土知识保护和管理环境的方法不仅得不到流传和使用，反而十分遗憾地被遗弃或废止。有的地方甚至把农民自助组织制订的乡规民约也纳入行政管理的范围，并建立了行政首长目标责任制，致使乡规民约成了包罗万象、门类较多的社会治安管理条文。这种名存实亡的政府行政管理式的乡规民约已经完全丧失了其原来的作用，而只能是一种应付上级检查的"摆设"。这种状况不仅不利于自然资源的可持续管理，也影响了当地经济的可持续发展。

在当今世界经济全球化、一体化的国际大背景下，在发展社会主义市场经济和价值观念日趋多样化的条件下，在文化信息交流手段日新月异的情况下，各种思想文化思潮正在相互激荡、相互碰撞。从文化内部来看，总存在先进文化与落后文化（如黄色文化、垃圾文化、消极文化等）的交锋，二者总是在默默地较量中争夺着文化市场。我们需要引进先进的文化理念，也要警惕和预防落后文化的涌入。在这一较量当中，我们能否唱响生态文化这一先进文化的主旋律，又能够满足广大人民丰富多彩的文化需求，任务异常艰巨。

早在 150 多年前，马克思、恩格斯在《共产党宣言》中就精辟地论述了经济全球化与文化全球化的关系，"由于开拓了世界市场，使一切国家的生产和消费都成为世界性的了……过去那种地方的和民族的自给自足的和闭关自守状态，被各民族的各方面的互相往来和各方面的互相依赖所代替了。物质的生产是如此，精神的生产也是如此。各民族的精神产品成了公共的财产"。① 加入 WTO 后，一方面，发达国家凭借雄厚的经济实力

---

① 《马克思恩格斯选集》第 3 卷，人民出版社 1995 年版，第 276 页。

控制着世界更多的资源，占据着世界的主导地位，其文化产品纷纷涌入我国，对各个阶层产生越来越大的影响。另一方面，宏观上政府对原来的各类产业的保护措施将逐步取消，广义的文化产业将遵循优胜劣汰的原则，进入全球化的竞争。发达国家的文化产业拥有经济、资金、科技、项目、人才等优势，对中国文化产业的发展构成了巨大的挑战，整体发展水平不高的青藏地区文化及文化产业（包括生态文化及生态文化产业）的发展必然将受到强烈冲击。这种冲击，不仅是观念的冲击，更是对文化产业的冲击。

（四）传统生态文化与现代生态文明整合力不够

关于生态文明和生态文化在学界也有着不同的理解，一般的理解是两者是同一概念的描述，都是意识形态领域对人与自然关系的一种反映，这种理解的合理性在于都强调了大自然人的重要地位以及人类社会与自然界的密切关系，不足之处在于对两种概念质的理解模糊。另一种理解是认为两者之间存在着本质区别，作为生态文明应该是人们在长期的历史发展过程中所积累的对个人、社会与自然关系的一种科学的合理的认识，是一套较为系统、全面的理论体系。而对于生态文化，尽管人们对其概念有着不同的定义和理解，基本内容是泛指在社会生活中，人类在与大自然交往过程中形成的生产方式、生活方式、风俗习惯、信仰观念、文学艺术，它与一个民族和地区的自然生态环境和社会生活相适应。生态文化是历史的产物，随着人们社会生活和自然生态环境的变化而变化，但是在一个较稳定或较短的历史范围内生态文化又有着相对稳定的特性。相比较，第二种理解更为具体和科学，便于理解和研究，因此本书正是基于这种的理解来展开分析和研究的。

在我国现阶段，现代生态文明主要是指以马克思主义生态观为指导的社会主义生态文明，其基本内容要求实现人、社会、自然的和谐，实现生态环境的可持续发展与人的全面发展的统一。人类社会长期发展的历史和我国现代化建设的实践不断证实以马克思主义为指导的社会主义生态文明是一种更科学的、合理的理论体系，它满足"人与自然的和谐以及人类自身的和谐"基本要求。

在青藏地区，生态文化有着鲜明的民族和地域特征。历史传统上以藏文化为主的习惯以及生活方式视高原自然环境为神圣，主张珍惜爱护自然山水，遵循自然规律而动之。对神山神湖的崇拜观念、对自然生物的禁忌行为、四季轮牧的游牧方式、农业牧业结合的农耕方式等，都很好地适应和保护了高原自然生态环境。[①] 可见，藏区传统的生态文化的重点是敬畏和保护自然的思想，强调人与自然的和谐相处，藏区传统生态文化的这种崇敬自然、保护自然的思想与马克思主义为指导的现代生态文明是一致的，具有更为具体的实践意义，藏区优秀的传统生态文化思想可以容纳为我国现代生态文明的组成部分。

多年来，青藏地区在宗教信仰、习惯法等传统生态观念指导下的生产生活方式，维持了生物界正常的食物链，使生物的多样性优势得到发挥，使藏区生态维持了较好状态。近几年，传统生态观念被改变或一些禁忌和习惯法松弛或被取消，其后果是草原生态急剧退化。许多牧人都知道：草好的年月中，狼不吃羊；草不好的年月，狼才吃羊。这是因为高原鼠兔视力不佳，性喜阳光充足且稀疏的干爽草地或低草区，草势生长良好的牧区，比较潮湿多露，高原鼠兔就少，一般难以为害。而这些动物的天敌狼自然会跟随这些动物，这样家畜很少受狼袭击。牧民无论从生产生活方式、思想观念还是具体行为方式等方面，都把调节与外部环境的关系放在事关生存的高度，将自身与所处的自然环境融为一体，把对资源的利用与保护、索取与再生有机地结合起来，不断地加以调适与适应，创造了人类历史上最古朴的原生态文明。此外，藏族传统冬夏草场的轮牧方式，不仅为草场提供了休息的机会，也为狼、狐狸、鹰等鼠类天敌的生存提供了条件。而当代的草场承包制打破了传统的夏冬轮牧制，使草场丧失了休养的机会，而且承包后拉起的铁丝网围栏，也限制了鼠类天敌的活动范围，其结果是草原鼠害猖獗。可见，藏族传统生态观中蕴含着可持续发展的科学思想和使用价值，体现着合理而有效地利用和驾驭自然资源和自然力，寻求一种人与自然的高度协调性，最大限度地利用自然生产力，最大限度地保护自然资源和节约人类自身劳动的思想。由于历史的原因，牧民的生态观念只能以特定的形式蕴含于其他文化形态如宗教信仰、习惯法、生活习俗等之中，并没有形成成文的、系统的生态体系。这就需要我们通过去挖掘、搜集、整理各民族传统文化中的合理的生态知识来矫正当前失当的

---

① 南文渊：《中国藏区生态环境保护与可持续发展研究》，甘肃民族出版社 2002 年版，第122 页。

行为。

然而，现实中的情况是，这种传统生态文化由于不适应时下"增长第一"、"利益根本"的原则而被逐渐放弃。追逐经济利益而忽略环境保护的体制、制度和主导观念的实施，使传统生态文化被边缘化。甚至在一定的某个历史时期，被部分人认为是"落后的、过失的文化"。青藏地区传统生态文化在现代经济体制的冲击下的确暴露一些问题。但是这种古朴的生态文化思想对于引导民众自觉维护社会公共环境的秩序和自然生态的平衡，具有积极作用。青藏地区生态和谐的构建需要积极整合现代生态文明和传统生态文化的相互关系和作用。

青藏地区生态环境的特殊性与生态和谐的重要性驱使着我们必须积极地寻找一套构建青藏地区生态和谐的切实可行的综合战略。这一套战略方针必须是坚持科学发展，走可持续发展道路的，但千百年来生活在这里的各民族在其所处环境中创造、积累和传承下来的生存技能和经验，构筑了与这种生态环境相适应的生存文化。从青藏地区的实际情况来看，这些千百年来流传下来的生存文化是与当地的生态环境相适应，有其合理内涵，值得我们去进行总结和发掘的。这些文化在保护当地生态环境、改善类似地区的生态环境、改变同一地区不同族群的生态观念等方面都能发挥作用，为当地人与生态环境的和谐发展做出贡献，具有很强的实用价值。

在具体的实施过程中需要发挥法律纲领、行政制度、经济杠杆、文化导向等综合调节的作用。青藏地区生态和谐的构建将会是一项长期而又复杂的巨大工程，需要好几代人长期不懈的坚持和努力。

（五）环境保护与经济发展的矛盾调和艰难

环境保护和经济的发展这一矛盾统一体之间也存在着对立统一的关系。经济发展依赖于社会生产力的提高，而生产力的提高依赖于对生产工具的改进和对大自然的改造。生产工具的改进在一定的历史阶段是相对稳定的，那么要提高生产力就需要加大对自然的改造力度。因此，自然资源和自然环境是经济发展的基本条件和物质载体，在工业化背景下，直接决定经济发展的速度和水平的是对自然资源的拥有及开发利用情况，因此人们称工业社会的基础是自然资源。人口的增长和经济发展规模的扩大导致了对自然资源的需求迅速增加。而当前工业社会下所需要的石油、矿石、煤炭等大部分资源是非可再生资源，人类对自然资源的利用是有限的利用，因此说资源开发的速度越快，规模越大，人类对自然资源存在的空间即自然环境压力就越大。①

在传统的简单经济发展模式下，经济发展总体水平不高，人类对自然资源的索取较少，自然环境承受的压力不大，环境保护与经济发展的矛盾不是很突出。但在现代化建设过程中，青藏地区脆弱的生态系统和同经济发展的需求之间的矛盾尤为突出，这一矛盾的存在却是长期影响着青藏地区经济社会的发展及生态和谐的构建。过分强调生态环境的治理，加大对生态环境投入，无疑会影响到经济的发展，影响到青藏地区社会的发展以及全面建设小康社会的顺利进行；过分强调青藏地区经济与社会发展，实践证明又会对青藏地区生态和谐的构建产生不利影响。如对青藏地区实施资源开发为主导的工业化战略，造成了对自然资源的浪费与环境破坏；过度开发使农业与畜牧业失去持续发展的生物基础；甚至部分人为了追求眼前经济利益而直接破坏生态环境。基于这种对自然资源的开发和环境的破坏建立起来的发展模式最终只能导致生态环境的恶化加剧，经济发展动力不足，返贫和贫困化加剧的现象发生。

（六）社会发育程度制约了生态经济的发展进程

生态经济是现代生态经济学研究的重要内容。美国海洋学家蕾切尔·卡逊在 1962 年发表的《寂静的春天》一书中，首次真正结合经济社会问题开展生态学研究②。几年后，美国经济学家肯尼斯·鲍尔丁在《一门科学——生态经济学》一书中正式提出"生态经济学"的概念。生态经济是指在生态系统承载能力范围内，运用生态经济学原理和系统工程方法改变生产和消费方式，挖掘一切可以利用的资源潜力，发展一些经济发达、生态高效的产业，建设体制合理、社会和谐的文化以及生态健康、景观适宜的环境。生态经济是实现经济腾飞与环境保护、物质文明与精神文明、自然生态与人类生态的高度统一和可持续发展的经济。可见，生态经济学是以自然科学同社会科学相结合来研究经济问题，从生态经济系统的整体上研究社会经济与自然生态之间的关系。生态经济的研究从实质上体现的

---

① 黄建英：《民族地区经济发展存在的主要问题和矛盾》，《青海民族研究》2002 年第 1 期。

② ［美］蕾切尔·卡逊：《寂静的春天》，吉林人民出版社 1997 年版，第 245—253 页。

一种可持续的、经济与社会和谐发展思路。

　　发展生态经济是当今世界经济发展的一条重要途径，也代表了在相当长一段时间里人类社会经济发展的方向，但是生态经济的发展与一定的社会发育程度密切联系，社会发育的程度对生态经济的发展起到推动或阻碍作用。

　　根据上述对青藏地区生态文化发展现状的分析，我们可以看出，对青藏地区生态文化建设而言，既拥有机遇，也面临挑战；尽管存在着劣势，但是也有自身的优势，这就要求我们从青藏地区的实际出发，从青藏地区生态文化发展的现状出发，制定符合区域实际的生态文化发展对策，促进青藏地区经济社会的全面发展。

第六章

青藏地区生态文化建设对策研究

青藏地区的生态文化建设必须依托优势，克服劣势，在把握生态文化建设共性的基础上，充分照顾其特殊性，通过可操作性较强的对策与措施，构建具有青藏高原特色、适应高原生态环境的生态文化体系。基于上一章的分析，我们坚持从实际出发，统筹青藏地区生态文化建设面临的优势和劣势、挑战和机遇，按照现代生态文化内涵，从生态文化的系统性和完整性出发，在本章提出青藏地区生态文化建设的指导思想、任务目标、基本原则；并从精神生态文化、物质生态文化和制度生态文化三个方面分别提出了加强生态文化建设的一些对策与建议。

一 精神生态文化建设方面的对策与建议

一切思想文化阵地，一切精神文化产品，都要努力宣传科学理论，传播先进文化，弘扬社会正气，倡导科学精神。因此，青藏地区精神生态文化建设必须牢牢把握正确的舆论导向，注意借鉴国内外先进的生态文化理念和建设经验，切实加强理论创新，紧紧依托媒体和学校，加强宣传和教育，讲求实效，提高引导水平，形成有利生态文化发展的社会氛围。

（一）加强生态文化建设基础研究，遵循生态规律

发展生态文化，最基础和最根本的是认清、遵循和利用生态规律。生态文化是指导人们生态实践的文化，具有明确的价值指向。人类的生态实践需要科学理论的指导，错误的生态文化只能导致对生态的更大破坏。中国工程院院士钱正英指出："一些地方，不是努力认识在当地自然条件下天然生态系统的演化规律，利用大自然的自我修复功能，去保护、恢复或

修复天然的生态系统，而是热衷于建设大规模的人工生态系统，不但造成资金和劳力的浪费，甚至事与愿违，造成新一轮的生态伤害。有些地方，把生态建设与植树造林当成同义语，把盲目提高林木的覆盖率作为生态改善的指标。但是在年降水量 400 毫米以下的干旱和半干旱区，其自然本底是草原生态系统，应该退耕休牧还草，而不是退耕还林。"① 可见，生态文化建设必须遵循生态学科本身的科学规律和法则。这就要求我们要大力加强生态文化理论研究，只有如此，才能为人们的生态实践提供科学的指导。

与发达国家相比，生态科技相对落后是我国生态文化的显著缺点，更是青藏地区生态文化之"软肋"。在青藏地区可以为当地提供的成熟的生态科技是非常有限的，这是制约青藏地区生产生活方式生态化转变的重要瓶颈。"科学技术是社会进步的根本动力，传统技术所带来的负面效应，需要高度发展的科学技术，才能从新的观点和方法去遏制，生态产业和生态工程、生态意识、生态哲学、环境美学、生态艺术、生态旅游及生态运动、生态伦理和生态教育及与之相关的生态制度，都以科学的认知为基础。"② 所以，青藏地区的生态文化建设应把生态科技建设作为重中之重，紧紧围绕生产生活方式生态化转变所急需的生态科技，组织专家学者集体攻关。

同时也应注意，我们不仅需要正确的、科学的生态文化，还需要灵活多样的表现形式。既要有高雅的生态文化作品，也要有通俗的生态文化作品。我们应该让高雅作品引领生态理念，通俗作品普及生态知识，使二者共生共存，相得益彰。在生态文化建设中，我们应该善于结合青藏地区人民尤其是广大农牧民的文化水平、民族传统以及语言文字等实际情况，尽量使生态文化通俗化、民族化。生态文艺是生态文化重要的表现手段，是普通群众容易接受的呈现方式，应予以重视。因为电影、电视剧、小说、诗歌、散文、音乐、绘画、舞蹈等都可以反映生态，反映人与自然的关系，并且可以达到润物细无声的育人效果。我们要鼓励文学家、艺术家、摄影家及影视创作者走进生态建设和生态保护的重点地区，亲身感悟和体

---

① 钱正英：《生态不是"建设"出来的》，《人民日报》2006 年 8 月 23 日。

② 黄百成、张保伟：《略论生态文化与可持续发展》，《湖北社会科学》2005 年第 5 期，第121 页。

验人与自然和谐相处的魅力，激发创作灵感，创作大量优秀的精品佳作。只有这样，才能真正实现生态文化的普及化、大众化。

生态文化建设应当重视藏传佛教文化中的生态观研究。首先，应重点研究如何从佛教经典中找出一些有力证据，来论证佛教生态环保的优良传统。其次，如何将这些佛法进行现代化阐释，结合现代的生态学与环境伦理学的理论，使社会大众能够很自然地接受这些传统文化中的智慧，从而树立良好的生态价值观与世界观。最后，应当将佛法的慈悲与生态环境保护结合起来，将生态保护提升到佛法的理想体系中，将那些已有的良好传统进行改造，使之能够符合生态环保的要求。佛教虽然没有作为严格科学的生态学，但是却具有辞源学意义上的生态学。佛教中要建设一个清净的国土，这与"人间净土"的理想是相同的。在生态保护与生物多样性保护的过程中，我们不仅要遵循藏传佛教中的相关内容，更要使我们的保护决策与措施能够严格地按照科学的定义与方式来进行。

课题组建议：对青藏地区民族生态文化进行彻底普查，在此基础上形成青藏地区生态文化建设的总体规划。通过实地调查对青藏地区生态文化的状况进行描述的工作已有一定基础，但总的来说，无论是相关部门的重视程度，还是学术界的调查都不够，缺乏深入、扎实的多学科实证研究，青藏地区的生态文化到底有多少种类型，每一种类型的具体特征、机制又是怎样的，做好这项工作不仅具有重大学术价值，而且可以为政府建设生态文化提供有意义的决策咨询，这是一项需要不同学科的学者长期努力方可完成的工程。因此，建议有关部门给予高度重视。

（二）继承民族传统生态文化，借鉴国外先进生态文化理念及其建设经验

如前所述，千百年来青藏地区的各族劳动人民在适应高原生态环境的过程中，创造了丰富多彩的多元生态文化。传统上，藏族的村落和寺庙都有它们敬重的神山圣湖，通常是附近的山峰、森林、湖泊和河流。长期以来，居住在这里的人们一直都在以自己传统的方式守护着这里的"神山圣湖"、飞鸟走兽。这种深深根植于文化中的自然价值观，不仅为保护这里独特的自然生态环境做出了极大的贡献，而且为今天的社会提供了人与自然和谐共存的范例。在全球生物多样性受到严重威胁的今天，我国青藏高原少数民族的这种保护传统不仅是中国的，也是世界的珍贵遗产，因此，青藏地区生态和谐社会的构建尤其是打造青藏地区生态文明时仍然离不开对地方传统优秀生态保护思想的继承和发扬。

藏族是青藏高原最古老的民族，千百年来，藏民族在高原生存发展中，珍惜爱护高原生态环境，创造了与高原自然生态环境和谐相处的价值观念、生活方式与民族文化。藏族地区的可持续发展，应该建立在藏民族传统文化生态的基础之上，通过积极挖掘和继承优秀传统文化，使藏区在现代化进程中保持自己的民族特色和地域特色，实现民族传统文化、自然环境与现代化建设的和谐。

"亦农亦商"是回族和撒拉族的经济特点，是其赖以生存和发展的基础，这一特点形成于元、明时期。元朝因朝廷屯聚牧养之需要，大批回族聚居于河湟谷地，进行农垦生产劳动。他们就是青海回族最主要的来源，后来随着人口不断增长，而河湟谷地狭小，农业收成入不敷出，不能满足日益增长的需要，加之回族形成的时期较晚，所拥有的其他资源如土地、山林、矿藏等不多，于是趁农闲外出经商，就成为必然。久而久之就形成了主要靠农业兼商业或工业、手工业、饮食服务等生产手段谋生的特点。因此，回族经济的发展与各地区域经济的发展紧密相连，可以说回族经济与区域经济和周围各民族经济的发展是兴衰与共、相辅相成的关系。回族经济的发展是在与各民族交往的过程中完成的。由于青藏地区特殊的自然环境、生产方式等方面的差异，居住在牧区的藏民族与在河湟谷地农业区的民族在经济、文化等方面相互依赖性非常明显，需要交换劳动成果。而要实现这种交换就需要有商人往返于牧区与农业区之间，通过商业贸易的形式把各民族相互需要的商品进行交换。于是那些居住在不同文化类型结合部的回族人也就充当了这一角色。藏民、穆斯林、汉民族三个群体，他们从各自的传统文化出发进行社会经济实践，或者说，由于各自传统文化的深厚影响，使得他们在社会经济行为的选择上，有着明显的倾向性。这种倾向为他们在文化和社会经济实践上进行共享和互补创造了空间。三个群体核心文化价值观的差异性奠定了三个民族经济互补性的文化根基。因为商业被证明是沟通青藏高原农、牧经济文化类型的最有效途径，它以和平的方式促成了该地区三个主体民族利益上的共赢。青藏地区回族、撒拉族集聚区生态脆弱，资源匮乏，之所以长期在极其恶劣的自然生态环境中顽强生存，其传统文化中蕴含着的丰富的生态知识发挥了重要的作用。

虽然少数民族传统生态文化中包含着许多科学合理的成分，但也存在一些缺陷，不符合现代科学精确性的要求，必须实现向现代科学自然生态观的转换。少数民族传统生态文化与自然生态环境之间维持的是一种低水平、低层次的脆弱平衡，必须在新的历史条件下实现创造性的转换和发展：要确立少数民族科学的现代生态文化观，高度重视少数民族生态文化在现代发展和转换中的制度化建设，在物质层面上使少数民族的物质生产方式实现由传统的粗放型和数量型向现代的集约型和效益型的转变。

也不可否认，西方发达国家无论是对自然的认识，还是在生态保护的法律制度的建立，抑或在生态保护方面的实践等方面都走在了我们的前面。继承优秀的传统生态文化、借鉴国外先进的生态文化理念，自然是我们建设生态文化的必要手段。继承与借鉴，已不是要不要的问题，而是如何操作的问题。

在实地调查中我们发现，随着现代文明的不断渗透，使得青藏地区部分群众，尤其是年轻人的宗教传统观念开始淡漠，这更使得基于宗教信仰与禁忌习俗的传统生态文化在新的历史时期显得有些力不从心。

为了更好地继承青藏地区的传统生态文化，课题组建议：

1. 要搜集整理传统的环保方法、地方性的环境知识，尽快开发乡土教材。对于隐含于各民族神话传说、地方戏剧、民族文学、音乐、舞蹈、绘画、雕刻、宗教禁忌、生活习俗等之中的生态文化，只要具有积极进步的意义，均应重视挖掘，把这些优秀的传统生态文化汇集成册，达到学习和继承的目的。

2. 学校教育普遍缺乏以青藏地区经济文化类型为背景的生计知识的教育和环境知识的传授。建议通过乡土课程（含地方课程、校本课程）加以落实。2001 年，教育部颁布了《基础教育课程改革纲要（试行）》，规定"改变课程管理过于集中的状况，实行国家、地方、学校三级课程管理，增强课程对地方、学校及学生的适应性"。这为基础教育阶段乡土知识以一定的方式进入学校课程提供了政策依据。研究如何把乡土知识、民族文化融入学校课程也是教育改革的重要任务。乡土教材开发是改善当地生态环境可持续发展和教育观念更新的迫切需求。

3. 利用传统文化资源，开展牧民生态环境教育，引导牧民爱护和保护生态环境，保护国家稀有濒危动植物，开展环境治理和环境危害教育，树立生态建设促发展的观念，引导牧民逐步转变生活方式和生产方式。

4. 利用宗教和民族之间关系的紧密性、信教群众的广泛性而使更多的人参与保护生态环境。利用民族宗教的信仰力量约束人们的行为方式，正如 1993 年在美国芝加哥召开的世界宗教大会上形成的一个《宣言》中所指出的，"宗教并不可能解决世界上的环境、经济、政治和社会问题。然而，宗教可以提供单靠经济计划、政治纲领或法律条款不能得到的东西：即内在趋向的改变、整个心态的改变、人的心灵的改变以及从一种错误的途径向一种新的生命方向的改变"。① 各种宗教组织可以利用其影响力，开展一些环保活动，还可以广泛宣传一些科学的生态理念。

现代社会的发展导致了生态危机，民族传统生态知识蕴含着"天人合一"的民间传统和丰富的生存智慧，对我们处理好人与自然、人与社会的关系具有重要启示。中央民族大学滕星教授认为，长期以来，少数民族地区"大一统"教育模式忽视了城乡差异、区域差异和族群差异，致使学校课程与学生的多元文化背景和地方经济社会等方面的发展相脱节，这不仅造成少数民族地区学校教学质量低下，也导致了大量既不能融入主流社会也难以回归传统社区的"文化边缘人"的产生。几千年来，各民族世代在各自的生态环境中生活并积累了保护当地生态环境及可持续利用自然资源的知识和文化系统，失去这些民族传统文化，少数民族生态知识的传承就会受到严重干扰。从目前收集的青藏乡土教材来看，以生态环境保护为主题的乡土教材较少，部分乡土教材中虽然也包括一些环境保护的内容，但这些都不够系统、深刻，许多丰富的生态环境保护教育资源尚没有挖掘，如《格萨尔王传》、《江格尔传》都是很好的生态环境保护题材，却很少有单位和个人来挖掘，如果将这些活生生的乡土资源纳入学校乡土教材体系，将会对地方和社区的生态环境保护和可持续发展起到巨大的作用。

国外生态文化的精华和生态文化建设的成功经验，包括先进的生态文化理念、当代科学技术的新知识、新方法和新技术，都值得我们吸收和借鉴。因为，"从 20 世纪 80 年代开始，美国、德国等发达国家已经采取治本措施，通过设立基金、立法等手段将生态文化教育纳入从幼儿园到大学的社会教育系统，对全体国民进行生态环境保护教育，从制度上保证了生

---

① 孔汉思·库舍尔：《全球伦理——世界宗教议会宣言》，何光沪译，四川人民出版社1997 年版，第 13 页。

态环境观念深入人心"。① 所以，我们必须以世界视野和谦虚诚恳的姿态去请教和学习（在物质生态文化和制度生态文化建设中，我们也要积极借鉴国外的经验，后文不再赘述）。建议通过官方和民间等不同渠道，积极搭建生态文化交流的平台，促进生态文化建设管理部门的互访；也可就青藏地区生态文化建设领域的"难题"加强国际合作，寻求国际帮助；必要时还可以组织有关生态文化建设者去国外参观和学习。

当然，我们对传统生态文化和国外生态文化都要一分为二地看待，传统的并不都是优秀的，国外的并非都是先进的、实用的。在继承与借鉴中，我们要结合青藏地区的社会发展阶段和经济发展程度，既要立足本国本地区，反对民族虚无主义和全盘西化；又要放眼世界，大胆吸收世界一切优秀的生态文化成果。

（三）依托媒体和学校，加强生态文化的宣传与教育

宣传和教育是提高人们思想认识、改变人们行为的有效途径。只有加强宣传和教育，生态文化才能被人们所接受，才能实现其化人于无形的作用，才能在实践中实现自身的价值。生态文化是生态文明的精神依托和道德基础。生态知识的传播、生态意识的培养、生态素质的提高、生态行为的养成，最基本的途径就是宣传和教育。如何培养年轻一代的生态保护意识，离不开基础教育的功能，生态保护意识一旦融入年轻人的思维，必将产生巨大和长久的影响力。当前，反映自然和生态保护的内容在我国不同地区的中小学教材和教辅读物上也不同程度体现，自然生态保护的思想也开始在中小学学生脑海中萌芽，其言行举止也初步反映我国近些年生态教育和宣传的初步成果。然而，眼下的成绩和我们的目标还是有着一定程度的差异，在基础教育这一块，我们还可以更进一步挖掘对生态保护的有益成分。

立足于青藏地区特殊的生态环境，该区基础教育的责任和义务更加艰巨，青藏地区生态保护教育形式应该强调特色化、生动化。在思想上，除了传播当代国内外社会生态保护基本思想，宣传自然生态环境保护的重要性外，还要结合地方风俗、民族习俗以及宗教习成中关于保护

---

① 李建梅：《科学发展观中的生态文化建设》，《山东省农业管理干部学院学报》2006 年第1 期，第 99 页。

生态保护的思想和观念，让生态保护思想融入他们幼小的心灵中，直至生根发芽；在行动上，一方面，社会应加强对青年一代特别是学生的自觉性教育和美德教育，使他们养成自觉保护环境、美化环境的良好习惯，并以主人翁的精神积极投身于生态保护行动中。另一方面，学校应充分发挥学校教育的功能，积极地响应和宣传植树节、无烟日、自行车日等一系列关于环境保护的公益活动，通过报栏、宣传板、文艺活动或自己身体力行的方式参加自然环境保护的活动，进而调动整个社会保护生态环境的激情。

首先，要重视新闻媒体的作用。当今是信息时代，新闻媒体对社会舆论和民众生活的影响日益扩大，已成为影响民众思想、情绪及生存方式的主要因素之一。新闻媒体宣传什么、不宣传什么、怎么宣传，所起的作用是不同的。胡锦涛总书记指出："现代社会，宣传舆论的社会影响力越来越大，能不能把宣传舆论工作抓在手上，关系人心向背，关系事业兴衰，关系党的执政地位。"任何一种新思想、新文化，往往都是随着社会关注程度的提高，逐渐引起人们的思考和重视。因此，要发展和弘扬生态文化，就要让先进的生态文化思想在各种媒体中占据重要位置，切实发挥媒体传播知识、统一认识、凝聚人心、鼓舞士气的功能。

据课题组调查，青藏两省区干部群众，特别是广大农牧区群众还普遍存在生态观念滞后、生态环境保护意识淡薄等问题。这种状况，与青藏地区媒体事业发展滞后有关系，更与媒体对生态文化的重视不够有关系。因此，在青藏地区生态文化建设中，应充分发挥广播、电视、报刊、互联网等各种媒体的作用，广泛宣传绿色产业、绿色消费、生态城市、生态人居环境等有关生态文化建设的科普知识，将生态理念渗透到生产、生活各个层面和千家万户中，增强全民的生态忧患意识、参与意识和责任意识，树立全民的生态文明观、道德观、价值观，形成人与自然和谐相处的生产方式和生活方式；要以正确的生态文化观念影响民众，对于生态文化建设中的先进人物和典型事件要宣传表扬，鼓励和帮助群众捍卫自身的环境权益，对于不利于生态文化建设的观念与行为进行批评；生态文化的传播还要善于抓住社会的焦点，制造"热点"，引起公众的讨论和参与，扩大生态文化的影响力，从而促进生态文化建设。

其次，要普及生态文化教育。"文化建设的主要手段是教育，生态文化建设也不例外。教育是文化形成生产力的前提基础，是生态经济的有效保障，能有力地推进生态文明的建设"。① 学校教育是普及生态文化的重要渠道，因此要抓好各层次学校的生态文化教育，从知识维度、道德维度、实践维度扎实推进，发挥教育的基础性作用。在各级学校加强生态环境教育，培养生态文化的观念和意识，努力造就具有生态环境保护知识和保护意识的一代新人。重视党政干部的生态教育：在各级党校设立生态建设或环境保护课程，或者开设环境保护专题讲座。

青藏地区各中小学应该把生态文化教育纳入教育计划，使生态文化进教材、进课堂，融入校园文化，切实进行省（区）情教育、生态知识教育、生态道德教育，提倡生态行为，使学生从小就树立环境生态观念、环境资源观念、环境道德观念；有条件的高校应尝试设置生态文化专业，有重点有计划地培养一批生态文化建设的专业人才。要通过各级党校，进一步加强对党政干部的环境保护政策教育培训、引导各级领导干部确立正确政绩观，自觉学习生态文化，履行建设生态和保护环境的职责。同时，注意把生态文化教育与计划生育政策的宣传教育结合起来，引导人们严格遵守计划生育法，控制人口数量，倡导优生优育，提高人口素质，逐步减轻人口对青藏地区生态环境的压力，实现人口、资源、环境的相互协调。只有这样，才能真正唤起人们的环境保护意识，增强人们的生态伦理责任，唤醒人们的生态良知，增进人们学习、宣传、实践生态文化的责任感和紧迫感。

构建生态和谐社会，打造青藏地区生态文明还离不开对地区教育和现代科技文化知识的普及与提高。青藏地区的教育事业发展相对滞后，人民受教育程度偏低，文化素质相对不高。"据统计，西藏农村居民家庭劳动力中不识字或很少的人的比例约为58.42%，青海则为32.56%。西藏文盲、半文盲人数比重高达54.86%。2000年，全国儿童入学率为99.1%，西藏小学学龄儿童入学率仅为85.8%，比全国平均水平低13个百分点，为全国最低；全国小学生毕业升学率仅为94.9%，西藏同样全国最低，比全国平均水平低40个百分点。青海藏区到2005年底，还有18个县尚未实现'两基'目标，青海牧区六州'两基'人口覆盖率仅为37.5%，人均受教育年限仅为2.7年，比全国平均年限少5.8年，小学生适龄儿童

① 傅晓华：《论生态文明中的教育功能》，《辽宁师范大学学报》（社会科学版）2002年第1期，第34页。

入学率最低的现在只有 68%，初中适龄儿童入学率最低现在仅为 16%，文盲率在 15% 的县有 11 个。"① 青藏地区基础教育和现代科技知识教育程度的落后直接制约了现代生态文明理念的传播。牧区牧民的文化素质普遍很低，调查对象中从未上过学的占 50.4%；上过 1—6 年的占 39.9%；初中及以上的仅占总数的 9.7%。对调查数据的分析表明，牧民的文化素质和传统习惯从多方影响着牧区生态文化建设。

实现传统生态文化的优秀思想和现代生态文明理念的结合，一方面需要立足于当地广泛存在的生态保护自发性基础之上，把生态保护的各种感知、习俗上升为自觉的思想认识和行为习惯，包括藏族传统生态文化中对于森林、山峦、江河、湖泊、植物、动物等崇拜的习俗，充分发挥到人与自然相互和谐关系的范畴中来，并尊重自然、保护自然。在新时代，需要对藏族传统生态文化中的命题与价值进行新的解释，赋予其新的内涵，使其具有新的含义。另一方面，需要青藏地区进行最广泛的生态知识、环境知识、人口知识和可持续发展思想教育，启发各民族干部群众强烈的生态意识，使之理性化，用以约束自己的行为和指导生产、工作，促进人与自然关系的和谐发展以及按自然规律和经济规律办事。

（四）促进青藏地区教育的发展为生态文化建设提供智力保障

教育是民族自强之本，青藏地区人力资本积累不足，主要表现为劳动力受教育年限较短、人才结构不合理和人才外流严重几个方面。教育是人力资本积累的主要途径。今后，一是要切实加强教育的基础地位，坚决杜绝文盲的恶性再生。藏北、青南地区居民居住分散、交通不便，教育成本高，教学资源利用率低，教学条件十分艰苦。应从小学起就采取集中县城教育的办法，继续实行教育"三包"政策，加大对基础教育的投入，改善教学条件，西藏作为特殊地区可率先在全国全面实行高中义务教育。二是通过宣传引导，严格教育执法，改变农牧区部分居民不重视教育的传统观念，严禁寺院教育对国民教育的冲击和干扰，大力推行双语教学，使藏族少儿从小掌握藏汉两种语言文字，有利于未来的就业和交往。三是充分发挥社区的作用，开展形式多样的国民教育和终身教育。在广大居民，尤

① 马志伟：《关注青藏高原先进文化建设促进区域经济社会的协调发展》，中国政协新闻网，2008 年 4 月 23 日。

其是农牧民中开展科学普及，结合农牧业产品深加工需求，推广先进的生产知识和技能，使科技在广大农牧区化为现实的生产力。四是大力培养藏族农牧民企业家，通过"请进去、走出来"等多种方式，培养熟悉市场经济的企业家，鼓励他们"下海创业"，有的放矢地教给他们基本的市场运作技巧和企业管理才能，在广大农牧区形成一批农牧商联合体，提高农牧业产品的市场化份额，大力发展市场经济。

青藏地区现实的传统文化格局是群众文化素质普遍低下，文盲、半文盲和具有小学文化程度人口占总人口的 63.24%，初中、高中文化程度占5.97%，大学文化程度仅占 0.56%。绝大部分人口文化程度还不到小学 4年级水平，产业部门从业人员文化程度也相对较低，如文化程度相对较高的工业系统职工，平均受教育时间仅 4.3 年，绝大部分职工文化程度则不足小学 5 年级水平，文化素质过低会导致思想保守、安于守成、创新精神差和对新生事物接纳反应能力迟缓。"据调查，青海藏区州一级的文化馆和图书馆设施几乎是空白；至今尚有 294 个行政村未通广播电视；5 个州30 个县没有一个标准的体育场。有的农牧民至今没有看过一场电影，不知文化馆、图书馆为何物。"① 在这种状况下发展文化首先要强化素质教育意识，切实做好"普及九年制义务教育"工作，提高民族地区少数民族人口素质。因此政府要在政策上倾斜，在财政上给予支持，完善地区基础教育设施，为青南藏北地区的"普九"提供良好的环境。其次是加强民族地区高等教育和成人教育以及职业教育，为民族地区的经济和社会发展提供人才支持。最后为保护民族文化的独特性，在基础教育阶段，要针对民族地区少数民族的实际情况，制定相应的政策，采用双语教学模式，让民族文化得以继承和发展。

一个地区经济落后并不可怕，可怕的是思想观念的落后与文化传统的凝滞。从课题组所到之处看，农牧民文化程度越高，家庭人均纯收入也越高。具备一定知识的农牧民，往往观念转变快，对农牧业科技知识接受和运用较容易，对农业机械操作的熟练程度高，其劳动生产率水平相对高一些，家庭生活条件较为富裕。农牧民的文化程度与人均纯收入关系密切。据联合国教科文组织统计，具有小学文化程度的农民，可使农业劳动生产

---

① 马志伟：《关注青藏高原先进文化建设促进区域经济社会的协调发展》，中国政协新闻网，2008 年 4 月 23 日。

率提高43%，中学文化程度可提高108%，大学文化程度可提高300%。可见农牧民文化程度的高低对农牧业劳动生产率的影响很大。

　　加强移民基础教育及技能培训对项目区移民教育提供优惠政策，加大教育资金投入力度，改革现有的教育体制。重视移民子女的教育，让适龄儿童全部接受义务教育，加大异地办学的工作力度，小学教育以就地为主，改善教学条件，集中当地的师资力量，中学教育以送往外地培育为主，建立上下游帮扶机制，使三江源区上游的学生能到下游地区接受良好的教育。对15岁以下的牧民子弟根据年龄和受教育程度分别选送至经济相对发达地区中学、小学、职业技能培训学校、中等专科学校等进行全程教育，将他们培养成知识型、专业型、管理型人才，从根本上脱离传统的牧业生产，成为民族地区经济发展的骨干力量。采取多种形式、有计划、有组织地对移民和农牧区富余劳动力进行转产择业和劳动技能培训，加强舍饲育肥、牧业科技、家政服务等方面的实用技术短期培训，提高农牧民劳动技能、思想文化素质和经营水平，挖掘和发展民间手工艺技术。

二　物质生态文化建设方面的对策与建议

　　物质生态文化建设是生态文化建设的有机组成。物质生态文化建设就是生态精神文化的物化过程，更多地体现着人类实践生态文化的程度。以生态科技为支撑，保护好文化资源和自然资源，加强生态文化基础设施建设，加快生产和生活方式的生态化转变，是物质生态文化建设的主要内容。就目前而言，青藏地区应该先易后难，从点滴做起，从有条件的地方做起。

（一）实现经济跨越式发展，为生态文化建设提供物质基础

　　近10年来，在跨越式发展方针的指引以及中央和各地方政府的大力支援下，青藏地区的经济取得了长足的发展。从2001—2009年，西藏GDP由138.73亿元增长到395.91亿元，增长约2.85倍；西藏农牧民人均纯收入由1410元增加到3532元，增长2.5倍；城镇居民人均可支配收入由7119元增加到13544元，翻了近一番。以青藏铁路建设、青藏和川藏公路整治、通县油路、林芝机场、直孔电站、"两基"攻坚、人畜饮水

工程为代表的一大批重点工程的相继实施，使西藏基础设施条件得到较大改善。在社会建设方面，国家对西藏给予高额资金，对农牧区等贫困地区给予国家扶贫资金的支持和补助，提供免费教育、各项社会福利、公共事业建设等。从 2006 年起，西藏自治区将年人均纯收入低于 800 元的特困户农牧民全部纳入农牧区最低生活保障范围，共有 23 万人受益。到目前为止，西藏城乡医疗保障体制覆盖了农牧区居民、城镇居民和职工。其中，全区 100% 的农牧民都实行了以免费医疗为基础的农牧区医疗保障制度。2006 年初，西藏自治区人民政府全面启动农牧区安居工程建设。截至 2008 年，西藏自治区共投资 70 多亿元，20 万户、百万农牧民住进了安全适用的新房；西藏农牧民人均住房面积 22.83 平方米，农牧民人均居住面积接近全国平均水平。可以说，实施跨越式发展方略的 10 年，是西藏人民群众生产生活条件改善最为明显的 10 年。①

　　青海省生产总值由 1999 年的 239.38 亿元飞跃到 2009 年 1081.27 亿元，按可比价计算，增长 2.1 倍，年均增长 11.9%。人均生产总值由 4728 元提高到 19454 元，增长 1.8 倍，年均增长 10.9%。与西部开发之前的十年相比，生产总值年均增速高 4.3 个百分点，人均生产总值年均增速高 4.8 个百分点。与改革开放以来的 31 年相比，生产总值年均增速高 3.2 个百分点，人均生产总值年均增速高 3.0 个百分点。城乡居民收入水平稳步提高。2009 年，全省城镇居民人均可支配收入达到 12691.85 元，比 1999 增长 1.7 倍，年均增长 10.4%。扣除价格因素，西部开发以来城镇居民人均可支配收入年均增长 7.4%，比 1984 年以来年均增速高 2.6 个百分点，与西部开发之前的十年相比，年均增速高 3.2 个百分点。城镇居民恩格尔系数则由 1999 年的 42.4% 下降到 2009 年的 40.3%。城镇居民人均住宅建筑面积由 1999 年的 11.4 平方米提高到 2009 年的 25.8 平方米。农牧民人均纯收入达到 3346.15 元，比 1999 年增长 1.3 倍，年均增长 8.5%。扣除价格因素，西部开发以来农牧民人均纯收入年均增长 5.0%，比 1984 年以来年均增速高 1.3 个百分点，与西部开发之前的十年相比，年均增速高 0.8 个百分点。农村居民恩格尔系数则由 1999 年的 61.7% 下降到 2009 年的 38.1%。农村人均住房面积由 1999 年的 14.24 平

---

①　中国国务院新闻办公室：《西藏民主改革五十年》，2009 年 3 月。

方米提高到 2009 年的 20.28 平方米。①

　　在充分肯定青藏地区取得的巨大成就的同时，必须清醒地认识到青藏地区经济社会发展水平总体上刚刚迈入工业化初期阶段，在产业结构方面，农牧业比重过大而且质量不高，工业部门结构不协调、经济效益低，服务业除旅游业外整体滞后；城镇化水平落后。青藏地区经济长期落后的原因，除了高寒缺氧、交通不便、信息闭塞、自然条件比较恶劣之外，和这些地区商品经济不发达，市场建设滞后，产品运输成本高，产品难以进入市场有密切的关系。因此，要加快青藏地区的经济发展，就不仅要开发本地区的资源，创造就业机会，更要完善市场经济运行机制，以市场的力量带动青藏地区的发展。

　　在市场经济条件下，在一个以市场配置资源为前提的竞争环境中，青藏地区经济的发展不可能完全再走 20 世纪 80 年代东部沿海地区经济发展的老路，即通过依靠国家税收优惠、信贷规模等政策支持来解决经济发展中的资金短缺问题。时至今日，中国经济的发展已经摆脱了过去那种生产力刚刚从计划经济体制下挣脱出来，由于政策的倾斜使全国人力物力都自然而然流向发展空间比较自由的东部而形成的爆发力，经济的发展已经越来越依赖于市场机制的成熟与否，而不是政策的优势。今天全国都在实行市场经济且企业的投资行为都在遵循最佳效益原则和实行强强联合的趋势下，政策支持已经很难体现出过去的优势所在。因此除了政策支持外主要还得依靠中央财政投资，也只有中央财政投资才能改善青藏地区经济的整体投资环境。

　　为此我们建议，国家对青藏地区给予倾斜政策和加大资金的投入，建立具有区域调节功能的税收体制，更加科学合理地反映经济发展成效和不同地区的税源差异，形成经济发达税源多的地区多交税，经济落后、税源少的地区少交税的公平格局；资源税方面鉴于青藏地区属于资源输出省份，为把资源优势转化为经济和财政优势，可以考虑适当提高现行资源税率，扩大资源税的征收范围。可喜的是 2010 年 7 月 6 日，国务院总理温家宝在西部大开发工作会议上宣布，将资源税改革扩大至整个西部地区，对煤炭、原油、天然气等资源税由从量征收改为从价征收。企业所得税方面，1994 年税制改革对内资与外资实行两套不同的税制，东部外资企业

---

① 《西部大开发以来青海经济社会发展成就》，《青海省统计局》2010 年 10 月。

多受益最大，青藏地区获益相对较少，而且使青藏地区企业处于不利的竞争地位。因此，应逐步向国际规则靠拢，制定对外资实行国民待遇的进度表。

总之，只有根据青藏地区各少数民族及民族地区的实际情况，照顾民族特点，因地区而异，因民族而异，对社会发育程度不同的民族分类指导，有针对性地制定并实施符合少数民族和民族地区实际的政策措施，加大扶贫力度。从政策、人才、资金、科技和感情上给予支持，让少数民族干部、群众把国家的各项优惠政策和各方面的扶持帮助转化为自我发展的能力，提高少数民族群体的社会参与度，才能更好更快地推动青藏地区的经济社会事业发展和文化的繁荣。

（二）发展青藏高原特色优势产业

长期以来由于发展基础薄弱、认识偏差、地理区位劣势等原因，青藏高原地区的丰富资源未能有效地开发，人民生活水平相对低下，社会经济整体发展滞后，与全国平均水平以及东部地区的差距进一步扩大。要摆脱这种落后现状，就必须充分发挥本地区的资源优势。调整产业结构，优化资源配置，发展特色经济，走可持续发展之路。目前，发展特色经济已经成为欠发达地区经济发展的共识，受到国家的高度关注。2003 年 1 月，胡锦涛同志在内蒙古自治区考察时指出，欠发达地区要善于从本地实际出发，扬长避短，因地制宜，坚持有所为、有所不为，科学制定区域发展战略，积极培育和发展既具有市场竞争力又具有区域特色的优势产业和产品，培育和壮大特色经济。2010 年 7 月 7 日在西部大开发工作会议上进一步强调"要调整产业结构、要大力推进经济发展方式转变和经济结构调整，大力发展特色优势产业"[①]。西部大开发战略的实施为青藏高原发展特色经济提供了政策保证。党中央和国务院对发展特色优势产业的优先支持为青藏高原发展提供了前所未有的大好机遇，青藏高原只有抓住西部大开发的新的历史机遇，发挥自己的优势与特色，积极调整产业结构，才能实现经济的快速发展。

课题组根据青藏地区的实际，建议优先发展以下产业。

1. 高原生态畜牧业

高原生态畜牧业是畜牧业发展中的"绿色革命"，是对传统畜牧业的

---

① 《人民日报》2010 年 7 月 7 日。

继承和发展。青藏地域辽阔，97%的面积是牧区。畜牧业作为两地的传统产业和基础产业，洁净适宜的环境和草质优良、牲畜繁多的条件具有发展生态畜牧业得天独厚的优势。牦牛、藏羊是青藏高原的独有品种，而且特殊的地理位置和生态环境使畜牧业依然保留着原生态放牧。三江之源、可可西里、藏北等地尚属无人区，不存在日常生活和工矿企业对大气、水源、土壤、草地、生物的污染，环境安全度高，是发展生态畜牧业的"天堂"。青藏高原作为南、北极之外人类最后的一片净土，被联合国教科文组织确定为"世界四大无公害超净区"之一，其核心区域的青藏三江源、环青海湖区、祁连山南麓以及羌塘草原等亘古以来就是水草丰美的天然草场。

据有关部门统计，畜牧业每增加 1 个百分点，可拉动相关产业提高 10 个百分点。高原畜牧业是青藏地区最有特色的产业之一，也是今后很长时期青藏高原大多数群众赖以生存的主要方式。青藏地区草场资源和生物资源主要分布在青南和藏北，两地草场资源占青藏高原区域的 50% 以上，同时该地区是许多大江大河的发源地，生态环境比较脆弱，环境压力大，草原的可持续发展紧迫。一方面要通过加强草原基础设施建设，提高抗御自然灾害的能力。另一方面加快畜种改良，适当集中投资，在藏北、青南等地区建设一批畜禽饲养、屠宰、储运和加工基地，增加畜产品有效供应，为发展轻纺、外贸及具有民族特色的加工工业提供原料。另外要高度重视草原、农区、林区、城郊等不同类型畜牧业区的发展，逐步形成以家庭饲养为基础、以企业为龙头，具有一定规模化和专业化程度的现代畜牧业生产体系，提高畜牧业产业化水平。

我国目前牧养牦牛 1300 万头，占世界牦牛总数的 92%，其中青藏两省区占 60% 以上。牦牛浑身是宝，牦牛食用天然牧草，其肉、奶为绿色食品。经过深加工后的牛肉干、奶品、牦牛绒衫、皮革制品、牦牛壮骨粉等产品，都有极好的市场前景，在内地和港澳地区备受青睐。随着青藏铁路的开通，牦牛系列产品可大量外运，牦牛产业大有市场竞争能力。山羊绒产业，前景广阔。阿里、那曲地区的山羊绒在国际市场上享有"纤维宝石"、"软黄金"之称。国家农业部投资的"绒山羊基地"项目，采用多种先进的科技，向牧民广泛推广，成为广大牧民增加收入，创造巨大经济效益的成功范例。青藏生态畜牧业发展的关键是要形成一套管理方式、生产技术、产品质量三大体系，在此基础上，构筑其产业带和产业群，形成产、加、销一体化产业体系。青藏已建立几处初具规模的生态畜牧业示范基地，但总体看，经营机制和发展方式转变缓慢，其产业化程度较低。所以，应以青南草原建设、环湖高效畜牧业示范工程为支撑，高标准建设一批畜牧业科技示范园和现代化养殖区。推广青海河南县"公司＋合作社＋牧户"的产业化运作模式，依托牦牛、藏羊品牌，扩大细毛羊、半细毛羊、绒山羊、提高自主育种和供种能力。

发展生态畜牧业要与改善民生结合起来，严格限制污染企业向牧区转移。青藏现阶段大幅度提高草原单位面积的畜产品产量是不现实的，传统畜牧业又无法解决这一"瓶颈"问题，而实践表明生态畜牧业的最终产品是无污染、高品位、富营养的健康品，其价格是普通食品的3—10倍，是增加农牧民收入的有效途径。预计到2015年全球生态食品贸易额将达1600亿美元，国内市场也正在走红，青藏在此方面的潜力更是显而易见。

2. 特色种植业

种植业集中分布在青海省东部河谷地区及西藏"一江两河"中部流域，青海省海东地区主要抓好中低产田改造，严格控制非农占用耕地，搞好商品粮油基地建设。青海海西地区以现有国有农牧场和乡村为依托，有计划地恢复撂荒地，开垦宜农荒地，发展农牧结合的"绿洲"灌溉农业。西藏则应该以"一江两河"中部流域农牧业综合开发为重点，逐步拓展并抓紧尼洋河和藏东"三江"，及其一、二级支流地区农业综合开发，开展以水利和治土改土为重点的农田基本建设，切实抓好各项增产措施，较大幅度提高青藏地区粮食产量，为基本实现自给创造条件。

目前青海特色作物种植比重达到80.3%，已基本建成具有高原特色的现代农牧业产业体系。近年来，青海凭借高原独特气候和区域优势，依靠科技创新和进步，主打"绿色牌""有机牌"，积极探索实践具有青海特点的现代农牧业体制机制，杂交油菜、马铃薯、蚕豆、奶牛、牛羊肉、蔬菜等十大特色产业带基本形成，并向规模化、集约化、产业化强劲发展。2012年青海省委、青海省人民政府出台《关于加强农牧业科技创新加快高原特色现代农牧业发展的意见》。提出农牧业农牧区工作的总体要求是：全面贯彻落实科学发展观，以"三化同步"和"四个发展"为引领，以建设高原特色青海特点现代农牧业为方向，以统筹城乡协调发展为主线，以转变发展方式为关键，以增加农牧民收入、提高农畜产品供给为目标，以科技进步和改革创新为动力，着力提高农牧区经济社会发展水平，着力提高农牧民富裕和文明程度，着力提高生态安全和保障能力，推动农牧区经济社会又好又快发展。

西藏自治区近几年种植结构调整已初见成效，种植业已由过去的单一、科技含量低的传统农业，逐步走向科技化、多品种、有特色的现代农业发展轨道。大力推广青稞产业，其市场潜力巨大。青稞内含 β-葡聚糖和纤维，有利于降低人体血脂和胆固醇，有明显的营养保健作用。加上西藏自然条件独特，基本无污染，其"绿色天然产品"极具开发价值，市场潜力巨大。为了做大这个产业，可调整种植结构，压缩小麦种植面积，扩大青稞种植面积，大力发展青稞为原料的麦片、糌粑、青稞啤酒、青稞白酒、青稞系列保健品，大力开辟国内外市场。日喀则地区作为西藏最大的马铃薯种植基地，拥有 13.5 万亩马铃薯生产基地的种植规模。自 2010 年起，全地区除了继续保持种植优势外，开始向马铃薯精淀粉加工、快餐盒等产业链延伸。拉萨市堆龙德庆县岗德林蔬菜种植农民专业合作社就已初步形成生产、加工、销售一条龙的产业链条。通过产业链条延伸、完善、规模化运行后，广大农牧民增收明显。

3. 特色工业

青藏高原能源矿产资源特色突出，水电能源、石油天然气、钾化肥、盐湖、生物医药应大力发展，同时注意逐步实现从重工业为主向轻工业为主的结构形态转变。据初步统计，西藏已发现矿产 94 种，探明储量的矿产中居全国前 5 位的有 10 多种，居全国前 10 位的有 18 种。能源资源品种繁多，能量大。水能资源理论蕴藏量达 2 亿多千瓦，初步调查可开发水能 5660 万千瓦，年发电量约 3300 亿千瓦时，可占全国 17.1%。太阳能资源居全国首位，直射比例大，年际变化小，与水能在地域分布上有互补特点。西藏是我国地热活动最强烈的地区，各种地热有 1000 多处，几乎遍及全区。水资源十分丰富。据不完全统计，流域面积大于 1 万平方公里的河流有 20 余条，湖泊总面积达 24183 平方公里，约占全国湖泊面积的 30%，固体冰川为我国最大的"水塔"。西藏是动植物资源的伟大宝库，国家重点保护动物 1/3 以上在西藏。高等植物 6400 多种，几乎包含了北半球从热带到寒带的各种植物，其中西藏药用植物达 1000 多种。青藏高原区域石油、天然气等能源和盐湖资源主要分布在柴达木地区，柴达木地区具备特色产业发展的优势资源和产业基础，可以发展成为高原的盐化工业、能源开发与加工等产业基地。石油天然气开采、油气化工产业，重点是加大柴达木盆地油气资源勘探开发力度，增加探明储量，在此基础上发展石油、石油化工和天然气化工工业；水电和有色金属加工产业链。青藏高原区域水能源丰富而且水能分布比较集中，具有较好的开发可能性，而有色金属开发不仅拥有较强的资源基础，并且在长期的发展中积累了一定的技术基础，也拥有较高的产业成熟度，有利于进一步发展成为高原的主导产业。

4. 以青藏铁路为纽带，培育西宁—格尔木—拉萨产业带

青藏铁路北起青海西宁市，南至西藏拉萨市，全长约 1956 公里，有960 公里在海拔 4000 米以上雪域高原，其中 550 公里穿越常年冻土地带，其最高点位于海拔 5072 米，常年白雪皑皑的唐古拉山垭口。西宁至格尔木段 846 公里于 1984 年贯通，格拉段从格尔木火车站引出，过南山口、经纳赤台、五道梁、沱沱河、雁石坪，翻越唐古拉山进入西藏再经安多、那曲、当雄、羊八井，至拉萨，穿越可可西里、三江源、羌塘等国家级自然保护区。虽然沿途高寒缺氧、生态脆弱，地壳活跃，建设任务艰巨，尤其风火山隧道是世界上最高的铁路隧道，位于海拔 4767 米的昆仑山上，全长 1686 米被誉为世界上最长的"冻土隧道"，但因其独具特色的环保设计和建设，也被称为中国的首条"环保铁路"。

同时青藏铁路沿途还是国内外著名的高原黄金旅游带，分布着包括藏传佛教圣地塔尔寺、青海湖、原子城、察尔汗盐湖、玉珠峰、拉萨古城、布达拉宫、八廓街等在内的 23 处国家级旅游资源，以及 6 处国家级自然保护区和风景名胜，193 处普通级旅游资源。在这些无与伦比的自然景观背后，还映衬着千百年来积淀的汉藏与其他民族丰富的高原文化。与自然资源相比，这些青藏独有的资源所产生的长久效应更是不可估量的宝贵财富。特别对我国保护国家安全和领土完整具有重大的战略意义、政治意义、历史意义、民族意义和经济意义。

青藏地区 100 元的购买力仅是沿海地区的 57 元，其中损失的 43 元是由"高运价和低效率"造成的。经研究，2010 年进出西藏的货运量将达280 万吨，其中铁路承运 75%，是 2000 年进出藏货物总量 40.29 万吨的 5倍多。2002 年从格尔木走青藏公路运货至拉萨，每吨货物增加运输成本465 元，但以目前全国铁路运价每吨运输成本仅 137.04 元，比公路下降3/4 多。同时加强了青藏与西部其他地区和全国间的经济、技术、文化和人员交流，所产生的聚合效应促进了双方的经济联系，青藏铁路在"十

二五"乃至今后较长时期两地经济发展中将发挥重要作用。

以西宁、格尔木、拉萨为中心的产业带，以青藏铁路、青藏公路为依托，交通便利，小城镇发展迅速，经济发展基础较强，产业化程度较高，有利于形成青藏高原区域的主要工业产业带和民族商贸中心带，同时该产业带社会化服务程度相对较高，而且旅游资源相当丰富，旅游业发展前景看好。

以铁路、公路为纽带的青藏高原经济带将大力发展生态环境友好型采矿业、定位于国内外游客并举的旅游业、与国内外产品进行大宗交易的特色农牧产业和着眼目标市场为南亚的外贸业。不难预料，青藏高原经济带经过十几年的打造，到 2020 年有望能凸显在西部大开发中的前列，为集聚和辐射生产要素发挥强大的枢纽作用，将实现西藏产业布局历史性的新跨越。青藏铁路已通到拉萨，在设计上对延伸到日喀则、林芝的支线已进行了预留。2006 年关闭了 44 年的中印边贸通道乃堆拉重新开放。随着中国与南亚外贸的升温，未来青藏铁路延伸到日喀则甚至亚东也不是没有希望。西藏地处南亚前沿，积极推进中国与南亚经贸往来，早日争取陆路大量过货，不仅责无旁贷，而且也应当使藏南国际通道向建设喜马拉雅国际大陆桥跨越。它将是 21 世纪东亚、中亚、东北亚大陆连接南亚次大陆最便捷最畅通的大陆桥。

5. 生态旅游业

生态旅游是以旅游景区自然景观和生物多样性生态系统免受破坏为前提，在景区内给旅游开展欣赏、享受、认识、教育、保护为主的保持永久活力的旅游形式。生态效益是生态旅游的前提，在其开发过程中必须高度重视保护生态系统和生物多样性。社会效益是通过开展生态旅游增强人们热爱自然、保护环境的意识，使旅游者获得身心健康、知识乐趣。经济效益是通过开发生态旅游给当地社会增加经济收入，提高旅游开发区人们的生活水平，从而改变开发区居民的"靠山吃山、靠水吃水"的掠夺性资源开发的行为，从根本上保证自然景观和生物多样性保护，使自然资源不受破坏。青藏地区的景观资源，无论是与国内比较还是与国际比较，都具有世界上第一流的旅游吸引力。它包括自然景观与人文景观。就自然景观而言，西藏在宏观上由三类景观构成。它们是：藏东温湿高山峡谷区；藏南与藏西南的高山山区和半干旱河谷区；藏北与藏西北高寒的高原荒漠与草甸区。它们各自具有独特的用于自然景观旅游的观赏要素和其他功能要素。就人文景观而言，西藏由自然与历史积淀熔铸而成的人文景观，包括居住与生存方式，民族风情，寺庙文化等，它们无论在中国还是在世界，无不显示出其独特性、神秘感以及庄严美。

课题组建议青藏地区旅游业发展应该依托青藏地区优良的生态旅游资源，形成强势品牌，大力推广品牌战略。

具体可以借助环青海湖国际公路自行车赛和中国夏都的品牌，同时结合青海湖、塔尔寺等闻名景区（点）的观光游和休闲度假游，通过多个渠道、多种媒体，包装宣传青海省的生态旅游业，在全国乃至世界范围内打造闻名的生态旅游品牌，并加强与各地旅游机构和旅行社的合作，形成生态旅游热点。

1. 建设"中国夏都"精品旅游区。有效利用景区与城区融为一体的优势，不断完善基础设施，增强服务功能，丰富旅游产品，将其建成中国避暑胜地、文化遗产与文物古迹的珍藏之地、郁金香和藏毯艺术的展示之地，打造西宁市旅游后花园的重要载体。综合开发并展示昆仑文化、柳湾文化、卡约文化。加快黄河上游河道整治与利用，建设水上休闲娱乐运动项目，建成集水文化体验、休闲娱乐、餐饮、购物、住宿于一体的文化旅游区。

2. 建设青藏铁路世界屋脊旅游带生态游览和宗教文化精品旅游区。借助自身丰富而独特的旅游资源，整合沿途旅游资源，统一规划，统一建设，全力打造以体验沿途宗教文化和生态文化为主，集观光、休闲、度假、旅游、探险为一体的精品旅游区。青藏铁路沿线城市也加快了旅游开发和建设的步伐。根据《青藏铁路沿线地区旅游发展总体规划（2006—2020）》，铁路沿线西宁、格尔木、那曲、拉萨等重点城市将被建设成为重要的旅游目的地与旅游集散地，以城市为中心，整合周边资源，带动区域旅游业发展。

3. 青海省正在突出发展特色旅游、生态旅游、健康旅游、文化旅游，打造"两圈两带一区"的旅游产品格局。包括环青海湖民族文化体育旅游圈、环西宁"中国夏都"旅游圈、青藏铁路世界屋脊旅游带、黄河上游水上明珠旅游带以及三江源生态旅游区。建设"三江源"生态精品旅游区。积极培育以玉树、班玛林区、年保玉什则湖、阿尼玛卿山等景区为重点，深入挖掘高原奇异的自然景观和特色文化，重点开发观光、生态、科考、猎奇、探险、登山等旅游产品的三江源生态旅游区。西藏正在建设区内的四条旅游环线，打造以拉萨为中心，以东部林芝地区和西南部日喀则、山南地区为两线的西藏"一轴两翼"旅游格局。拉萨市将用5年的时间，打造"国际旅游都市"。

胡锦涛在参加2006年十届全国人大四次会议西藏代表团审议时指出，特别要做大做强特色旅游业。旅游业能起到"一业带百业"的作用，旅游业每增收1元钱，可带来4.5元相关联产业的收入，解决1个旅游直接就业人数，可产生5个相关就业需求。青藏地区自然景观与人文景观具有丰富多样性，是形成旅游业资源优势、优先发展旅游业的重要基础①。当前应该重点培育青藏铁路旅游经济带，打造青藏铁路沿线旅游品牌，开发茶马古道黄金旅游经济圈。西藏应着力打造拉萨古城藏文化及西藏自然风光为主要内容的旅游经济；青海应该主打"中国夏都"、"三江源"、"青海湖"、"坎布拉"等自然风光旅游；塔尔寺藏传佛教圣地等精品旅游产业。重点发展青海湖国家级风景名胜区、黄河碧水丹山旅游带、江河源生态旅游区、昆仑文化旅游区、互助北山国家级森林公园及土乡民族风情园等景区景点的开发与建设。创建青海湖、江河源、塔尔寺三个王牌景点。把青海建成中国西部著名生态、避暑、宗教文化和民族风情旅游基地。

（三）以生态建设工程为抓手，加强生态环境建设

良好的自然生态环境是生态文化产生和存在的基础。生态文化建设决不能脱离生态环境建设的需求，成为"海市蜃楼"；它必须解决生态环境建设领域的实际问题，才能被人们所接受。人类的活动给自然界造成了破坏，控制在力所能及的范围之内，根据生态文化的指导，积极开展各种各样的生态建设，促进生态环境改善。当前，对青藏地区来说，要重点抓好规模比较大的生态建设工程，如"三北"防护林工程、退耕还林工程、"天保工程"、野生动植物保护及自然保护区建设工程和退牧还草工程等。青藏地区在这些生态工程建设中已经取得了一些成就，在数量和规模上占有很大优势，应以此为基础，总结经验，完善措施，提高建设质量。生态建设工程不仅要看数量，更要看质量。要杜绝只"挂牌子、划范围"，而无具体建设措施的荒谬做法；要克服只重视生态工程"建设"而不重视"维护"的错误做法，确保生态建设工程名副其实，而非徒有虚名。2001

---

① 洛桑灵智多杰：《开发青藏高原旅游要注重生态保护》，《光明日报》2006年3月20日。

年以来，区域内累计退牧还草约 16 万平方公里，退耕还林约 4200 平方公里，治理水土流失面积约 9000 平方公里，森林覆盖率提高 0.8 个百分点，主要河流、湖泊水质优良，大部分城镇大气环境质量优于国家一级标准。但由于自然环境复杂脆弱，区域产业结构不尽合理，青藏高原生态安全仍面临严峻挑战，生态建设和环境保护任务依然艰巨。

生态工程的生态效益固然是第一位的，但我们还应该重视生态工程的社会效益和经济效益，应该千方百计让群众在生态建设中享受生态、从生态建设中受益。在城镇，要加强绿化建设，广泛开展以城市休闲广场绿化、道路绿化、花园小区、绿地建设、花园式单位建设为主体的生态城区建设，让城镇居民在日常生活中领略生态文化、感知和享受生态文化。在乡村，我们要立足生态基础建设，一方面大力开展护路、护堤、围村林建设，另一方面立足富农工程建设，大力营造速生丰产林、发展特色经济林，让群众在建设生态的同时得到经济上的实惠。这样群众才能不断提高建设生态的热情并自觉接受生态文化。

（四）增加投入，加强生态文化基础设施建设与管理

"生态文化基础设施是传播文化科学知识和精神的重要阵地，是生态文化建设的重要组成部分。"[1] 近几年，青藏地区的生态文化基础设施建设已取得了长足的进展，但由于起步晚、底子薄、管理不到位等原因，现有的生态文化基础设施与青藏地区的生态地位极不相称，还不能满足全面建设生态文化的需要。

今后，一方面，要积极争取国家更大的支持力度；另一方面，要发挥市场机制，广泛吸引社会资金，在有代表性的自然保护区、森林公园、湿地、荒漠地区，建设一批规模与效益相当、独具特色的生态文化博物馆、文化馆、科技馆、标本馆、科普教育基地和生态教育示范基地等。对于生态文化基础设施的投入，建议采取"两条腿走路"方式，即对于公益性的文化基础设施采取由政府投入为主，民营资本、社会资本投入为辅的模式，对于营利性的文化基础设施可采取由政府投入为辅，民营资本、社会资本投入为主的模式。通过广泛吸纳外来资本，扩大融资渠道，把政府资

---

① 张新宇等：《生态文化建设的基本着力点》，《环渤海经济瞭望》2008 年第 9 期，第 42 页。

源、社会资源、民间资源有机地整合起来，使之更有效、更有针对性地投入到生态文化基础设施建设中去。

同时，要对现有的生态文化基础设施进行维护、改造、整合，完善功能，丰富内涵，确保生态文化基础设施的正常运转和功能的最大发挥；要充分利用现有的公共文化基础设施，积极融入生态文化的内容，从而达到丰富和完善生态文化基础设施的目的。作为管理部门，要规范引导，合理布局，树立典型，并以标志性的设施来提升青藏地区的知名度和美誉度；要树立生态文化基础设施"建设与管理"并重的思想，以提高利用率，防止生态文化基础设施的闲置而带来的资源浪费。

（五）发展生态经济，加快生产方式的转变

出于追求短期经济效益的需要，不少民族的传统生态智慧与技能会被搁置起来。解决的办法只能是鼓励各民族生产特有的传统产业，依靠产品的特异性获取相应的市场价值。而不能在生产规模和数量上与其他民族作无序的竞争。随着特有产品的生产得到延续，相应的智慧与技能也就会被激活，重新发挥生态维护的效应。强有力的经济发展势头是生态文化建设的强大后盾。青藏地区的经济总量还比较小，基础还比较弱，财政自给率低，经济发展中还存在很多问题。今后，要注意经济与生态的互动辩证关系，充分发挥生态文化对经济的引领作用，培植"生态经济"这一新的经济增长点。

第一，要重视调整产业结构，大力发展特色生态产业。根据青藏高原自然环境的独特性，自然资源的多样性、独特性和丰富性，生态环境脆弱性、不易恢复性和动植生长周期长的特点，不宜从事和发展高消耗无再生资源、高消耗能源、高消耗水资源、破坏生态、污染环境的现代工业，例如大中型机械制造业，各种冶炼业、化工业、造纸业、火力能源、水泥厂、采伐业等。在经济全球化的市场竞争中，青藏地区只有以科技为支撑，发展绿色环保、具有竞争优势的特色产业，才能带动经济高效优质地发展，增强适应经济全球化的能力。今后至少可以从以下几个方面加强引导：一是利用高原气候独特、生物多样性的自然条件，发展绿色食品和具有高原生物特色的种植业、养殖业；二是利用自然生态优势和宗教等文化资源优势，大力发展生态旅游，如高原自然风光及民族风情观赏旅游，以观赏朝拜寺院、神山、神湖为主的宗教文化旅游；

也可以发展野生动植物观赏、森林探险区、地貌考察、温泉疗养等；三是利用青藏地区丰富的太阳能、风能、水能和地热能，大力发展清洁能源产业。

第二，打造一批生态型企业。企业是社会的经济细胞，是实践科学发展观的重要主体，也是培育和实践生态文化的重要主体。生态型企业的特点是生产的全过程是生态的，产品也是生态的。从长远来看，企业的生态化程度，决定着企业的前途和命运。因此，建议青藏地区的企业，以格尔木地区循环经济示范企业为榜样，抓住生态文化建设的历史机遇，大力倡导、实践生态文化，转变经营思路，切实认识到："企业经营者应把生态发展作为企业一切活动的指导思想，把自身的生态发展能力提高作为一项重要任务，把生态发展目标纳入企业改革发展的长远规划，使企业的生产经营活动向着有利于'人—社会—自然'复合性生态系统健全的方向发展，构建起和谐统一的企业生态管理制、生态创新机制和生态发展机制。"① 这样，企业不仅可以实现自身的跨越式发展，也有利于履行企业的社会责任。建议政府对于企业要严格执行环境准入和淘汰制度，新建、改建、扩建项目必须符合国家和青藏地区的产业政策、污染物排放和生态保护要求，必须综合考虑经济发展和环境承载能力，对不符合有关规划、产业政策、清洁生产、污染物排放标准和环境功能区划要求的建设项目坚决不予审批，从源头上控制新污染和生态破坏的产生；对于老企业，要继续依靠科技、企业兼并、企业帮扶等措施淘汰落后的生产工艺、设备和产品，促进增长方式转变，减轻环境压力。政府可通过优惠政策、减免税收、政府采购等方式对相关生态型企业予以支持和帮扶。

第三，加强对农牧业的生态化改造，积极申报国家级生态村。青藏地区农牧业的生态化改造是发展生态经济、改善生态环境的必要措施，是深层次建设生态文化的体现。这项工作的推进，既要靠生态知识的宣传，也要靠政策和科技的支撑。对于畜牧业的生态化改造，要注意推广生态农牧区试验点的成功经验，扩大舍饲圈养比重，大力发展饲料加工、秸秆氨化、饲草青贮养畜等技术，减轻畜牧业发展对草原的生态压力。对于青藏地区的农业来讲，可耕地十分有限，必须摒弃粗放型经营模式，加大高效

---

① 章鹏：《经营者需要提高生态文化素养》，《经营管理者》2008 年第 6 期，第 7 页。

生态农业推广力度，坚持走集约化的生产之路。在对农牧业的生态化改造中，要遵循生态学和生态经济学的有关理论，在保护生态环境的同时，合理利用农牧业资源，力求农牧业生态效益、经济效益和社会效益的统一。对于不适于人居，不适合发展农业、畜牧业的地区，建议适当实行生态移民，建立无人生态区。

制定符合区域环境规划总体要求的生态村建设规划。规划科学，布局合理、村容整洁，宅边路旁绿化，水清气洁；村民能自觉遵守环保法律法规，具有自觉保护环境的意识，防止发生环境污染事故和生态破坏事件；经济发展符合国家的产业政策和环保政策；有村规民约和环保宣传设施，倡导生态文明。村域有合理的功能分区布局，生产区（包括工业和畜禽养殖区）与生活区分离；村庄建设与当地自然景观、历史文化协调，有古树、古迹的村庄，无破坏林地、古树名木、自然景观和古迹的事件；村容整洁，村域范围无乱搭乱建及随地乱扔垃圾现象，管理有序；村域内地表水体满足环境功能要求，无异味、臭味（包括排灌沟、渠，河、湖、水塘等。不含非本村管辖的专门用于排污的过境河道、排污沟等）；村民能自觉遵守环保法律法规，具有自觉保护环境的意识，没有任意砍伐山林、破坏草原、开山采矿、乱挖中草药。

第四，要大力发展生态文化产业。生态文化产业是生态文化体系建设的重要支撑，是一项前途光明、市场广阔的朝阳产业。在人与自然方面，生态文化产业的高知识含量、低消耗的特点，可以实现以最小的自然资源代价换取最大的发展。从文化的层面看，生态文化产业传播着一种文化理念，倡导着一种以生态文化价值规范为核心内容的社会文化背景，有助于在全社会范围内形成对生态文化的广泛认同。而这种认同内在地影响着每一个行动主体的决策与选择，从而有利于实现协调发展、生态化发展。对于青藏地区来讲，建议既要做大做强山文化、湖文化、宗教文化、藏药文化、旅游休闲等物质文化产业，也要努力发展生态文化影视、音乐、书画等精神文化产业，要依托地方特色和民族特色，创造一批有影响力的生态文化作品；建议畅通融资渠道，充分挖掘和培育生态文化培训、咨询、论坛、传媒、网络等信息文化产业。要鼓励各种投资者投资生态文化产业，提高生态文化产品生产的规模化、专业化和市场化水平。"所有这些生态文化产业都有一个共同特点，那就是能够在实现其生态价值的基础上，充分实现其精神价值和经济价值，将其生态价值、经济价值和精神价值良好结合起来并共同实现。"① 因此，青藏地区要充分挖掘当地自然与人文资源的精神价值，发展各种生态文化产业，把它既要作为经济增长点，也要作为可持续发展的着力点。

第五，发挥自然生产力优势，塑造特色区域经济形象。青藏地区蕴含着巨大的自然资源和文化资源，常年充足的日照、风能，地下蕴藏着丰富的天然气，为发展绿色生态经济提供良好的能源基础。所谓生态经济是指在生态系统承载能力范围内，运用生态经济学原理和系统工程方法改变生产和消费方式，挖掘一切可以利用的资源潜力，发展一些经济发达、生态高效的产业，建设体制合理、社会和谐的文化以及生态健康、景观适宜的环境。生态经济是实现经济腾飞与环境保护、物质文明与精神文明、自然生态与人类生态的高度统一和可持续发展的经济。生态经济的发展将使经济发展不再是构建人与自然和谐关系的双刃剑。因为良好的生态环境既是生态产业发展的出发点，也是归宿点。生态产业的发展能使生态与经济协调发展，使经济的发展与生态环境的状况相协调。随着经济增长与发展，生态环境状况不断得到改善，自然资源被合理利用，生态平衡得到保护，从而生态环境质量获得改善和提高，其结果是使人与自然的关系不断走向和谐。生态经济包括生态农业、牧业、生态工业、生态旅游业等。当代经济的发展，就是要把这些产业的发展放在优先发展的战略地位。在青藏地区蕴藏着丰富的太阳能、风能、天然气、地热能，积极发展这些清洁能源既节省了大量矿产和煤炭等非可再生资源，同时拉动了区域经济增长，也为中、东部地区提供了能源保障，同时也留下了美好卫生的生存环境。

青藏地区独特的气候特征、自然风貌为该区旅游业的发展提供了广阔的空间，同时在多民族文化特别是藏民族文化底蕴的熏陶下，又给青藏地区的旅游平添了几分惊喜和神秘。可以说，旅游业是青藏地区的"朝阳产业"，并可带动其他相关产业的发展。在不断扩大总体规模和质量的过程中，宜逐步从以国际旅游为主、向国际与国内并重的方向转变。鼓励外国投资者开发旅游业和景点，加强旅游配套设施和环境的建设，重点搞好旅游区的交通通道、旅游景点之间的运输联系以及旅游地宾馆和餐饮服务业的建设，搞好旅游产品的开发。在发展旅游业中要非常强调生态环境的

---

① 严耕、杨志华：《生态文明的理论与系统构建》，中央编译出版社 2009 年版，第 219 页。

保护，使旅游业持续发展。①

　　青藏地区的发展除了在汲取自然环境和传统文化的有益因素外，还应注重高科技的发展，培养和引进专业技术人才，发展高科技产业。在当前资源匮乏和需求持续增长的情形下，为了统筹人与自然的和谐发展、缓解经济快速增长与资源和环境的矛盾，就必须要依靠科学技术手段，制定有利于青藏高原区域吸引人才、留住人才、鼓励人才创业的政策。大力培养少数民族各类人才，提高民族地区转化科技成果和科技创新能力，积极促进科技成果向民族地区转移。把优秀人才集聚到高新技术产业的优势企业，推进科技力量进入市场创新创业、转化科技成果。

　　青藏地区建设生态产经济基本思路：

　　1. 生态牧业

　　牧业产前服务业、畜种培育业、牧草种植业、饲料加工业、兽医兽药业、生产设备供销业、畜牧教育科研业、草原建设、环保业。草原畜牧业：专业养畜业、种畜仔畜牧业、肉牛乳牛放牧业、养羊业、养驼业等。牧业产后流通加工业、畜产品购销业、畜产品储运业、畜产品初级加工业。

　　2. 生态工业

　　草原绿色食品工业：肉制品工业、乳制品工业、牧区民族特色食品工业、牧区山野食品工业。绿色产品工业：毛纺织业、皮革制品业、民族服装业、民族特需产品业、民族特色工艺品业。绿色医药工业：藏医药加工业、中医药加工业。绿色能源工业：水电业、太阳能、风能开发利用业等产业。

　　3. 生态旅游业

　　草原自然生态旅游：草地、森林、河流、湖泊、峡谷、奇峰、雪原、冰川、荒漠等自然风光旅游。登山、探险旅游。草原珍稀野生动物植观光旅游、科考旅游。民族风情旅游：藏族、蒙古族草原游牧生活。土族、撒拉族风情旅游。牧区民俗旅游、牧区民族节庆旅游。牧区文化古迹旅游：牧区特色文化景区旅游、牧区名胜古迹旅游、宗教寺院观光旅游。

　　4. 特色轻工业

　　依托青藏高原区域特色农牧资源，发展具有高原特色的轻工业，是青

　　① 安芷生、程国栋等：《西部大开发中的生态环境建设和产业结构调整咨询意见》，《中国科学院院报》2000 年第 6 期，第 406 页。

藏高原区域可持续发展的重要途径。第一是高原特色营养保健食品加工业。重点发展功能作用显著的第二代功能食品，充分利用青藏高原区域特有的动植物资源，如大黄茶、枸杞茶、红景天饮料、沙棘系列饮料、虫草、蜂产品、鹿产品以及菌类、山珍等，积极开发适应不同人群的具有高原特色的特需保健食品和营养保健食品。第二是绿色、无公害畜产品加工业。牦牛和藏系羊是青藏高原区域畜产品的资源优势所在，牦牛肉和藏系羊肉具有低脂肪、高蛋白、天然野味的特点，被誉为"虫草牛羊肉"，是天然的绿色食品和保健品。该资源的系列开发无疑具有广阔的市场前景。第二是中藏药加工业。藏药的组方、炮制、制药过程独具特色，其过程充分展示了藏药的民族特色。传统的藏药对现代许多疑难病、慢性病和老年性疾病的治疗颇具效果，对高原不适应症和其他疑难杂症具有独特的疗效。因此，以中藏药资源开发利用为特色，因地制宜开展中藏药用动植物资源的繁育种植，逐步把青藏高原建成全国较大的中藏药材生产和加工基地，将中藏医药工业培育成青藏高原经济发展新的增长点，这将是青藏高原区域最具竞争力的产业，发展前景广阔。第四是藏毯产业。藏毯产业是青藏两省区充分利用资源优势和区域文化而着力培育起来的新兴产业之一，具有广阔的市场前景以及明显的社会、经济效益。这些方面既体现青藏高原所具有的高品质、无污染、天然绿色的地域优势，又具有丰富的农畜产品和青藏高原独特的野生动植物资源优势。通过举"天然、绿色、营养、保健"的牌子，创"特色"产业，育"名牌"产品，做大规模，提高效益，使之发挥培育一个名牌，带动一个产业，繁荣一方经济的综合效应。

5. 特色农牧业

青藏高原地区是我国主要草原畜牧业生产基地，其中牦牛等牲畜在国内外有较高的声誉。高原特色农牧业发展前景广阔，特别是反季节蔬菜、优势杂交春油菜、中藏药材、优质豆类、薯类和牛羊肉及副产品、花卉等具有一定的竞争优势，要充分利用特殊的冷凉性气候特征，大力发展特色种植业，并根据农牧业优势，大力发展特色农牧产品的后续加工工业，实现农牧业的产业化经营。无公害农畜产品要突出高原特色，以大宗农畜产品为重点，稳步发展；绿色食品要依托企业，以牛羊肉、奶制品、油菜、马铃薯、蚕豆、青稞、食用菌、中藏药、沙棘、小杂果等优势产品、加工产品和出口产品为重点，加快发展；有机农畜产品要突出资源优势，以牛羊肉、蚕豆、沙棘、枸杞等国内外市场需求的农畜产品为重点，积极打造"高原牌"、"绿色牌"、"有机牌"，大力提升农畜产品质量和效益。要以市场为导向，加快建设一批无公害农畜产品、绿色食品和有机农畜产品生产基地，扶持和壮大一批龙头企业，加快特色农畜产品、高原生物资源的精深加工，积极培育农畜产品品牌，争取将青藏高原建成全国最大的有机农畜产品生产与加工基地，农牧区实施可持续发展战略的有效途径。

第一，牧区传统农牧业为主的初级单一型产业结构转向以生态牧业、生态工业、生态旅游业为主的多层次立体产业结构，不仅有利于实现牧区就业渠道、收入来源的多元化和居民收入持续增长，而且可以分流和化解由于牧区人口增长、农牧民脱贫致富而产生的对生态环境的压力，可以消除产生草原超载过牧和滥垦、滥挖、滥采、滥捕、滥伐等环境破坏行为的经济动因和经济运作方式，可以从根本上打破牧区生态—经济恶性循环关系链。第二，草原生态牧业、草原生态工业和草原生态旅游业本身就是打造生态环境友好型的产业，发展草原生态产业，建立和完善与此相适应的环境保护制度、产权关系、产业体系、资源利用方式、清洁生产方法、绿色产品生产标准，可以在草原牧区逐步培植起一套有利于保护和改善草原生态环境及资源可持续利用的内在经济机制、制度安排和技术支持体系。第三，通过大力发展草原生态牧业、草原生态工业和草原生态旅游业，有利于建立起广大农牧民、工商企业、旅游企业与牧区生态环境、生态资源之间的依赖关系，有助于提高环境资源的经济价值和私人进行环境投资的回报率，可以使草原生态环境治理由单纯的政府行为逐步转变为政府支持下的私人行为，由此可以形成一种良性循环的牧区生态—经济关系。第四，传统农牧业与草原生态产业之间的差异远小于传统农牧业与其他现代产业间的差异，牧区产业结构转型的经济成本和社会成本相对较低；生态牧业、生态工业、生态旅游业大多属于劳动密集型产业，发展这些产业不但投资少、见效快，而且创造的就业机会多，可以把广大农牧民吸纳到牧区现代化进程中来，可以大大减轻牧区人口增长对草原生态环境的压力。

6. 发展循环经济，落实可持续发展政策

青藏地区生态和谐就是要实现人、社会、自然环境的和谐相处，这种和谐是长久的和谐，是建立在经济、社会、自然环境的可持续发展的基础之上的。青藏地区脆弱的生态环境的背景下，实现人与社会的向前发展绝不能是建立在对自然界的无止境掠夺和肆意破坏的前提下的，而是以最小限度的破坏和最大程度的利用为基本要求，那么实现这一要求的途径就是大力发展循环经济。"循环经济"是以资源的高效利用和循环利用为目的，以"减量化、再利用、资源化"为原则，以物质闭路循环和能量递次使用为特征，按照自然生态系统物质循环和能量流动方式运行的经济模式。它要求人类在社会经济中自觉遵守和应用生态规律，通过资源高效和循环利用，实现污染的低排放甚至零排放，实现经济发展和环境保护的"双赢"。① 发展循环经济是把经济效益、社会效益和环境效益统一起来，使物质充分循环利用，做到物尽其用，实现资源的高效利用。循环经济作为一种生产方式，反映了社会生产力和生产关系的关系，是一定社会生产力和生产关系的结合，最大限度地保持了人与自然和谐共处的生态平衡状态中发展生产力。

2010 年 3 月 19 日国家发展和改革委员会发布《青海省柴达木循环经济试验区总体规划》（简称《规划》），根据《规划》，试验区将遵循循环经济"减量化、再利用、资源化"的原则，重点规划建设四个循环经济工业园，构建以盐湖化工为核心的六大循环经济主导产业体系，形成资源、产业和产品多层面联动发展的循环型产业格局，争取在经济发展的同时实现废水、废气、废渣等"零排放"或者是最少的排放。其间，国家发展改革委副主任解振华说"青藏地区生态系统非常脆弱，生态环境的敏感性和不稳定性突出，环境保护的任务非常艰巨。在这个地区既要发展经济，又要保护自然环境，发展循环经济是唯一的现实选择"。②

柴达木盆地的盐湖资源、铅锌矿资源中有多种共伴生成分，其特点是适合综合利用，加上盆地内有石油、天然气，完全可以建立以能源、石油、盐化工、有色金属冶炼和氯碱工业等紧密结合，按照循环经济这一经济形态运行的生态工业体系，使柴达木资源开发纳入循环经济发展轨道，促进资源综合利用、有序利用、长久利用。这样，将会从根本上改变目前柴达木资源开发综合利用程度低、产业链短、产业结构层次低、经济效益不明显的现状，将会使资源开发从传统的依赖资源消耗的线型增长方式，转变为"资源—产品—废料—再生资源—再生产品"的物质能量相互循

---

① 冯之浚：《循环经济导论》，人民出版社 2004 年版，第 83 页。

② 《青海省柴达木循环经济试验区总体规划》，新华社，中华人民共和国中央政府网，http://www.gov.cn/jrzg/2010-03/19/content_1560336.htm。

环，低消耗、高产出、低废弃和较少环境污染的循环经济模式。

2008 年国家六部委将西宁市经济技术开发区列为国家第二批循环经济试点产业园区。该园区是一个综合性园区，集纺织、化工、冶金、新材料、特色资源开发、医药、食品等为一体，工业是其经济的主体。占地面积 36.82 平方公里的开发区，囊括了甘河滩工业园、东川工业园、生物科技产业园、南川工业园，初步形成了"一区多园"的经济模式。西宁经济技术开发区发展循环经济，主要是突出加强产业间和企业间的链接，大力发展资源综合利用的下游产业，发展精深加工业，延长产业链，提高关联度，推动产业升级转型和结构战略性调整，以提高资源的综合利用、降低废弃物的排放为目标，按照"减量化、再利用、资源化"原则，大力推进节能降耗和废物综合利用，努力挖掘资源综合利用的巨大潜力。

青藏地区发展经济的理念应该避免"先污染、后治理"的传统增长方式。在产业规划、效能控制、环境监管、社会效益狠下功夫，打造发展循环经济的模式与理念，从规划、建设、管理整个流程上来积极构建循环经济的产业体系。

（六）发展民族文化产业

民族文化产业的特色在于它依托的是各少数民族优秀的文化传统，通过对传统文化资源的产业化运作，使民族文化资源得以开发和利用，使民族自身得以更好地发展。在长期历史发展中，各少数民族形成了独特的民族建筑、民族服饰、民族佳肴、民族手工艺品等传统产业，具有鲜明的民族特色，真实地再现了各民族的文化传统，不仅具有独特的现代经济价值，而且还是少数民族聚居地区未来最具发展潜力和市场竞争力的产业部门。

党的十七大报告提出，要积极发展公益性文化事业，大力发展文化产业，激发全民族文化创造活力，更加自觉、更加主动地推动文化大发展大繁荣。这为我国在 21 世纪初文化的繁荣发展指明了前进方向。文化产业是反映现代社会文明进步程度的一种文化生存形态，它不仅是一个国家一切原创性精神产品生产、流通、消费的重要手段和载体，而且也是现代社会物质财富创造的重要来源，是知识经济时代国民经济的支柱产业之一。国务院在 2009 年 7 月 5 日出台了《关于进一步繁荣发展少数民族文化事业的若干意见》，2009 年 9 月 26 日国务院又颁布了《文化产业振兴规划》，这是继钢铁、汽车、纺织等十大产业振兴规划后出台的又一个重要的产业振兴规划，标志着文化产业已经上升为国家的战略性产业。国家将重点推进的文化产业包括：文化创意、影视制作、出版发行、印刷复制、广告、演艺娱乐、文化会展、数字内容和动漫等。

由于产业基础和交通条件的限制，加之青藏地区生态保护的需要，青藏地区的发展不可能照搬传统工业化模式。所以应该发挥其文化资源丰富的优势，大力发展民族文化产业。历史的经验表明，充分利用民族文化多样性，不仅可最大限度地为各民族提供发展机会与发展空间，而且还可确保各民族现代化道路选择的真实性。这就需要保持民族文化的传承性，充分认识千百年来延续至今的传统民族文化体系在少数民族经济发展中的作用价值，尊重各民族立足于传统民族文化维系的经济结构、产业体系以及多样化选择，而不是简单机械地抛弃或否定传统民族文化，这是加速推动民族地区现代化发展进程必须加以重视的重要方面。民族文化产业在全球经济文化化和文化经济化的进程中兴起并发展，必将带动我国民族地区经济实现跨越式增长和社会的全面发展。

民族文化产业具有很高的产业关联度，能有效带动其他相关产业发展。民族文化产业具有投资少、产出大、附加值高的特点，是当今最具竞争力和发展前景的领域，已成为发达国家经济发展最主要的增长点。目前世界上主要发达国家文化产业的增加值，大多数达到了 GDP 的 10% 以上，个别甚至达到 25% 。在全世界范围内，文化产业在经济领域中的份额，正以每年 11.3% 的速度增长。民族文化产业发展过程中产生的聚集、示范和辐射作用将有效带动民族地区经济增长模式的转变。

发展民族文化产业也将有效保护民族地区的生态环境与传统民族文化、维护民族团结和社会稳定。因此，民族文化产业必将成为民族地区新的经济增长点，带动民族地区经济社会全面、协调发展。

（七）创建绿色社区

在青藏地区不同的民族地区共建绿色社区，让当地社区群众参与关系到自己生产生活的各种政策制定中，并发挥社区利用和保护自然资源的主体作用，创建各具特色的发展模式。通过这个过程让决策者和主流社会理解公众参与和土著生态文化在环境保护中的作用，从而促进公众参与环境保护、生态可持续发展的立法和政策保障。进一步研究与探讨如何在传统生产生活方式与市场经济这两种不同的生产方式之间寻求一个交点，使二者能和谐的发展，相互弥补对方的不足，研究与探讨这个交点所聚焦出的经济制度模式。

我国关于绿色社区的研究起步较晚，一直以来只是零散地涉猎此课题，直到 20 世纪末，一些学者才开始对此问题进行探讨。如提出绿色社区的概念、内涵，阐述创建绿色社区的重要意义，提出绿色社区考核评价标准，以及创建绿色社区的具体内容。综合学者们的研究，绿色社区可定义为是在传统社区的基础上，将人性化、生态化作为社区创建的宗旨，使社区发展能够达到既保护环境，又有益于人们的身心健康；同时又与城市的经济、社会可持续发展相协调。绿色社区具备一定符合环保要求的硬件设施，具有较完善的环境管理体系和公众参与机制。绿色社区的含义就硬件而言包括绿色建筑、社区绿化、垃圾分类、污水处理、节水、节能和新能源等设施。绿色社区的软件建设包括由政府各有关部门、民间环保组织、居委会和物业公司组成的联席会；一系列持续性的环保活动；一定比例的绿色家庭等。创建绿色社区对于提高公民环境意识和文明素质，建立并完善公众获取环境保护信息、参与环境保护决策和行动、监督环境保护法律实施的机制，建设以人为本、健康优美的人居环境，构建和谐社会具有重要的现实意义和深远的历史意义。

国家环境保护局在《2001—2005 年全国环境宣传教育工作纲要》中明确提出"十五"期间在全国创建绿色社区活动的要求，这为绿色社区的蓬勃展开奠定了基础；之后又出台了《全国绿色社区创建指南》（简称《指南》），该《指南》参照国家标准化组织制定的 ISO 14000 环境管理系列标准，对于绿色社区创建的组织领导、制定绿色社区创建计划、实施绿色社区创建计划、自我检查和评估等方面均有具体的规定，为我国创建绿色社区提供了依据。

尽管国内外专家学者对绿色社区的描述各不一样，但从中可以看出，绿色社区起码具有如下共同特征。

生态性。包括资源环境生态性、社会文化生态性、经济发展生态性，社区以绿地为主的住区结构模式，有充裕的自然空间，较好的自然亲和性，资源利用符合 4R 原则（即减量、回收、回用、再循环），社区中的各个组织、团体以及个人思想意识和价值取向加入了新的要素——生态观。

和谐性。生态社区强调生物资源的保护与利用，注重人与自然的和谐，人不是盲目地改造自然，而是更好地保护自然环境，与自然和谐共处。

可持续性。生态社区的发展以可持续发展为指导，不仅追求环境优美和自身繁荣，而且兼顾了社会、经济、环境相互的协调发展。

根据绿色社区的内涵和特征，绿色社区建设需要运用生态理念，采用生态化的方法和技术进行规划设计，建设人际关系和谐、人与自然协调、环境优美、经济高效的人居社区。生态设计意味着尊重物种多样性，减少对资源的破坏，保持营养和水循环，维持植物生长和动物栖息地的质量，以利于改善社区环境及生态系统的健康。为了做到生态设计，建设前期需要对建设用地现状进行全面调查，对建设用地生态系统的健康状况进行诊断，包括生物资源的调查分析、生物链状况、人为干扰因素、动植物种群生存状态、建设项目对生态环境影响等，确定生态系统生态缺失和潜在生态危害，为进一步开发建成生态社区提供指导性意见。

首先，以社区居民为对象培育社区居民的环保意识。利用各种民族节庆日、纪念日或活动日，以社区、寺院、学校、牧民定居点为单位开展常态性的环保科普宣传活动。比如每年的世界水日、世界气象日、地球日、世界无烟日、世界环境日等，广泛运用广播、电视、报纸杂志、互联网等新旧传媒，以社区居民为对象开展生态教育，在社区设立环保宣传栏、建立环保宣传监督站、环保宣传画进楼道、招募环保志愿者等。

其次，以社区日常生活为背景和内容开展生态文化宣传。广泛宣传适度消费、生态人居、休闲文化等有关生态文明建设的科普知识，将生态文明的理念渗透到适度消费、生活、居住等不同层面，从一点一滴的生活细节培育生态文化，增强居民的生态忧患意识、参与意识和责任意识，形成人与自然和谐相处的适度消费方式、生产方式和生活方式。比如在社区内放置分类垃圾桶和家用电器以旧换新等措施，在社区倡导、鼓励绿色消费模式，逐步形成有利于人类可持续发展的适度消费、绿色消费的生活方式。

再次，以社区教育为手段建立生态文化的社区教育机制。社区学校是在社区建设向纵深推进过程中出现的新社区教育机制。社区学校的意义在于社区、家庭继学校之后成为新的学习场所，一种具有空间和时间连贯性的个人学习体系得以建立。生态教育应成为社区学校教育的重要内容之一，以发生在社区居民身边真实的环境问题为教育素材开展社区生态教育，用社区工作的理念指导社区生态教育，形塑社区公共空间，增强社区居民参与社区生态文化建设的能力，养成人人主动参与社区生态文化建设的行为习惯和风气。还要针对社区不同群体开展不同面向的生态教育，生态教育要从娃娃抓起，社区内的青少年是生态教育的重点对象，青少年要养成良好的生态文明素养和行为习惯。由于生理结构、生产生活角色和思维方式的原因，妇女对环境最敏感。因此要加强针对社区女性的生态教育，培养和加强妇女参与生态建设的能力。

结合青藏地区的实际，课题组认为绿色社区的建设应该从以下几个方面做起：

首先，青藏地区城镇各种污染日益严重，由于在长期的游牧生活中形成的习惯、定居后的广大牧民群众还难以适应现代物质文明带来的生活方式，加之缺乏宣传教育和正确引导；缺乏严格的监管措施；缺乏必要的基础设施建设。从而，对其中的一些负效应现象不知如何正确处理，尤其是城镇的生活垃圾、饮水源污染、噪声污染、医疗废物污染等问题相当严重。正因为如此，出现了居民乱扔垃圾、随地大小便、垃圾袋盛食品、高分贝播放音乐、在河中倒粪便、洗拖把、市区鸣高音喇叭及"白色污染"等严重污染生态环境的现象。在如厕方面，大多数牧民表示已经习惯了露天如厕，厕所可有可无。笔者在一所中学就见到大量学生在厕所外面的围墙边大小便，不进厕所"方便"的原因是"不习惯"、"厕所臭"。调查发现，牧民集中居住区脏、乱、差现象普遍，生产、生活垃圾随意乱扔，人畜粪便随处可见，78.2%的调查户家中没有厕所，有厕所的是入住统一规划建设的牧民新村的住户，但其厕所多被牧民挪作他用，居住区内也很少有公共厕所，牧民仍然延续着就近大小便的不良习惯。牧民文化素质的提高则对传统生活方式有着积极的影响。在没有上过学的208个调查对象中，只有42户家里有厕所，比例仅为20.2%；而文化程度在初中及以上的40个调查对象中，有18户家里有厕所，所占比例为45.0%，大大高于前者。因此，牧民定居点、移民区各级政府及环保组织积极引导牧民群众进行垃圾分类、集中处理，修建环保厕所，对此各级领导、各地政府和社会要引起高度关注。

其次，良好的乡风、民风，是农牧区群众和睦相处，实现农牧区社会稳定，推动经济社会发展的必要前提。长期以来，少数民族地区民风淳朴，牧民热情好客，邻里关系融洽。但近年来，随着人均生产资料（草地）减少、剩余劳动力增多以及其他社会因素的影响，导致一些不良风气产生，引发了一系列社会治安问题。课题组在对农牧区社会治安状况的调查中，有43%的农牧民认为不太好或者不好。在对治安不好的表现的多项选择中，有51%的样本选择偷盗，35%的样本选择打架斗殴。农牧民反映当前牧区偷牛盗马的现象较严重，很多家庭都有牲畜被盗，偏远地区特别是在两省两县交界处尤为严重，盗贼往往是将牧民的牲畜全部赶走。被盗是牧民返贫的原因之一，也是定居建设中人的住房与畜圈难以分开的主要原因。除此以外，农牧区"乡风不文明"还表现在赌博、不尊敬老人方而，选择样本分别占31%和30%，这一现象在30岁以下的年轻人中尤其严重。

再次，充分利用学校、寺院、社区的资源，加强对青少年的民族传统文化教育，增强民族文化认同。民族文化认同主要指各民族之间文化的相互理解、沟通，彼此认可与尊重。生活在同一个社区之内的人，如果不和外界接触，就不会自觉的认同。"民族是一个具有共同生活方式的人们的共同体，必须和非我族类的外人接触才能发生民族的认同"[1]，民族认同包含了自我身份认同、伦理道德规范的认同、宗教信仰认同、风俗习惯认同、语言认同等。使用相同的文化符号，遵循共同的文化理念，秉承共有的思维模式和行为规范是文化认同的基本依据。在全球化背景下，民族文化往往被认为是一种弱势文化，从而使得许多少数民族成员的民族认同产生分化：一种是部分少数民族成员为摆脱社会经济地位低、教育程度低及就业率低的阴影，努力把自己造就成为主流文化下强势群体中的一员，从而表现出强烈学习主流文化的动机，这个群体的成员有可能会对自己的母体文化产生偏见，也有可能仍然要求自己保留本民族一些文化[2]。一种是无法面对现实，常常以逃避、消极、悲观的态度对待文化适应问题，不仅表现出对本民族的消极认同，在社会适应方而也显示出较强的自卑情绪，这个群体的成员大多因自尊的需要对本民族及主流文化的民族产生偏见，以维护自己的"文化观念立场"；还有一种是强烈的认同其母体文化而排

① 费孝通：《中华民族多元一体格局》，中央民族大学出版社2003年版。

② 喇维新：《西北回族大学生民族认同、心理健康与高校管理策略的研究》，硕士学位论文，西北师范大学，2003年。

斥其他民族的文化，这个群体的成员一般情况下都生活在文化交流及区域外团体接触较少的地区，或者生活在宗教意识、宗教氛围浓厚的地区，在对自己民族文化的强烈认同下，常常对外民族带有偏见。针对以上存在的问题，社区可以通过培养个体对社区的情感，积累对社区历史、现状、自然、环境等方面的知识。即使将来个体远离乡土，依据他所掌握的传统文化知识，也能为家乡的发展提供力所能及的机会和资源；如果个体留在家乡，依据在传统民族文化中所学的知识，能更好地在保护当地环境和文化的基础上开发当地资源。只有当地人首先树立起保护和发展社区经济文化的思想，才有可能带动和影响外来力量对社区生态环境和民族文化的尊重、保护。也就是说，绿色社区要培养当地人的"文化自觉"，使促进社区可持续发展成为内部自觉的行为。

最后，以寺院为核心的生活状态是广大牧区的特色，教育、医疗、环保都围绕宗教文化，牧民的思想行为与宗教紧密相连。这就决定他们接受环保知识的方式会与众不同，不是靠单纯的教育传达，而是要通过他们特有的宗教文化。只有把环保与当地的文化结合在一起，才能真正让环保理念生活在他们的心中。农牧区正处在一个受到外来文化和生活很大冲击的时期，由于文化知识和现代生活知识的缺乏，农牧民在这种冲击中已经受到了伤害，这种知识的缺乏也会引起一些环境问题。所以针对牧民的环境教育就应该与补充基本的文化和生活知识结合起来，让牧民们在学会保护自己的同时学会保护环境。

（八）倡导绿色消费，促进生活方式的转变

生态环境既是人类生活的必要前提，也是人类生活的必然结果。健康文明的生活方式有益于生态环境，而奢侈浪费的生活方式则会对生态环境造成巨大的损毁。在人类中心主义文化的熏陶下，消费成为时尚和荣耀，追求物质享受、大量占有高档商品和奢侈品成为成功的标志。这就必然造成对自然的过度索取，破坏生态平衡。生态文化建设就是要摒弃这种奢侈浪费的生活方式，建立适应生态文明的生活方式。消费是与我们每个人息息相关的活动，是人类生活方式的重要内容。绿色消费是符合生态学原理的消费，它主要有三层含义：一是倡导消费者在消费时选择未被污染或有助与公众健康的绿色产品；二是在消费过程中注重对垃圾的处置，不造成环境污染；三是引导消费者转变消费观念，崇尚自然、追求健康，在追求

生活舒适的同时，注重环保、节约资源和能源，实现可持续消费。绿色消费涉及整个消费领域，内容相当广泛。实践绿色消费应该从 5R 原则做起，即：节约资源减少污染（reduce）；绿色生活，环保选购（reevaluate）；重复使用多次利用（reuse）；分类回收，循环再生（recycle）；保护自然，万物共存（rescue）。

建议在青藏地区大力宣传各少数民族"勤俭节约"的传统美德；宣传藏族、回族等少数民族反对浪费的"信仰"；建议政府加强绿色生活方式的引导，对于采用清洁能源、购买环保产品等绿色消费行为，必要时可给予一定的经济补偿。通过教育、引导各民族提高绿色消费行动的能力，比如，在生活中注意节能、节水和使用太阳能等清洁能源；尽量少用一次性产品、支持废旧物资回收，减少废物产生、排放；尽量选购绿色产品、不吃受保护的野生动植物，不买濒危野生动植物制品等。倡导绿色消费文化观：提倡使用清洁能源、太阳能、生物能以及风能等新型能源，提倡使用节能技术和新产品；提倡节约用水和水资源的二次使用；提倡徒步、使用环保型交通工具以减少废气、噪声污染；对生活垃圾进行分级分类处理，养成科学、卫生的生活习惯。

工业化一方面带来社会生产力的巨大进步，社会经济的快速发展；另一方面，工业化背景下，人类对自然资源的索取和自然环境的破坏也超越了任何历史时期。在青藏地区，特别是伴随着改革开放和市场经济的发展，在经济利益的诱使下，滥采乱伐，滥捕乱捞的现象屡禁不止，甚至部分地区盲目上项目，肆意开发，以至于部分低产能、高消耗的产业项目得以上马，这种生产方式短期内带来了经济的发展，但是从长远角度来看，造成自然资源浪费严重，生态环境的较大破坏。

工业化和现代科技的发展带来了青藏地区生产方式巨大变化的同时，也打破了青藏地区原有的生活理念和方式。享受主义、现实主义、拜金主义、消费主义思潮等在这块圣洁的土地上开始弥漫开来，青藏地区各民族在长期的社会发展过程中形成的勤劳、简朴、和谐、尚善等受到不同程度的影响。

生态和谐在十六届六中全会被正式写入社会主义和谐社会，构筑了和谐社会的重要内容。生态和谐的构建，既是青藏地区发展的当务之急，也是该地区未来发展的大势所趋。马克思主义生态文明思想告诫我们，人类的发展必须以实现人、社会和自然的和谐发展为前提，生产方式和消费理念的文明是实现生态文明的重要条件。青藏地区的生态和谐的构建应该在坚持马克思主义生态文明思想的指导下，发挥先进理论的指导作用，加强舆论宣传，倡导科学、和谐、文明的生产方式和消费理念。同时实现这一目的的途径和方法应该丰富化、多样化，可以通过新闻媒体、书刊杂志、电视节目、现场宣传、环保知识竞赛、有奖活动等，在整个地区形成一种倡导和谐的生产方式和消费理念的良好的舆论氛围。

三　制度生态文化建设方面的对策与建议

制度生态文化是生态文化建设的重要保障，加强制度生态文化建设是生态文化建设的重要组成。制度生态文化层次多、内涵广，目前应着重抓好行政组织制度建设、生态法律制度建设以及其他方面的制度建设。

（一）行政组织制度建设

生态文化建设具有全面性、复杂性和艰巨性，需要周密计划，科学组织，上下配合，各方协调。对青藏地区这一次发达地区，条件很差，困难很多，工作的难度很大，更迫切要求各级领导干部认识要到位、思路要清晰、工作要主动，坚持生态文化建设的正确方向，提高科学决策水平，履行好政府职责。据此课题组建议：

第一，健全领导机制。实践证明，凡是生态文化建设搞得好的地方，都与领导重视密不可分。反之，由于领导不重视，推动不力，生态文化建设前进的步伐就会受到影响。因此，青藏地区各级党委、政府和文化行政部门应依据已制定下发的本地区"十二五"规划建议，坚持"两为"方向，贯彻"双百"方针，用新的思想、新的观念、新的策略谋划生态文化建设的新路子。坚持把生态文化建设作为事关青藏地区实现生态文明的全局性工作，层层分解目标，落实责任，注意统筹城乡发展、统筹经济社会发展、统筹和协调不同部门的利益，健全工作机制，加强领导。

政府应该组织专家学者制订生态文化发展战略规划，使生态文化建设规划与文化建设总体规划、国民经济社会发展规划相协调，使生态文化建设走上制度化、规范化轨道，保证生态文化建设的连续性、长期性，确保生态文化建设规划确定的目标任务不因人事的变动而改变。

　　第二，建立综合决策机制。综合决策机制要求政府各部门在制定、执行有关决策时进行广泛的合作，并采取协调一致的行动；要求高度重视公众参与的作用；要求完备的决策监督体制与之相适应。因此，青藏地区各部门在事关经济社会发展和生态环境整治的重大决策过程中，必须充分考虑人与资源、人与环境、环境与发展的关系，做到互通信息，相互协商；必须推行科学的行政管理和决策方法，严格执行生态环境影响评价制度；建立健全群众参与制度，重大决策行动实行听证会制度，通过媒介向公众实事求是地通报情况，征求意见；完善监督检查制度，依靠人大、政协、民主党派、人民团体和广大群众的力量，发挥他们对行政决策部门的监督作用。

　　第三，创新干部考评机制。将生态文化建设纳入各级各部门各单位综合目标考评体系，定期督导和考核，利用行政的、经济的等综合手段，激励各级领导决策层推行环境友好、生态合理的行政管理和决策方式，实现向可持续发展的转变。建议青藏地区尽早制定生态文化建设考核标准，依据公平、竞争、量化和信用的原则，定期组织人员按照既定的规范和标准对每个个体的工作进行量化打分，考评结果直接与个人的经济所得和荣誉挂钩，防止干部在生态文化建设中责任心、上进心不强，工作懈怠，不作为、胡作为等情况的发生。

（二）法律制度建设

　　全面建设生态文化，实现人与自然的共荣共生和可持续发展，单纯依靠道德说教等"软"约束是不行的，还必须用法律制度的"硬"约束来调节人与自然之间的关系。这是世界各国生态文化建设的普遍经验。

　　"法制是一种通过'他律'的方式创造社会合作关系的程序，它可以使社会结构各领域的社会行为及社会秩序符合生态要求，凸显生态文化的意义，从而引导社会成员有意识地去内化生态文化观念，养成自觉的生态意识。与此同时，对于不符合生态要求的社会活动以及各种反生态文化的现象，法制则通过强制进行制裁，维护生态文化的主流地位。由此可以看出，法制是以强制性为基础、通过'限制'与'保护'来促进生态文化建设的。"① 国家环保局副局长潘岳认为，"我国环境立法虽多，但管用的少，很多法律条文似乎还停留在理想主义层面。按当今环境形势，诸多立

---

　　① 李佩环：《论生态文化建设及其法制保障》，《商业时代》2008 年第 16 期，第 45 页。

法存在空白，加上执法不严、体制交叉，直接影响了法律实施效果"。因此，生态文化建设需要建立健全相关法律制度。结合青藏地区的实际，生态法律制度建设应着重抓好两个关键环节。

第一，注重青藏地区环境习惯法在环境立法中的贡献。青藏地区对国家生态文化建设的相关法律法规有必要结合地区实际，制定实施细则；有必要按照生态文化发展的内在要求，对本地区现有法律法规进行重新审视和复核，对不利于生态文化发展的法律法规进行修订，对不完善的要修改完善；对保障生态产业发展等立法滞后领域，如资源有偿使用、生态环境补偿和公共环保工程设施有偿服务等法律法规，要加快立法步伐。争取形成一个立体交叉式的生态文化建设法律制度体系，包括横向的和纵向的。横向的要有多种法规、政策、标准成为体系；纵向的每一种政策、法规都有上自国家，下至青藏地方文化特色的不同层次的规定。虽然国家法律在现代社会的地位越来越重要，但它们只是道德和正义的底线，对于人们行为的规范在很多领域还存在法律空白，需要制定法律以外的其他规范。法律多元理论表明，在一个复杂多样的社会里，不可能只存在单一的社会秩序和一元法律所构建的社会体系，"即使是在当代最发达的国家，国家法也不是唯一的法律，在所谓正式的法律之外，还存在大量的非正式法律"①。社会控制体系本身也是多元的，如前所述，青藏地区少数民族在长期的生产、生活中已经形成了一系列保护当地生态环境的习惯法，对于那些国家法中缺乏的、又不与国家环境法基本精神、原则和制度冲突的部分，应尊重并发挥其积极作用，因为它们自身有能力约束人们对环境的行为，弥补国家法的空白，对当地环境的保护能起到重要作用。

与国家法相比，虽然少数民族的习惯法可能内容简单，但这并不意味着落后，因为每一种文化都具有独特性和充分的价值。将各地各民族的生态习惯、环境习俗和环保惯例规则等予以记录成文，简约化进而法典化和现代化，以达到某种程度上与国家法的衔接和融合，乃是当下生态文明视野下我国环境法制建设较为有意义之事。习惯法是历史上人类最早的法，虽然在经济发达地区逐步淡出了历史舞台，但在我国少数民族地区却保留了下来，仍然起着维护社会秩序、调节民众纠纷的重要作用，尤其是在民事、环保等领域。我们调研中发现青藏地区 90% 的民众认为其有效性高

---

① 梁治平：《清代习惯法：社会与国家》，中国政法大学出版社 1996 年版，第 32 页。

于国家正式法律。"习惯法是由一定的民间社会群体或组织在长期的生产、生活中自然形成的，体现民间社会群体或组织成员的利益，约定其权利和义务，并受其成员认可的物质或精神力量保障实施的普遍性行为规范的总称，其外延包括生产习惯法、生活习惯法、商业习惯法、民族习惯法、宗教习惯法等。"① 进一步规范乡规民约、习惯法，可以培养少数民族群众法律意识和法制观念，维护少数民族地区的生产、生活秩序，是少数民族地区国家法制建设的一种有益补充。少数民族乡规民约、习惯法中丰富的生态治理经验，能够弥补国家环境法制的疏漏和不足，生态治理中的正式制度和非正式制度的良性互动，能够对国家环境法制建设产生积极的影响。

第二，加大执法力度。青藏地区已经制定了许多环境保护的法规，以果洛藏族自治州为例，制定了《果洛藏族自治州生态保护条例》、《果洛藏族自治州野生动物保护条例》等，但这些立法一般比较宏观，我们从法条数量上就可以看出：如《果洛藏族自治州生态保护条例》只有42条；《果洛藏族自治州野生动物保护条例》只有12条。不仅如此，更严重的是这些立法缺乏有效的实施机制，公众日常化的（除宗教等潜在因素外）环境保护参与度底，没有或很少有国家法的法治意识。从媒体看，目前青藏地区仍然存在滥挖、滥垦、滥捕、乱砍等浪费资源、破坏生态的行为；一些企业仍然是粗放型经营，对资源和环境的破坏程度很大，却不愿意承担治理生态环境的成本。为有效遏制这些情况的发生，确保相关法律法规的有效实施，还必须提高执法队伍的整体素质，加强执法力度，杜绝有法不依、执法不严、违法不究、执法效率低下等现象。

青藏地区的生态法律法规建设，必须注重科学性、严密性和可操作性，地方性的资源法规和政府规章更要求具体、务实、可行，立法的内容应当符合青藏地区生态保护的实际情况。如何加强生态立法与执法，具体策略如下：抓住立法重点，提升立法质量；建立和完善与环境和资源相关的民事法律制度；建立完备的环境责任追究制度体系，增强环境行政执法的"刚性"，形成刑事责任、行政责任、民事责任三者互补的多重防线；健全生态环境保护行政管理体制，理清管理权限，协调资源开发、利用、

---

① 李可：《习惯法——一个正在发生的制度性事实》，中南大学出版社 2005 年版，第235—236 页。

管理和保护等各方面的法律法规关系，形成统一、权威的执法队伍，使生态保护法治化成本最小化；构建青海生态补偿法律机制。完善生态保护法律实施机制，具体方针如下：稳步推进生态保护的综合行政执法；提高行政执法主体的法制观念和公民的法治意识；理顺管理机制，保障生态保护的法律法规正确实施；完善公众参与机制；完善生态保护的司法机制；提高执法监管效能，加大执法力度。

课题组建议制定《青藏高原区域生态环境保护法》，一是青藏高原占国家国土面积的1/4，具有独特的生态环境、巨大的生态价值和特殊的生态地位，具有单独立法的巨大价值。二是《环境保护法》自1989年实施以来，情况已经发生了很大变化，该法已经不能满足环境与发展保护的需要，因此，应该尽快安排列入国家立法规划。

制定《三江源区生态环境保护法》，三江源被誉为"中华水塔"，起着调节下游水量和气候的作用。鉴于三江源区在我国乃至世界生态安全中的重要地位，国家每年投入大量资金用于保护和治理该地区的生态环境，但是治理效果并不理想。近年来草场退化、冰川崩塌、黄河源头断流等一系列现象表明三江源地区生态环境正在急剧恶化，这对整个中华民族的可持续发展造成了一定威胁。为维护和增强三江源地区水源涵养能力、保护生物多样性、恢复其生态系统功能的良性循环，建议尽快制定《三江源区生态环境保护法》，以法律的形式限制人为破坏行为，有效保护三江源地区的生态环境。

（三）促进青海省基本公共服务均等化

1. 优化公共财政支出结构和财政制度

满足公共需要、提供公共服务是公共财政的重要特征。在推进公共服务均等化、构建社会主义和谐社会进程中，财政支出必须坚持以人为本，财政支出是实现基本公共服务均等化的物质条件和财力基础。为促进基本公共服务均等化，政府的公共财政支出需要向基本公共服务领域倾斜，支持义务教育、医疗卫生、公共就业服务、公共文化服务、基础科学研究、公共基础设施、基本社会保障以及公共安全服务等有关制度的改革和完善，根据各地财力实际适度加大基本公共服务在公共财政支出结构中的比例，把更多财政资金投向公共服务领域，不断改善人民群众的生产生活条件，满足人们的公共产品需求，促进人的全面发展，让更广大的人民群众共享改革发展成果。

城市和农牧区基本公共服务严重失衡的主要原因在于三元公共服务结构的分割，要推进基本公共服务均等化，必须要打破这种分割的三元公共服务结构，尽快建立城市和农牧区统一的公共服务体制，增加财政对农牧区公共卫生体系建设投入，建立农牧区公共卫生经费保障机制，加快建立和推广新型农村合作医疗制度，保障农牧民享有卫生保健和基本医疗服务；逐步建立城市和农牧区统一的可衔接的农村社会保障体系，妥善解决失地农牧民的社会保障问题，加快公共基础设施建设向农牧区延伸，公共服务向农牧区覆盖，不断改善农牧民的生产生活条件。

2. 健全中央和地方财权与事权相匹配的机制

第一，合理界定各级政府的均等化责任。

事权是指各级政府在基本公共服务中应承担的任务和职责。推进基本公共服务均等化，合理界定各级政府的基本公共服务均等化任务和职责至关重要。我国宪法虽然原则上规定了中央和地方政府职责范围，但没有按照基本公共服务均等化的要求规范中央与地方的关系，明确中央和地方的均等化责任划分，导致政府间责权交叉，财政支出责任出现越位、错位与缺位现象。如果中央与地方在基本公共服务均等化方面的分工不明确、不规范，就可能会出现责任主体"缺位"，以致均等化的基本公共服务政策难以真正落到实处。因此必须要以基本公共服务均等化为导向，明确各级政府间的基本公共服务的任务和职责，即事权的划分。清晰的事权划分，是科学界定各级政府基本公共服务支出的依据，也是实现财政分配均等化目标的前提。基本公共服务的层次按其受益范围可划分为全国性基本公共服务和地方性基本公共服务。全国性基本公共服务的受益者是国民全体；地方性基本公共服务的受益者较明确地限定在某地之内。依据公共产品公益性涉及的范围，明确划分各级政府的事权。受益范围遍及全国的公共产品（如义务教育、基本医疗、社会保障等），由中央政府提供；受益范围主要是地方的公共产品（如地方辖区内的公共基础设施），由相应层级的地方政府提供；具有效益外溢性的地方性公共产品则由中央政府和地方政府或各个受益的地方政府共同提供；对民族地区、贫困地区，中央财政可以通过转移支付给予适当帮助。因此，基本公共服务的多层次性要求不同层级政府的共同参与，以及将基本公共服务的财政支出责任在各级政府间进行合理划分，妥善处理它们在基本公共服务供给中的分工、竞争与合作的关系，基本公共服务均等化的责任应由中央政府和地方政府按照各自受益的程度共同承担。

另外，政府间在基本公共服务均等化上的具体职责分工，必须考虑到区域间经济社会发展差距等因素，不能仅仅按照事务的隶属关系划分职责。在实现基本公共服务均等化过程中，中央政府和省级政府应当发挥更大的作用，承担更多的支出责任，通过财政转移支付等措施，使公共资源向落后农牧区转移，确保这些地区具有相应的基本公共服务财力，以逐步缩小城市与农牧区之间的基本公共服务差距。

第二，健全中央和地方财权与事权相匹配。

财权则是指某一层级政府获得财政收入、确定财政支出的权力。各级政府的事权与财力相适应，是指在实行财政转移支付后形成的各级政府事权、责任与其总财力的基本匹配。当中央政府与地方政府，或者上下级政府之间事权与财力不对称时，就会产生纵向财政不均等。无论是中央政府的事权大于财力，还是地方政府所承担的支出责任大于财政收入，都有可能影响公共服务水平均等化的实现。

表6-1	2012年全国财政收支状况	单位：亿元
全国财政收入 113600.00	中央财政收入 55920.00	省本级地方公共财政预算收入 61.6
全国财政支出 124300.00	中央财政支出 64120.00	—
—	中央本级支出 18519.00	省本级公共财政预算支 428.2
—	中央对地方税收返还和转移支付 39899.96	

数据来源：http://www.qhtjj.gov.cn-青海统计信息网整理得。

在合理划分政府间基本公共服务供给总体职责的前提下，按照统一、职责、效能等原则，以基本公共服务均等化目标为导向，应该做到事权（责任）与财力（财权）相匹配。从2012年我国财政收支的状况看，中央政府集中了将近一半的财力，即中央的财政收入是全国财政收入的49.22%，中央本级的财政支出是全国财政支出的15%，加上对地方税收返还和转移支付支出，中央财政支出是全国财政支出的47%，但青海省地方本级的财政收入是全国财政收入的5.4%，地方本级的财政支出是全国财政支出的3.44%，这仅仅是从数字表面反映的一个问题。地方政府财政十分困难，县乡级政府的财政更困难，因此必须改革现行财政体制，新的财政管理体制框架要体现财力与事权相匹配，以事权定财力，以责任定财力，对加强的职能要增加财力支持，对弱化的职能要减少支出，体现财力支出向公共服务倾斜、向基层倾斜，增强基层政府履行职责和提供公共服务的能力。

3. 完善以实现基本公共服务均等化为目标的财政转移支付制度

基本公共服务均等化是我国公共财政制度改革的基本目标之一，转移支付制度是实现基本公共服务均等化、调节收入再分配和实现政府政策目标的重要手段。完善财政转移支付制度，就是要转移支付的分配坚持公平、公正、合理的原则。在均等化目标的指导下，实行纵横结合的转移支付模式。纵向转移支付主要解决上下级政府之间财力的失衡问题。在建设公共财政制度的背景下，纵向转移支付不仅要平衡政府间财力，还要平衡上下级政府间公共服务的提供能力。基层政府承担了相对更多的地区性公共服务提供的责任，因此财政要完善省以下转移支付模式，加大上级政府对省以下地区间财力差异的调节力度；加大对民族地区和矿产资源开发区的转移支付力度，缓解地区差距扩大趋势，促进全国地区间公共服务的均等化。[①] 调整转移支付形式，实行有利于均等化的转移支付形式。目前，我国转移支付制度形式过多，缺乏规范的转移支付标准，部分转移支付形式不但不利于公共服务的均等化，反而会拉大地区间公共服务的差距。例如过渡期遗留下来的税收返还制度。税收返还在转移支付总额中占有很大的比例，这就使得我国转移支付制度整体上失去了平衡地区间财力的作用，这一措施属于非均等化的转移支付，不利于实现公共服务的均等化目标。另外，在我国现有的转移支付模式中的一般性转移支付，其在转移支付总额中所占比例太小，不能影响转移支付的整体效用。因此试图取消过渡期遗留下来的税收返还制度，加大一般性转移支付，还要规范专项转移支付的审批制度，充分发挥其均等化作用。

此外，在全面贯彻落实好中央对青海藏区政策资金支持的基础上，结合主体功能区建设，继续加大省对下的转移支付力度，强化各级地方政府的支出管理责任。支持探索建立生态补偿机制。加快建立青海省县级基本财力保障机制，使地区之间的财力水平和公共服务能力基本趋于均等。建

---

① 孔令磊、李坤、张顺华：《基本公共服务均等化的财政视角分析》，《山东工商学院学报》2008年第2期。

立健全省对下转移支付资金绩效评价体系，完善激励措施，调动各级地方政府特别是县级政府保工资、保运转、保民生的工作积极性，形成良性互动机制。

4. 发展经济，为公共服务均等化提供充足的财力支持

根据青海省经济社会发展的需要，要在准确把握国家宏观调控政策的基础上，从实际出发，在财政预算安排上配合落实国家积极财政政策，保持财政政策对经济社会发展的促进作用。要积极发挥财政调控经济、配置资源、收入分配、监督管理职能，研究制定有利于地方经济发展的财政政策，营造良好的发展环境，要通过财政政策和财政资金的支持引导，培育壮大地方财源，正所谓"授人以鱼不如授人以渔"，"输血不如造血"。缩小城市和农牧区之间基本公共服务的差距，除了靠政府对农牧区的直接资助，对农牧区进行"输血"，还要增强农牧区自身的发展能力，变"输血"为"造血"，从根本上缩小城市和农牧区之间基本公共服务的差距。为实现青海基本公共服务均等化提供财力保证。

5. 明确政府在基本公共服务均等化中的责任

（1）基本公共服务均等化中政府公共政策的制定

首先，公共政策的制定和实施要充分体现公平正义的原则和目标，将公共利益作为公共政策选择的首要价值取向。这就要求政府把维护社会公平正义作为公共政策制定和实施的基本原则，提高政府的公共服务能力。

其次，公共政策的制定要防止利益部门化倾向。为了避免部门利益损害公共利益，必须要明确公共政策制定程序、规范部门职责、推行立法回避制度，保证立法程序公正和公共政策的科学性。

再者，对公共政策的执行结果实行严格的行政问责。防止政策执行过程中"上有政策、下有对策"的现象，确保公共政策在执行中实现既定目标。

（2）制定基本公共服务均等化战略规划

考虑到青海省是各区域发展极不平衡的省份，实现基本公共服务均等化需要一个长期的过程，应统筹安排、系统规划，分步骤地推进。从实际出发，在全省范围内制定基本公共服务均等化的战略规划和实施策略，实现基本公共服务均等化的战略目标。例如制定基本公共服务最低标准，设置明确的时间表，使基本公共服务覆盖到省内所有成员，并明确基本公共服务均等化的实施进度和保障措施。还可以制定全省统一的基本公共服务均等化标准。因为当前我国基本公共服务均等化面临的一个基础性问题是公共服务的标准不统一、不规范、不清晰。很多标准比较模糊，大部分文件或政策只说明按照当地的情况考虑，没有给出最低标准，缺乏基本公共服务的人均支出标准和实物标准。这使得基本公共服务均等化缺乏基本依据。因此，可以编制详细的发展规划，确定省内各地区基本公共服务的范围、种类、标准，包括设施、设备和人员配备以及相关财政投入标准。

6. 改革现有的户籍制度，建立城市和农牧区统一的基本公共服务制度

户籍制度的基本功能是反映居民的迁移和居住状况，但是现有的户籍制度已经成为限制人口自由迁移的主要因素，成为城市和农牧区基本公共服务分割的主要依据，党的十六大报告指出，要逐步"消除不利于城镇化发展的体制和政策障碍，引导农村劳动力合理有序流动"。国务院总理温家宝 2010 年 3 月 5 日在十一届全国人大三次会议上作政府工作报告时明确提出："推进户籍制度改革，放宽中小城市和小城镇落户条件。有计划有步骤地解决好农民工在城镇的就业和生活问题，逐步实现农民工在劳动报酬、子女就学、公共卫生、住房租购以及社会保障方面与城镇居民享有同等待遇。"

因此，推进基本公共服务均等化，必须减少户籍制度的限制功能，全面放宽，甚至取消城市的入户条件，享受城市的基本公共服务。不同的户籍背后隐着不同福利待遇和享受基本公共服务的差别化。从青海省的现实来看，城市居民享受的基本公共服务无论在数量上，还是在质量上都远远优于农牧民。城市居民和农牧民在子女入学、劳动就业、基本医疗卫生、社保等方面都存在诸多的不公。因此顺应基本公共服务均等化要求必须要改革户籍制度，取消户籍制度的福利分配功能，剔除附在户籍上的劳动就业、基本医疗卫生、义务教育等方面的不合理制度，平等对待所有民众。改革户籍制度的最终目的是实现公民的基本权利——迁徙自由，它也是社会文明的标志之一。合理的人口流动对于促进劳动力资源的有效配置、经济的发展、社会文化的进步都是非常重要的。当然户籍制度改革关系重大，需要慎重进行，并综合考虑方方面面因素的影响，搞好与户籍制度相关的各项配套制度改革。户籍制度改革不能仅仅停留在形式上，要加大附加在户籍制度背后的土地制度、养老保险、教育卫生等与户籍管理制度相关的各项配套制度改革，逐步剥离户籍制度上附带的各种利益，使户籍制

度改革在形式和内容上相统一。把户籍制度改革与基本公共服务均等化的推进有机结合起来，搞好与户籍制度相关的基本公共服务制度建设，真正使户籍制度改革取得成功，建立城市和农牧区统一的基本公共服务制度。

此外，青海省还可以考虑建立以公共服务为基础的政府绩效评估机制和以公共服务均等化为基础的公务人员政绩考核制度。首先，建立各级政府公共服务评价指标体系，明确细化各级政府公共服务职责，建立健全公共服务绩效的评价机制，这是各级政府公共服务合理分工和实现有效监管的前提。其次，将公共服务数量和质量纳入到干部政绩考核中去是提高公共服务、构建和谐社会的选择。在整个公共服务体系中，服务的评估是一项重要的内容，将群众的满意度加入到公务人员政绩考核中去，充分发挥群众监督、媒体监督，这些都是最好的评价公共服务水平的依据，对促进改善公共服务的积极作用。

7. 加强青海省基本公共服务均等化主导的多元参与模式

第一，建立以政府为主导的公共服务供给多元参与模式。

建立以政府为主导的公共服务供给多元参与模式，有效的公共服务体制既要发挥政府的主导作用，又要适当引入市场机制，利用社会各方面的积极性提高公共服务的覆盖面和效率。政府是公共服务的主要提供者，但国际经验表明，有些公共服务也可以通过企业运作来提供，利用市场手段来实现社会目标。对于公益性较强的基础性公共服务，应主要由政府提供。对于公益性较强的非基础性公共服务，除了那些必须由政府提供的项目，鼓励有资质的社会力量参与基本公共服务的供给。政府通过合同外包、特许经营等方式与事业单位、社会非营利机构等建立平等的服务购买关系，还可以通过财政补贴、贷款贴息、优惠政策等方式给予支持。提高公共服务领域的竞争性，逐步建立多元化的基本公共服务供给体系，并通过市场调节供需关系，以满足人们的多样化需求。随着中国经济体制的不断完善和政府职能的转变，政府与企业、政府与民间组织的关系出现重大变化，公民社会初见端倪。建立以政府为主导的公共服务供给多元参与模式已经初步具备了组织资源和社会基础。

第二，建立政府绩效考核体系的多元化评估机制。

在推进政府向公共服务型政府的过程中，基本公共服务作为政府部门的基础职能，必须作为政府绩效评估体系的重要内容。以基本公共服务为导向的政府绩效考核体系不仅仅是一套科学的指标体系的问题，而且包括目标制定、执行、评估等环节，涉及评估的主体、评估的方法、评估的标准、评估的沟通、评估结果反馈等过程。为了使政府绩效考核体系长效性地发挥作用，在构建考核体系过程中，必须朝着理性化、科学化、制度化的方向努力。[①]

因此，青海省应制定相关规定，提高基本公共服务导向的政府绩效考核体系的制度化水平；根据经济社会发展实际，制定和完善基本公共服务评价体系，要形成一套规范化的绩效评估指标体系；引入评估主体多元化的评估机制，遵循透明性、公开性、独立性原则，引入外部评价机制，保障公民参与的权利，积极引导非政府组织和公民个人参与公共服务绩效评价；把基本公共服务考核结果同干部任用考核体系联系在一起，积极推进基本公共服务绩效考核体系的建设和适用工作。

第三，要建立起公共服务有效需求的多元表达机制。

目前我国公共服务供给决策的主体是各级政府及其职能部门，而不是公共服务的需求方即广大公众。公共服务供给的决策过程大多是自上而下决策进行的，无论是供给什么，如何供给以及为谁供给，在一定程度上都带有很强的行政指令性和主观性。这就使公共服务的目标不能真正体现公众的需求，形成公共服务的供给与需求脱节，既浪费了有限的公共资源，又没能有效地满足公众对公共服务的需求。为此不妨借鉴西方公共服务制度安排的多元化，使得消费者不仅可以对公共服务的生产者进行选择，而且还可以通过投票表决的形式，通过工会、行业协会等多种组织形式表达自己对公共服务需求，或者考虑到信息技术的平台，借助网络、政府门户网站的公共论坛，电子投票等方式，建立起公共服务有效需求的多元表达机制。

第四，要建立起有效的监督机制。

引入市场竞争机制的同时必须强化政府的管理和监督，建立起有效的监督机制。由于各种市场主体参与公共服务的动机、能力、资源和质量有很大差异，政府在公共服务中引入市场竞争过程中，要制定各行业相应的服务规划政策、服务标准、质量要求和收费标准，并严格监督执行，建立公共服务资格认证和登记制度。同时要接受社会公众的投诉，对违规机构做出相应处理，以保护公民权益，维护社会公正。

[①]　刘海兵：《甘肃省基本公共服务均等化问题研究》，硕士学位论文，西北师范大学，2009 年。

就现实情况看，青海省的社会组织的现状远不适应经济社会发展的实际需求。在公共服务领域引入市场机制，消除体制性障碍，构建政府与企业、政府与社会的合作伙伴关系，将在一定程度上改变基本公共服务供给的垄断局面，提高公共服务供给效率，实现民间社会组织发展与提升公共服务资源使用效率的"双赢"目标。

8. 制定和完善基本公共服务法律体系

第一，加快相关立法，增强基本公共服务供给的规范性和约束性。

构建和谐社会要求实现公共服务的制度化和均等化，也就是要求政府提供基于宪法权利的、公平的、制度的和无差别的基本公共服务。目前我国有关基本公共服务的法律法规体系不完善，层次较高的立法与全面系统的法律法规很少。因需要制定一系列的关于基本公共服务的法律体系如制定社会保障法律体系、确定公共教育和医疗卫生制度、完善公共基础设施制度、建立公共服务参与制等，并以此来建立确保社会公平、稳定、协调的有关基本公共服务的法律制度，进而实现基本公共服务均等化的目标。

首先，建立起具有权威性、规范性的基本公共服务法律体系。在《中华人民共和国宪法》（简称《宪法》）中，养老保障、医疗保障、社会救助、基础教育、就业等，都是公民享有的基本权利。《宪法》对公民基本权利的规定是构成推进基本公共服务均等化主要的法理基础。

其次，基本公共服务法律体系建设，要以《宪法》对公民基本权利的规定为依据，围绕义务教育、公共卫生与基本医疗、基本社会保障、公共就业服务等领域，整合现有的法律法规，提升法律层次，形成比较完善的基本公共服务法规体系。从基本构成看，基本公共服务法律至少包括：社会保障法、义务教育法、公共卫生法、就业促进法等基本公共服务实体性法规；转移支付法、预算法、财政收支法、公共财政平衡法、政府采购法等公共财政法规；中央地方关系法、行政复议法、信息公开条例、行政许可法、公共服务绩效考评条例等行政性法规。①

第二，通过基本公共服务均等化立法，明确各级政府公共服务的法定责任。

政府作为公共机构，基本公共服务均等化不是政策性义务或道义性义

---

① 苏江瑜：《我国实现基本公共服务均等化的对策研究》，硕士学位论文，大连理工大学，2008 年。

务，而是法定义务。我国基本公共服务供给不足的一个重要原因是缺乏可靠稳定的体制和制度保障。基本公共服务均等化迫切需要通过立法明确界定各级政府的责任，例如中央政府主要负责服务范围划定、服务标准制定、财政转移支付、服务监督评估；地方政府主要负责服务规划、服务组织、服务实施、服务改进等。我国现行的基本公共服务的法规或制度安排中，没有对服务供给的责任尤其是政府责任作出明确规定，失去了问责的法律基础，形成了责任真空。现行的基本公共服务相关法规很多以政府法规政策和部门条例为主，存在立法层次比较低、监管不足等问题。因此，应加快符合我国国情的基本公共服务的相关立法，研究制定《基本公共服务均等化法》，从法律上规范基本公共服务提供主体，建立相关主体的责任追究机制，整合现有法律法规体系，提升基本公共服务的法律层次，逐步使中央与地方政府的基本公共服务职责法定化。[①]

第三，加快公共财政立法，将公共财政纳入法制化轨道。

目前，中国公共财政的法律体系还不完善。现有《预算法》中相关法律条款过于原则、笼统，预算缺乏法律权威性。在推进基本公共服务均等化的公共财政转移支付问题上，目前还缺乏规定政府间转移支付制度的权威法律，《预算法》中也无相关内容。从世界各国的普遍经验看，财政转移支付制度一般都应具有较高层次效力的法律。当前中国财政转移支付的主要规范性文件是 2002 年在《过渡时期财政转移支付办法》（1995）基础上修订的《一般性财政转移支付办法》，这是一个部委规章，权威性不足。为此，需要加快公共财政立法工作，构建符合基本公共服务均等化原则的现代公共财政制度。[②]

第四，用法律法规保障农牧民权益，实现基本公共服务均等化。

农牧区公共产品的提供必须要有法律的保障，一方面要认真贯彻国家已有的相关法律，另一方面要修改不适应新形势的法律法规，还要细化和完善相关的法律法规，逐步加快制度化、法制化的步伐，用法律法规保障农牧区基本公共服务的实现。突破农牧区公共物品资源供给瓶颈，通过法律法规的形式，规范和保障各级政府对农牧区的投入，对于在农牧区实施

---

① 王韬：《我国西部城乡基本公共服务均等化问题研究》，硕士学位论文，兰州大学，2009 年。

② 苏江瑜：《我国实现基本公共服务均等化的对策研究》，硕士学位论文，大连理工大学，2008 年。

的公共服务的项目、内容、进程、目标及其资金保障等予以明确的规定，并加强监督。应尽快出台正相关的保护农牧民的法律保障，逐步将农牧民的合法权利以及平等参与经济活动和社会事务的权利纳入法律保障范围。在此基础上，制定更细、更具体、与农牧区公共产品多元投入直接相关的法律、政策，积极推进对农牧民的法律援助和法律服务。

9. 深化行政体制改革，建设公共服务型政府

要更新发展理念，在重视经济、政治和文化领域改革发展的同时，重视推进社会领域的进步，促进经济社会协调发展。要加快行政管理体制改革，切实转变政府职能，推动由全能型政府逐步向公共服务型政府转变，全面履行经济调节、市场监管、社会管理和公共服务职能。政府要按照转变职能、权责一致、强化服务、改进管理、提高效能的要求，深化行政管理体制改革，优化政府机构设置，更加注重履行社会管理和公共服务职能。要将公共服务作为政府的首要职能和核心职能，切实强化政府在公共服务供给中的主体地位和主导作用，加快建设公共服务型政府，增强各级政府的社会发展自觉性，消除对 GDP 的盲目崇拜和追求，对满足社会需要而必须提供的公共服务项目如义务教育、公共安全、公共卫生、劳动就业、社会保障等，政府要积极介入，严格规范政府在公共服务领域中的责任和权利，在推进各项公共事业改革中要避免盲目追求完全市场化的倾向，建立有效的约束机制，建立符合本区域特点的公共服务模式。①

其他方面的制度建设：

第一，优化生态文化人才队伍建设机制。人才是最宝贵、最重要的战略资源。谁拥有了人才，谁就拥有了未来。加强生态文化建设，关键是要建设一支高素质的文化队伍。"生态文化建设依赖于广大群众共同努力，高素质的人才队伍是生态文化建设的灵魂"，"因此，生态文化建设要把人才队伍建设作为重点，重视人才培养，营造人才环境，提供人才保障。新时期，生态文化人才队伍建设应加强修养，努力提高自身的综合素质"。②

这些年来，青藏地区生态文化建设取得的成就，无不凝聚着广大学者、科技工作者的聪明才智和无私奉献。"求木之长者，必固其根本"。

---

① 陈亚璞：《我国政府基本公共服务均等化研究》，硕士学位论文，南京航空航天大学，2008 年。

② 张新宇等：《生态文化建设的基本着力点》，《环渤海经济瞭望》2008 年第 9 期，第 42 页。

要发展和弘扬生态文化，就必须有一流的队伍。目前在青藏地区致力于生态文化建设的人才主要集中在青藏地区为数不多的几个高校和环境保护部门当中，生态文化建设队伍还显单薄。今后，一是要努力营造人尽其才、才尽其用的体制环境，完善生态文化建设人才使用、引进、培养的激励和保障政策，从项目、经费、工作条件、生活待遇等各方面给予生态文化建设者及相关工作者应有的倾斜。二是要引进国内外有影响的一流人才和领军专家，加强生态文化建设者队伍的管理，不断提高青藏地区生态文化建设队伍的整体素质。三是要倡导追求真理、脚踏实地的科学精神，摒弃心浮气躁、急功近利的不良风气，鼓励年轻人敢于探索、敢于创新、敢于超越，让更多优秀青年成为生态文化的创造者、宣传者、实践者。同时，政府应该对业余的、民间的生态文化建设者，尤其是生态文化建设团体、生态文化基础设施的经营者予以关注和帮助、引领和保护，发挥他们在生态文化建设方面的积极作用。只有这样，才能形成一支专群结合的生态文化建设队伍。

第二，建立生态文化投入机制，加快生态补偿制度建设。青海和西藏都是我国生态大省（区），但又是经济小省（区）。该地区生态文化建设任务极其繁重，而仅仅依靠自身的财政能力又无法完成这一历史重任。这就要求建立相对稳定的资金来源渠道，建立合理的生态文化建设投入机制，力争形成政府、社会、企业、个人共同关心、多种资金齐投入、共受益的良好机制。在当前，重点应抓紧建立生态补偿制度。"一般来说，生态补偿是指国家或社会主体之间约定对损害资源环境的行为向环境资源开发利用主体进行收费或向保护环境资源的主体提供利益补偿性措施，并将所征收的费用或补偿性措施的惠益通过约定的某种形式，转移到因资源环境开发利用或保护资源环境而自身利益受到损害的主体的过程"。①

所谓生态转移支付制度，应当是基于生态补偿的横向转移支付制度，其核心是通过经济发达地区向欠发达或贫困地区转移一部分财政资金，在生态关系密切的区域或流域建立起生态服务的市场交换关系，从而使生态服务的外部效应内在化，以提高资源配置的效率。之所以强调横向转移支付，并不是说以目前的纵向转移方式无法实现生态补偿，事实上，"退耕

---

① 刘建等：《论生态补偿对生态文化建设的促进作用》，《中国软科学》2007年第9期，第57页。

还林"、"退耕还草"、"天然林保护工程"等都是中央财政通过纵向转移开展的生态补偿，但这些是以项目建设方式对特定地区的专项支出，没有形成制度化，补偿的覆盖范围也很有限，从实际效果看，还存在许多不合理之处，如补偿数额不足，时间过短等。现行的纵向转移支付制度仍将主要目标放在平衡地区间财政收入能力的差异上，体现的是公平分配的功能，对效率和优化资源配置等调控目标则很少顾及。即使从平衡地方财政收支的角度来考量，其作用也十分有限，虽然近年来中央用于转移支付的资金量逐渐增加，但总量仍然偏小，不能根本改变地方财政尤其是贫困地区财政困难的局面。更何况，中央转移支付的规模是由当年中央预算执行情况决定的，随意性大，数额不确定，而且资金拨付要等到第二年办理决算时才实行，满足不了建设和保护生态环境的即期需求。由此可见，对于区域间横向利益协调问题，纵向转移支付制只能解决一小部分，力度和范围都非常有限。而无论从理论分析还是现实需要来看，以横向转移支付方式来协调那些生态关系密切的相邻区域间或流域内上、下游地区之间的利益冲突似更直接更有效些。

长期以来，青藏地区为我国及东南亚的生态安全，做了大量的工作，实施了一系列生态建设工程，付出了巨大的人力、财力、物力。如今，这种努力仍在不懈进行，以青海三江源地区为例，为实现三江清流，保护"中华水塔"、"亚洲水塔"，三江源地区实行了不再考核 GDP，不提工业化，不上重工业项目等政策措施。因此，可以说，青藏地区为维护全国生态安全，放弃了许多发展机会，牺牲了许多发展机遇，付出了巨大牺牲。因此，我们建议，应该以国家为主导，协调有关国家和地区，改变"搭便车、不付费"享受环境资源的现状，建立相对完善的青藏地区生态补偿的系统政策。"建立生态补偿机制对推动生态文化建设具有重要的意义，通过建立生态补偿机制，将环境成本内部化不但能为生态保护筹集资金，而且能通过市场发挥调节企业和个人行为，协调各方面均衡发展，促进了生态文化的发展和最终实现可持续发展"。[①]必须尽快建立高原生态保护基金。基金应该包括：国家生态保护与建设专项拨款；国内外机构或个人的投资捐款；环境受益地区的利益补偿资金；国际"绿色基金"的

---

① 刘建等：《论生态补偿对生态文化建设的促进作用》，《中国软科学》2007 年第 9 期，第 960 页。

援助等。① 通过设立生态屏障保护基金，争取国内外热心于高原生态保护的组织和人士的大力支持，不断扩大生态系统保护资金的来源，确保长期稳定投入之需要。最后，加大对青藏地区的投资力度，不断改善民族地区生存条件。包括加快基础建设步伐，实施中央对地方上财政、税收的倾斜，中、东部地区在资金、技术领域的支援等。

只有尽快建立完善的生态补偿机制，青藏地区生态系统的生态价值才能真正顺利实现，才能体现环境公平与正义，才有望早日走上"生产发展、生活富裕、生态良好"的道路。因此，课题组建议：

（1）将"青藏高原生态补偿机制"作为国家战略的地位来考虑，生态补偿不仅是对青藏高原的补偿，也是对全国资源环境的整体补偿；不仅是环境问题，也是政治问题。青藏高原在我国乃至世界上都有着重要的、不可替代的生态地位。青藏高原区域对全国经济总量的贡献是小的，微不足道的。但保护好生态环境，对全国科学发展的贡献则是巨大的，对中华民族可持续发展具有极其重要的意义。

（2）将生态补偿机制从政策层面上升到法律层面。生态补偿机制是个法律问题，如果只当政策问题，起不了作用。因此，尽早在国家层面出台一部生态补偿法，用法律制度来保证老百姓的生存权和发展权。青藏地区农牧区贫困人口相对数量多、贫困面大、贫困程度深、脱贫难度大。这部分人既要肩负保护生态的重任，守着资源不能随意开发；同时又面临贫穷的困扰，往往直接对生态构成威胁。如何解决生态保护与民生之间的矛盾？这是必须通过国家立法来解决问题。

（3）课题组建议将"全国援藏"覆盖青藏两省，逐步覆盖整个藏区。目前，"全国援藏"的含义仅是作为行政区域概念的西藏，这是在特殊历史背景和意义下形成的历史产物。但随着改革开放的发展，地理意义和民族意义的"藏区"价值凸显。青海省藏区是长江、黄河、澜沧江等江河的发源地及水源涵养区，是我国重要的高原生态屏障。改革开放特别是实施西部大开发战略以来，尽管这些地区生态保护得到加强，经济得到发展，民生得到改善，正处在历史上最好的发展时期，但这些地区地处高寒缺氧地带，生态环境脆弱，自然灾害频繁，基础设施薄弱，自我发展能力

---

① 李清源：《青藏高原生态系统服务功能及其保护策略》，《生态经济》2006 年第 7 期，第 94 页。

不强。尤其是青海省，在行政区划 6 州 1 地 1 市中，6 州都是藏族自治州，是除西藏以外全国最大的藏族居住区，也是达赖集团进行分裂破坏活动最猖撅、受国外敌对势力干扰最多的地区。为进一步加快这些地区经济社会发展，国务院有关部门在深入调查研究的基础上，2008 年出台了《关于支持青海等省藏区经济社会发展的若干意见》。因此建议在实施过程中首先对青海省等重点区域重点支持发展，这样更有利于青藏高原区域可持续发展。

参考学术界已有的研究成果，建议架设西线"南亚大陆桥"，建设青藏国际大通道。2006 年青藏铁路建成通车，它为架设南亚大陆桥，建设青藏国际大通道，实现青藏高原地区开放发展与可持续发展奠定了现实基础。它东起上海（连云港、青岛、天津）、西安、兰州、西宁、拉萨、日喀则、樟木（中尼口岸），经塔托巴尼（尼中口岸）、加德满都、比尔根杰（尼印口岸），到达印度的巴特那、新德里、孟买或卡拉奇（巴基斯坦），实现中国与印度和巴基斯坦铁路联运。南亚大陆桥的建设将形成我国连接南亚的战略通道，沟通南亚大市场。这是中国应对经济全球化的一种国家战略，更是突破"马六甲海峡困局"的重要选择，不仅有利于我国加快与南亚国家和地区的区域经济合作，更有利于青藏高原地区的大开放、大发展。因此，这不仅是经济发展之路、对外开放之路与国际合作之路，更是青藏高原区域可持续发展之路。青海、西藏地处西部，背靠国内广阔腹地，面向南亚，是东亚连通南亚的结合部，大西北南亚出海口的必经之路。通过通道经济的发展来把自身经济做大、做强、搞活，增强竞争力和吸引力，真正发挥它的结合部作用，把大量的资金、人才、物力吸引进来，并通过它向南亚扩散，向海上运输：从南亚、非洲吸纳资源向国内、东亚流通。通道经济将成为青藏高原区域经济的骨干，其连接东亚、南亚两大市场的中枢带地位的比较优势将起到带动和辐射作用，并将对整个地区融入世界经济区域一体化产生重大的影响。

在制度生态文化建设中，我们并不需要全盘推翻传统制度另起炉灶，但需要及时补充生态制度的考虑；一些有利于改善环境和稳定生态的新制度，如生态环境评价制度、生态恢复补偿制度等，我们都要积极构建。这些制度的建立和完善是生态文化建设的重要目标。生态制度文明的程度，一方面取决于这些制度是否完善，另一方面还取决于这些制度的贯彻落实情况。因此，我们要从制度安排上、机制上对从事生态文化建设的主体予以激励，对制度生态文化的落实情况予以及时的审视和总结。

　　在青藏地区生态文化建设中，只要我们坚持以科学发展观为统领，以精神生态文化建设为核心，统筹物质生态文化和制度生态文化建设，制定科学对策，采取有力措施，就一定能实现生态文化建设的要求，即人们从精神形态上超越旧的世界观，转向人、自然和社会一体化的生态世界观；从物质形态上彻底改变传统的生产、生活方式，把利用自然、开发自然和保护自然统一起来；从制度形态上规范、约束人们的行为，达到人与自然的可持续发展。也只有这样，青藏地区才能走上生态文明之路。

参 考 文 献

一 马列经典著作

1. 《马克思恩格斯选集》第 3 卷，人民出版社 1960 年版。
2. 《马克思恩格斯选集》第 20 卷，人民出版社 1971 年版。
3. 《马克思恩格斯选集》第 23 卷，人民出版社 1972 年版。
4. 《马克思恩格斯选集》第 26 卷，人民出版社 1974 年版。
5. 《马克思恩格斯全集》第 21 卷，人民出版社 1965 年版。
6. 《马克思恩格斯全集》第 25、39 卷，人民出版社 1974 年版。
7. 《马克思恩格斯全集》第 42、46 卷，人民出版社 1979 年版。
8. 《列宁全集》第 27 卷，人民出版社 1958 年版。
9. 《毛泽东著作选读》（下册），人民出版社 1986 年版。
10. 《邓小平文选》第 3 卷，人民出版社 1993 年版。
11. 江泽民：《论有中国特色社会主义（专题摘编）学习读本》，学习出版社 2002 年版。
12. 江泽民：《中国共产党第十六次全国代表大会报告》，人民出版社。

二 专著

1. 马生林：《青藏高原生态变迁》，中国社会科学出版社 2011 年版。
2. 蒲文成：《青藏高原经济可持续发展研究》，青海人民出版社 2004 年版。
3. 南文渊：《中国藏区生态环境保护与可持续发展研究》，甘肃民族出版社 2002 年版。
4. 刘同德：《青藏高原区域可持续发展研究》，中国经济出版社 2010 年版。
5. 草文虎、李勇：《青海省实施生态立省战略研究》，青海人民出版社

2009 年版。

6. 徐华、周忠：《科学发展观与构建社会主义和谐社会》，西南交通大学出版社 2005 年版。

7. 冯之浚：《循环经济导论》，人民出版社 2004 年版。

8. 林大泽、闫旭骞、张永德：《青藏高原矿产资源开发与区域可持续发展》，冶金工业出版社 2007 年版。

9. 董开军主编：《青藏高原生态法治问题研究》，青海民族出版社 2012 年版。

10. 郑度：《青藏高原形成环境与发展》，河北科学技术出版社 2003 年版。

11. ［法］弗朗索瓦·佩鲁：《新发展观》，张宁等译，华夏出版社 1987 年版。

12. ［美］梅萨罗维克等：《人类处在转折点上》，刘长毅译，中国和平出版社 1987 年版。

13. ［美］詹姆斯·奥康纳：《自然的理由——生态马克思主义研究》，臧佩洪、唐正东译，南京大学出版社 2003 年版。

14. ［德］黑格尔：《历史哲学》，上海书店出版社 1999 年版。

15. 姚国华：《文化立国》，海天出版社 2002 年版。

16. 杨庭硕：《生态人类学导论》，民族出版社 2007 年版。

17. 曹文虎、李勇：《青海省实施生态立省战略研究》，青海人民出版社 2009 年版。

18. 中国社会科学院农村发展研究所：《2006—2007 农村经济绿皮书》，社会科学文献出版社 2007 年版。

19. 王世仁：《理性与浪漫的交织》，中国建筑出版社 1987 年版。

20. 冯子标、焦彪龙：《文化产业结构传统产业》，社会科学文献出版社 2006 年版。

21. 严耕、杨志华：《生态文明的理论与系统构建》，中央编译出版社 2009 年版。

22. 全国干部培训教材编审指导委员会组织编写组：《科学发展观》，人民出版社 2006 年版。

23. 姜春云：《偿还生态欠债——人与自然和谐探索》，新华出版社 2007 年版。

24. 胡筝：《生态文化——生态实践与生态理性交汇处的文化批判》，中国社会科学出版社 2006 年版。

25. 《中国共产党第十七次全国代表大会文件汇编》，人民出版社 2007 年版。

26. 中共中央文献研究室编：《十六大以来重要文献选编》（上），中央文献出版社 2005 年版。

三　学位论文

1. 郑喜淑：《少数民族生态文化资源保护与文化产业研究》，博士学位论文，中央民族大学，2010 年。

2. 白保莉：《中国少数民族生态伦理研究》，博士学位论文，中央民族大学，2007 年。

3. 刘伟杰：《黑龙江省生态文明建设理论与实践研究》，博士学位论文，东北林业大学，2011 年。

4. 赵成：《生态文明的兴起及其对生态环境观的变革》，博士学位论文，中国人民大学，2006 年。

5. 严耕：《生态危机与生态文明转向研究》，博士学位论文，北京林业大学，2008 年。

6. 徐建：《当代中国文化生态研究》，博士学位论文，华中师范大学，2008 年。

7. 张汉巍：《马克思主义自然观视域中的生态文明思想研究》，硕士学位论文，东北林业大学，2007 年。

四　期刊

1. 杨文笔：《西北少数民族文化中的生态知识研究综述》，《宁夏师范学院学报》2009 年第 2 期。

2. 王立平、韩广富：《蒙古族传统生态文化价值观的形成及现实意义》，《中央民族大学学报》2010 年第 5 期。

3. 傅千吉：《甘青川藏区生态文化及其建设小康社会研究》，《西北民族大学学报》2005 年第 3 期。

4. 淡雅君：《青藏高原生态经济与经济发展协调问题初探》，《青海金融》2007 年第 2 期。

5. 李清源：《青藏高原生态系统服务功能及其保护策略》，《生态经济》

2006 年第 7 期。

6. 白永秀：《西部大开发五年来的历史回顾与前瞻》，《西北大学学报》2005 年第 1 期。

7. 余源培：《论提高构建社会主义和谐社会的能力》，《毛泽东邓小平理论研究》2004 年第 10 期。

8. 杨芷英：《论人的全面发展与社会主义和谐社会的构建》，《马克思主义研究》2005 年第 3 期。

9. 邹明洪：《坚持以人为本构建社会主义和谐社会》，《中国特色主义研究》2005 年第 1 期。

10. 郝时远：《构建社会主义和谐社会与民族关系》，《民族研究》2005 年第 3 期。

11. 董嫱嫱：《高效生态文明教育的指导思想——马克思主义生态文明观探析》，《兰州学刊》2006 年第 7 期。

12. 宋一：《构建社会主义和谐社会视域下的生态和谐》，《宁夏师范学院学报》2009 年第 2 期。

13. 吕军利、王俊涛：《解读马克思恩格斯生态思想》，《西北农林科技大学学报》2003 年第 2 期。

14. 刘秦民：《论马克思主义关于人与自然和谐发展的生态文明》，《求实》2008 年第 3 期。

15. 赵成：《马克思的生态思想及其对我国生态文明建设的启示》，《马克思主义与现实》2009 年第 2 期。

16. 黄宏：《克思恩格斯的自然生态观与构建社会主义和谐社会》，《马克思主义与现实》2007 年第 3 期。

17. 安康：《马克思恩格斯视阈下的生态和谐思想》，《经济与管理》2009 年第 1 期。

18. 宋冬林：《马克思主义生态自然观探析》，《科学社会主义》2007 年第 5 期。

19. 王丹：《生态视域中的马克思自然生产力思想》，《东北师大学报》2009 年第 1 期。

20. 杨立宾：《回族生态伦理观与聚居区域的生态文明建设》，《中共银川市委党校》2009 年第 8 期。

21. 吕世荣：《马克思自然观的当代价值》，《河南大学学报》（社会科学版）2004 年第 3 期。

22. 张丽：《马克思主义生态文明理论及其当代创新》，《云南师范大学学报》2004 年第 5 期。

23. 傅明：《马克思主义哲学与构建社会主义和谐社会》，《中共云南省委党校学报》2006 年第 5 期。

24. 贾西安：《社会主义和谐社会的内涵特征和价值目标》，《济宁师范专科学校学报》2005 年第 8 期。

25. 吕军利：《解读马克思恩格斯生态思想》，《西北农林科技大学学报》（社会科学版）2003 年第 3 期。

26. 葛恒云：《马克思、恩格斯的生态观与和谐社会的建构》，《江苏大学学报》2006 年第 7 期。

27. 李保忠、石岩：《论马克思恩格斯的社会和谐发展观》，《西安政治学院学报》2005 年第 8 期。

28. 刘仁胜：《马克思关于人与自然和谐发展的生态学论述》，《教学与研究》2006 年第 6 期。

29. 汪信砚：《论恩格斯的自然观》，《马克思主义哲学》2006 年第 7 期。

30. 解保军：《马克思"自然生产力"思想探析》，《马克思主义研究》2002 年第 5 期。

31. 降边嘉措：《藏族传统文化与青藏高原的生态环境保护》，《西北民族研究》2002 年第 3 期。

32. 桑杰端智：《藏传佛教生态保护思想与实践》，《青海社会科学》2001 年第 1 期。

33. 范宗华：《关于青海生态文化建设的思考》，《攀登》2009 年第 2 期。

34. 刘建等：《论生态补偿对生态文化建设的促进作用》，《中国软科学》2007 年第 9 期。

35. 苏永生、简基松：《论青藏高原生态环保立法与高原藏族生态文化观》，《青海民族研究》2006 年第 4 期。

36. 陈中、陈初越：《中国呼唤生态文明时代》，《南风窗》2005 年第 4 期。

37. 俞可平：《科学发展观与生态文明》，《马克思主义与现实》2005 年第 4 期。

38. 杨立新：《论生态文明建设》，《环渤海经济瞭望》2008 年第 1 期。

39. 李秀艳：《对中国生态文化发展现状的反思》，《特区经济》2008 年第 6 期。

40. 安颖：《少数民族生态文化之理想思考》，《野生动物杂志》2008 年第 5 期。

41. 闵文义：《民族地区生态文化与社会生态经济系统互动关系研究》，《湖北民族学院学报》（哲学社会科学版）2005 年第 1 期。

42. 贾彩萍：《大型电视文化专题片〈三江源〉的文化解读》，《青海师专学报》2008 年第 2 期。

43. 南文渊：《藏族生态文化的继承与藏区生态文明建设》，《青海民族学院学报》（社会科学版）2000 年 4 期。

44. 王景迁、于静：《〈格萨尔〉史诗中的生态文化及其现代转换》，《管子学刊》2006 年第 2 期。

45. 李智环：《浅论中国穆斯林民族传统生态文化及现代价值》，《青海社会科学》2007 年第 6 期。

后 记

凝结着多名师生的感情和心血，研究历时 7 年之久的《青藏地区生态文化建设研究》终于交付出版社出版了，几年来经历的种种艰辛、困难、彷徨、遗憾纷纷涌上心头。记得 2007 年 7 月第一次前往青海省玉树州藏族自治州调研，是在政治学院荣曾举副教授、黄生秀副教授和马文祥博士的全力支持下，有王欢欢等多名同学参加，大家克服了交通不便，高原反应，语言不通等重重困难，走访了玉树地区的多个乡镇、生态保护区、生态移民安置点、寺院，和牧民群众、乡镇干部、寺院僧众进行广泛的接触，对青藏高原腹地独特的人文地理环境和日益突出的生态问题有了深切、直观的感受，也坚定了我们将该项研究坚持到底的信心。之后又有 2007 级马克思主义基本原理专业的硕士研究生宋晓东、柳士化同学积极参与到其中，继续进行该项目研究的调研、文献资料查阅等工作，对他们付出的辛勤工作，表示衷心的感谢！

本研究最终成果完成情况如下：全书由苏雪芹总体设计、制定大纲、编制问卷和访谈提纲、组织调研，负责书稿最后的修改和定稿，并完成绪论、第三章、第四章、第六章的写作。徐世栋完成第二章写作；马玉琴完成第五章写作。

衷心感谢中国社会科学出版社责任编辑任明、责任校对张依婧为本书的出版付出的辛勤劳动！

衷心感谢青海民族大学马克思主义学院的全力支持！

由于学识和能力的限制，书中错误疏漏之处敬请批评指正！

苏雪芹

2014 年 7 月 16 日于西宁